林业栽培技术与绿色森林保护

高云泉　柳　红　刘延民　著

東南大學出版社
SOUTHEAST UNIVERSITY PRESS

图书在版编目（CIP）数据

林业栽培技术与绿色森林保护/高云泉，柳红，刘延民著. --南京：东南大学出版社，2024.12.
ISBN 978-7-5766-1914-0
I. S72；S76
中国国家版本馆 CIP 数据核字第 2024D7L152 号

责任编辑：胡中正　　责任校对：张万莹　　封面设计：豫燕川　　责任印制：周荣虎

林业栽培技术与绿色森林保护
Lingye Zaipei Jishu yu Lüse Senlin Baohu

作　　者：高云泉　柳　红　刘延民
出版发行：东南大学出版社
出 版 人：白云飞
社　　址：南京市四牌楼 2 号　邮编：210096　电话：025-83793330
网　　址：http://www.seupress.com
经　　销：全国各地新华书店
排　　版：燕川文化
印　　刷：北京市怀柔新兴福利印刷厂
开　　本：787 mm×1092 mm　1/16
印　　张：14.25
字　　数：245 千
版 印 次：2025 年 6 月第 1 版第 1 次印刷
书　　号：ISBN 978-7-5766-1914-0
定　　价：68.00 元

前言

森林，是地球之肺，是大自然赋予人类的宝贵财富。它不仅为我们提供了清新的空气、优美的自然景观，还在调节气候、保持水土、维护生态平衡等方面发挥着至关重要的作用。在当今时代，随着人类活动的不断扩张和环境问题的日益凸显，林业栽培技术与绿色森林保护显得尤为重要。

林业栽培技术是实现森林资源可持续发展的基础。通过科学合理的栽培技术，可以提高树木的成活率和生长速度，增加森林的覆盖率。从种苗的选育开始，我们需要挑选适应本地气候和土壤条件的优良品种，确保其具备较强的抗逆性和生长潜力。在植树造林过程中，要注重合理的密度控制，既保证树木有足够的生长空间，又能充分利用土地资源。同时，科学的施肥、灌溉和病虫害防治措施也是必不可少的。合理施肥可以为树木提供充足的养分，促进其生长发育；适时灌溉则能在干旱时期保证树木的水分需求；而有效的病虫害防治可以减少树木的损失，确保森林的健康。

然而，仅仅依靠林业栽培技术是不够的，绿色森林保护同样至关重要。森林面临着诸多威胁，如滥砍滥伐、森林火灾、非法捕猎、土地开发等。乱砍滥伐不仅直接减少了森林面积，还破坏了森林生态系统的稳定性；森林火灾可能在瞬间摧毁大片森林，给生态环境带来巨大灾难；非法捕猎会导致野生动物数量减少，破坏森林的生物多样性；土地开发则会侵占森林用地，使森林资源不断萎缩。因此，我们必须采取有效的措施来保护绿色森林。

加强森林资源管理是绿色森林保护的关键。建立健全森林资源监测体系，及时掌握森林的动态变化，为科学决策提供依据。严格执行森林采伐限额制度，控制森林资源的消耗。加大对乱砍滥伐、非法捕猎等违法行为的打击力度，维护森林的法律尊严。同时，要加强森林火灾的预防和扑救工作，提高火灾防控能力。通过宣传教育，增强公众的森林保护意识，让每个人都认识到森林的重要性，自觉参与到森林保护中来。

林业栽培技术与绿色森林保护是相辅相成的。只有将两者有机结合起来，才能实现森林资源的可持续发展。我们要不断创新林业栽培技术，提高森林的质量和效益；同时，要加大绿色森林保护力度，守护好我们的生态家园。让我们携手共进，为建设美丽中国、实现人与自然和谐共生的目标而努力奋斗。

在撰写本书的过程中，作者查阅和借鉴了大量的相关资料，在此向其作者表示诚挚的感谢。此外，本书的撰写也得到了相关专家和同行的支持与帮助，在此一并致谢。由于作者水平有限，加之时间仓促，书中难免出现纰漏，敬请广大读者批评指正。

目 录

第一章　林木基础知识

第一节　林木结实的年龄与结实间隔期

一、林木结实的年龄

必须掌握林木结实过程的特性，才能科学地经营采种林分，达到种子质量标准，以提高林木种子的产量及质量。从种子萌发开始到植株衰老死亡，大体上经历幼年期、青年期、壮年期和老年期。但林木必须经过一定的营养生长，达到一定的年龄和发育阶段，才能进行生殖生长。

(一)林木发育时期

1.幼年期

幼年期又可称为营养生长时期，是从种子萌发开始，经历形成幼苗、长成幼树，直到开始结实为止。其特点如下：(1)营养生长旺盛，地上和地下生长迅速，为开花结实做好了形态和生理上的准备。(2)树木组织幼嫩，对环境反应敏感，抗性弱。不同的环境条件形成了不同的形态和生理特点。(3)无性繁殖能力强，适于作营养繁殖材料。

这一时期的关键是加强抚育管理，促进种子萌发和幼苗、幼树的生长。幼年期的长短因树种而异，有的树种需要几年，有的甚至需要几十年。

2.青年期

青年期又叫结实初期，是从第一次开花结实开始，直到大量结实为止。其特点如下：(1)营养生长旺盛，同时生殖生长开始，并逐渐由弱变强，达到与营养生长的平衡状态。(2)树体形态已经基本形成，比较适合引种。(3)结实量少、空粒比较多，果实和种粒比较大。

这一时期应加强抚育管理，疏伐，改善光照条件。

3.壮年期

壮年期又叫结实盛期，是从大量结实开始，直到结实衰退为止。其特点如下：(1)无论是地上部分还是地下部分均已经扩大到极限，营养生长趋缓。(2)生殖生长旺盛，开花结实量大而稳定，种子质量好、产量高，是造林用种的采种最佳期。(3)对不良环境条件的抗性强；由于生殖生长需要，要求有充足的养分、水分和光照供应。

这一时期应加强林分管理，搞好种实采集、处理、贮藏。保持良好的光照条件和水肥管理，防治病虫害，辅以人工授粉等。

4.老年期

老年期又叫衰老期，是从结实衰退开始，直到树木死亡为止。其特点如下：(1)营养生长停止，出现“负生长”，直至枯死为止。(2)生殖生长趋弱，结实量由多趋少，种子质量差，不能应用于造林。

(二)林木开始结实年龄

树种的不同，会影响林木幼年期的长短。一般喜光、速生的阳性树种幼年期较短，开始结实早；耐阴的、生长缓慢的树种幼年期较长，开始结实晚。同一树种由于环境条件、林木起源及生长发育状况等条件的改变，开始结实的年龄也不同。同一树种在气候、土壤条件好的情况下开始结实早，孤立木比林内树木结实早，人工林比天然林结实早，用营养繁殖法营造的林分比实生林结实早，生长健壮的林木比生长差的林木结实早。

尽管林木开始结实的年龄存在差异，但通过调节营养和光照条件，可以促进林木提早结实或者延迟结实。

受某些特殊情况如土壤贫瘠、干旱、病虫害、火灾等的影响，林木会在逆境条件下过早结实。这是因为营养生长受到强烈抑制，个体早衰的结果，属于不正常现象。

二、林木结实间隔期

已经开始结实的林木，每年结实的数量也不一样，有的年份结实多，有的年份结实少。结实多的年份称为大年(丰年)，结实少的年份称为小年(歉年)，结实量中等的年份称为平年。林木结实丰年和歉年交替出现的现象叫作林木结实周期性，而两个丰年之间的间隔年数称为结实间隔期。

间隔期的长短，因树种或环境条件的不同而异。如杨、柳、榆、桉等树种丰、歉年不明显，各年种子产量比较稳定；马尾松、杉木、泡桐、刺槐等树种结实间隔期短，一般是1～2年。大多数高寒地带的针叶树如红松、落叶松、云杉、冷杉等树种丰、歉现象明显，各年种子产量很不稳定，结实间隔期一般为2～5年；灌木如胡枝子、紫穗槐等结实间隔期不明显。林木出现结实周期性现象的原因较多，一般认为是营养问题，另外还受内源激素和环境因子的影响。

林木体内的营养物质积累达到一定程度后才能形成花。在林木种子丰年年份，由于消耗了大量的营养物质，当年的花芽分化不能正常进行。即使分化了花芽，数量也少，使下年开花结实少，形成小年。但是当年花芽少又会使叶芽和枝芽的形成增多，使林木个体得到生长，为下一次的大年做足了物质准备，因而形成了林木结实的丰、歉年。

林木体内含有成花激素（如促进针叶树花芽分化的GA4/7，促进阔叶树花芽分化的GA3）和抑花激素，二者在林木体内的含量达到平衡状态时，有利于花芽分化。种子中的抑花激素含量高，所以种子丰年时不利于花芽大量分化，从而影响次年的结实量。

林木生长受环境条件影响很大。如气候条件好，土壤肥沃，则树体营养物质积累快，结实间隔期就会缩短。灾害性天气会扰乱与破坏林木的正常生理功能，从而延缓结实。人为活动，如掠夺式的采种，过多折断母树枝条，也会加长间隔期。

实践证明，林木结实的丰、歉年现象并不是不能改变的，只要为树木创造良好的营养条件，实行集约栽培，科学管理，减轻或消除不利影响，就可以缩短甚至消除结实的间隔期，做到常年丰年。

第二节 影响林木结实的因子

一、影响林木结实的内在因子

（一）林木的年龄及生长发育状况

树种开始结实有一定的比较窄的年龄范围。这个范围在属间，甚至在种间相差都是很大的。例如梓树1年开花结实，而银杏、水杉需10余年才开花结实。同一属中，梓树1年开花结实，而楸树10年左右才开花，花多而实少，甚至只开花而不结实。

同种、同龄母树的结实量一般大树比小树要多些。在结实丰盛的年龄，种子产量受树冠大小的影响较大，受树高及直径的影响较小，因为果实的数量与枝条的多少有直接关系。

(二)授粉和受精

杂交较自交优越，第1代杂种的生活力较其亲本强。杨类杂交育种，利用其第1代杂种优势进行无性繁殖，成效很好。自交育种，易遭退化。松类自交后代表现为种子发芽率低，幼苗死亡率高，植株生长停滞、发生畸形等。通常孤立木（自交机会多）所产生的种子及所育成的苗木都不及林中木（杂交机会多）的好，因此，采种应尽可能到树丛或树林里去采。

许多树种的性状适于杂交而不适于自交。例如雪松是雌雄同株而异花的，雌花常居树的顶部，便于异株授粉。

(三)种子的成熟

多数树种从开花、授粉到种子成熟，只需1个生长季节，但有的需要2个或3个生长季节。后一种情况，第1个生长季，果实发育很小。例如在松类中一般在授粉后受精需要1年，圆柏类中有的在第1年球果体积虽已长成，但要到第2年才成熟。这些情况采种时必须掌握，以免采摘未成熟的果实。

总之，种子成熟所需时间的长短不是主要的，但时间越长，其果实受昆虫、病菌、不良气候等其他危害的机会越多，对种子产量就会有影响。

(四)林木结实间隔期

丰年所产的种子，不但数量较多而且品质也较好，因此林业生产上必须掌握那些有一定丰年和歉年规律的树种，将在丰年采得的大量种子妥善贮藏，以供歉年用。同时，应积极采取有效措施，促使树木每年都能大量结实。

(五)遗传上的变异

影响树木生产种子的内在因素还包括遗传上的变异性。研究这种变异性，在选种和建立母树林、种子园方面很重要，也是为进行育种工作做准备。形态端正的植株一般产种量高，质量好，应作为选育的对象，留供采种用。例如，在我国栽培历史悠久的、栽培面积大而价值又高的树种如杉木、马尾松、油松等，以及一些价值高的经济树种如油桐、油茶等。在自然情况下，优良品种和优良植株很多，宜选取繁殖，逐步建立种源优异的母树林和种子园。

二、影响林木结实的外界因子

(一)气候

种子生产和营养生长需要的气候条件是一致的。种子的丰产年常出现在营养生长所需的最适条件较差的年份。试验证明，花芽的形成多在干燥而日照强的夏季。因此，在一个生长季节里成熟的树种种子，经过 1 个干旱季节后的下一年，得到丰产；种子需 2 年成熟的树种，经过 1 个干旱季节后的第 2 年可得到丰产等。气候对种子产量的影响主要发生在花期。许多树种是风媒花，在花期若遭到连阴雨，使花粉传播受到影响，受精作用就不能完成。虫媒花则因连阴雨，昆虫活动受到影响不能传粉，影响种子的产量。

受精以后，需要适宜的气候果实才能成熟。气候过湿、过冷或过干，常招致植株大量落果。当植株栽植在自然环境中时，这种现象会更加明显。尤其是暴风强雨对造成植林木的结实与采种林分株落果的危害更大。在北纬地带，因光和热的关系，树冠南侧比北侧结实要多些，很多树种最好的果实在树冠的中部和上部。

(二)土壤

当土壤的物理性质适宜，养分供应丰富时，树木可大量结实。理想的土壤颗粒结构有助于空气的通畅、水分的吸收和微生物的活动，有利于营养物质的分解和合成，也就有利于种子的生产。

土壤中各项要素必须趋于平衡，氮的有效量过多会招致过盛的营养生长和较低的生殖机能。开花和结实在一定程度上受植株内部因素的制约。为了高产，应适当调节土壤中养分的吸收和碳水化合物的形成。碳水化合物大量产生，有利于开花结实。

虽然土壤肥力对树木结实的影响比对树木营养生长的影响要小，但事实上，只有在土壤供给必需的营养物质的情况下，树木才能生产种子。因此，在其他条件相同时，地位级高的林分，种子产量较高，质量较好。适当施肥，可以提高种子的产量和质量，特别是施以磷肥，对提高树木结实率有良好的作用。

(三)光照

光是影响林木结实的主要因子。在自然条件下，光照强度的提高总是引起温度的提高。树木通过光合作用来制造生长、发育、开花、结实所需要的有机物，如果光照条件充足，会使树木生长发育快，因而开花结实的时期就能提前。

孤立木和林缘木比郁闭林分结实早，产量高，主要是因为光照充足。同一树种的林分，由于郁闭度不同，其光照、温度、水分条件也不一样，因而，种子的产量和质量差异很大。

在同一林分中，林木生长发育程度差异很大，被称为林木的分化现象。引起林木分化的原因是个体间遗传特性和环境条件的差异。那些生长迅速和树冠较大，占据林冠上层的树木是Ⅰ、Ⅱ级木，它们受光充足，因而转入成熟时期早，结实量比Ⅲ、Ⅳ、Ⅴ级木要多。但Ⅰ级木的株数在林分内较少，以Ⅱ级木的结实量在全林分中占有重要地位。

在同一株树上，由于树冠所处的部位不同，授粉情况、受光程度不同，温度也各有差异，因而结实量不相同。如华北落叶松在林内结实量最多的部位是树冠上部，而孤立木则集中在树冠的中部。一般向阳面结实较丰盛，而背阴面结实相对较少。不同树种的结实部位不同，如耐阴树种云杉的球果多集中在树冠上部。

在山区，由于坡向不同，光照条件的巨大差异也强烈反映在林木的结实和种子产量上，生长在阳坡的林木结实一般比阴坡的多。分布在阳坡、半阳坡的林木，由于光照长，相应的温度也较高，有利于机体的同化作用和营养物质的积累，所以在阳坡、半阳坡上林木开始结实较早，随着年龄增长，结实株树增加很快，单株结实量较高。

(四)生物的影响

病菌、昆虫、鸟兽和不合理的采种，常使种子减产且降低种子的质量。如栎类果实中常有象鼻虫蚕食种胚，严重时能使栎实萎缩早落。松类球果常有螟虫蛀食，其种实味道香美，更是鼠类佳肴；油茶种子常遭受炭疽病危害，桦木果实常遭受真菌的危害，使种子产量和发芽率大大降低。有些病虫虽不直接危害种实，但因其损害营养器官，也使种实产量受到影响。如松毛虫吃掉针叶后，不但使当年已形成的球果不能发育，而且来年的结实也受影响。樟树、楠树、檫树等成熟果实艳丽多汁，常遭受鸟、兽危害。不合理的采种，会降低种子发芽率；砍头折枝严重破坏母树，影响来年结实；采脂后球果果体减少，球果的出种率降低0.1%～0.3%。

第三节　采种林分

一、母树林

(一)母树林的主要优点

建成时间短，投产早；种子产量高，遗传和播种品质有一定程度的改良；种子能从地理起源清楚的群体中生产；面积集中，便于经营管理工作的实施和种子的采收。

(二)母树林建立的条件

母树林的建立应在林分清查分级和摸清种源的基础上进行，应利用最适宜的种源，选择优良林分，注意隔离条件，并考虑位置、立地条件、地形、地势等因素。

1. 隔离条件

母树林应设立在造林地的中心地区或其附近，气候、土壤等生态条件尽可能与造林地条件相近；交通方便，地势平缓，海拔适中，周围 100 米范围内没有同种或近缘树种的劣等林分，以防止不良花粉串入，降低母树林种子的遗传品质；母树林的面积以不小于 2～3 平方百米为宜。

2. 立地条件

立地条件主要考虑土壤肥力及与光照条件密切相关的地形和坡向，应选择土壤肥力较高、地形开阔、背风向阳、光照充足的地方。

3. 林分状况

建立母树林，应选择优良的林分。林分状况的好坏是影响母树林优劣的内在条件。

(1)优良母树的比例

母树林中优良母树的数量和质量，对母树林所产种子的遗传品质起着决定性的作用。拟选林分林木可以分为优良木、一般木和不良木三种类型。优良木需符合培育目的要求(如用材林要求干形好、尖削度小、树冠小、枝条细等，纸浆林要求纤维特性好，果用林要求结果多而质量好，油料林要求油脂含量高等)，且结实量丰富、无病虫害等；一般木为无病虫害且无形质缺陷(如树干弯曲、枝粗、分叉等)的其他林木；不良木为生长差、有形质缺陷或病虫害的林木。要求优良母树在被选林分中不能少于20%。

(2)林分郁闭度

郁闭度的大小直接影响母树的光照条件，从而影响种子的产量和质量。郁闭度一般以 0.5～0.6 为宜，林龄较小者也可达 0.7。

(3)林龄

母树林的建立主要是为解决当前对种子的急需，故应选郁闭度较低，盛果初期的中、壮龄林分。速生树种可在 10 年左右，油松、落叶松、樟子松等可在 10～20 年，生长发育较慢的红松、栎类等可在 20～30 年以上。经适当疏伐改造，可促进树冠发育，增加结实量，从而适应目前造林用种的需要。母树林一般宜选同龄林以便经营管理，若为异龄林，其年龄相差不宜过大。

(4)组成与起源

母树林宜选纯林，若为混交林，则母树树种比例不得少于50%，非目的树种应逐步伐完。但是对针叶树的母树林，可以适当保留不高于50%组成的阔叶树，尤其是固氮树种，以维持和提高土壤肥力。起源以实生林为好，其次为插条林。萌芽更新或起源混杂的林分，发育衰老，生命力差，种子质量低劣，不宜选用。

(三)母树林的营建技术

1.踏查

根据森林调查和林相图等资料确定踏查路线，沿线进行目测，或利用飞机目测，按优良林分条件初步选定若干候选林分。

2.实测

在候选林分内，用标准地法实测。标准地总面积占候选林分的3%～4%，林相整齐、地面变化小的林分，可减少到1%～2%。标准地要均匀地分布在林分内，每块0.1平方百米左右。位置确定后，进行每木调查，填写每木调查表。

3.选定

将母树林调查表上的各项调查数据和树木形质的情况进行整理统计，评价林分优劣，符合优良林分标准的，选为优良林分。

4.母树林区划

中选林分要标识境界，区划道路、防火线和隔离带，绘制区划图，并填写母树林登记表。

通常道路和防火线结合起来，沿着山梁或等高线设置。间距一般为100米左右，宽度为5～10米。

母树林周围应设隔离带，以防外来劣质花粉侵入。带宽视母树林周围环境而定。如周围空旷，带宽不应低于300米；如周围为非目的树种，常绿树带宽100米，落叶树带宽200米。设隔离带有困难时，可在母树林边缘100米内不采种或50米内不进行疏伐。

5.母树林的改造

母树林选定后，主要通过疏伐进行改造。疏伐的原则是留优去劣，适当照顾株距，逐渐淘汰。疏伐的强度、次数、时间、对象等，严格按照母树林改造设计方案实施。疏伐的次数视林龄而定，一般2～4次即可逐步达到计划保留株数。每次疏伐后，郁闭度应保持在0.5～0.6为宜，树冠间距保持1.0～1.5米的距离。在疏伐时，先砍去病虫危害木、枯立木、衰老木等非目的树种(针叶树种母树林内的优良阔叶种应适当保存)，再逐步伐去生长低劣的损伤木、弯曲木、双叉木、萌生木等。疏伐的时间以树木停止生长进行休眠时为宜。伐时控制树木倒向，注意保护优树，及时清理残落物，保持林内卫生，伐后要登记入档。

(四)母树林的经营管理

1. 土壤管理

母树林经合理疏伐后，郁闭度突然下降，林地暴露，杂草易滋生，应进行除草松土，每年 2～3 次。为了改良土壤、提高肥力、保持水土，也可适当间种绿肥。

2. 水肥管理

合理的灌溉和施肥可有效地促进结实，提高种子产量和质量，并缩短或消除结实间隔期，以利于稳定产量。各种肥料的施用量和比例应依树种、母树年龄和立地条件而定，一般可按 2N∶1P∶2K 的比例，每公顷用氮 112 千克、磷 56 千克、钾 112 千克。有条件时亦可采用微量元素和根外追肥。

3. 病虫害防治

危害种子的各种病虫害，对种子产量和质量有严重的影响，应做好预防和防治工作。此外，对兽害和火灾亦应引起重视，加强防护。特别是在采种时要加强对母树的保护。

4. 子代测定

母树林的子代测定，既可以了解遗传增益情况，又保存了种质资源。测定母树林增益，一般是在经过疏伐后的林分内机械采种进行测定。如果在选定的优良母树上采种，要单采单收，在同样的条件下育苗，按田间试验设计要求造林。这样，经过长期观察、调查，就可以了解各测试母株的遗传增益情况，选出优良的母树。

5. 建立母树林技术档案

母树林技术档案的内容包括母树林每木调查表、母树林登记表、母树林疏伐情况表以及母树林经营管理措施和采种情况登记表等，以便分析种子的产量、质量与经营管理各项因子之间的关系，为进一步提高种子产量和质量提供依据。

二、林木种子园

种子园是由选择的无性系或家系组成的人工林，是用有性或无性方法繁殖人工选择的优良个体，或用其他育种法培育出的新品种的植株而建立的良种繁殖场所。种子园生产的种子，其遗传增益大于母树林或一般的采种基地。

(一)种子园的优点

(1)保持优树的特性,提高种子遗传品质。

(2)提供良种快,面积集中,便于经营管理,促进结实。

(3)促进树冠矮化,便于采种,降低采种成本。

(4)为种子的采收、运输等机械化提供条件。

(二)种子园的种类

种子园有很多种。根据繁殖方式,可分为无性系种子园和实生苗种子园;根据母树的来源及树种亲缘关系,可分为产地种子园或杂交种子园;根据母树遗传品质改良程度,可分为普通种子园和改良种子园。

(三)种子园的建立

1.园址选择

种子园的位置应设在该树种的自然分布区和发展区内,最好在中心地区建立。在一个省范围内,根据气候和土壤状况划分若干地区,每一地区建立相应的中心种子园,以利于种子采收、分配和调拨。其应面积集中,交通方便,地势平缓开阔,土壤肥沃,接近水源。在丘陵山区,应选阳光充足的阳坡或半阳坡。

林木一般是异花授粉植物,为了防止园外不良花粉侵入,确保种子遗传纯度,园址应选设在离同种或相近种林分较远之处,最好有200～300米以上的隔离带。隔离的有效距离要随各树种花粉的传播距离而定。

2.种子园的规模

建园规模根据某地区某一树种每年所需的种苗数量和该树种种子园单位面积产种量而定。

种子园过大时要划成若干大区,再在大区中划分小区。小区是最小施工单位,尽可能画为正方形或长方形,以便配置无性系或家系排列图。

3.实生苗种子园的建立

实生苗种子园是用优树后代的优良苗木栽植建成,其苗木来源有:(1)在优树上采收种子,要单采单育,从每个家系中选出优良苗木;(2)优树的杂种苗木中的超级苗木(或优良苗木)。

栽植密度按地区、树种及立地条件而定,初植宜稍密,如2米×2米,2.5米×2.5米,3米×3米等,以后再精选、间伐,直至每公顷保留200～400株母树为止。若用优树后代的优良苗木建园,应按家系进行配置,方法与后述的无性系排列法相同。

4. 无性系种子园的建立

用优树的接穗嫁接的嫁接苗或优树枝条扦插的插条苗建成。红松、落叶松、樟子松一般均为嫁接苗无性系种子园。无性繁殖能保持优树的优良特性，且结实早，树形矮化，建园速度快。

(1)培育砧木

砧木的优劣不仅影响嫁接的成活率，而且影响无性系植株的寿命、生长势、适应性及今后种实的产量与品质，故必须选用超级苗或壮苗。落叶松一般用 1 年生苗，红松、樟子松用两年生苗换床，次年用作砧木。此外，也可将人工幼林改为嫁接种子园。

(2)采集接穗

采集的时期因嫁接方法和季节而异，如供枝接或春季芽接用的接穗，可在休眠期采集，最迟应在萌芽前 2～3 周，采下的各优树接穗分别捆好系上标牌，贮于地窖或冷库，保持湿润；若为夏秋用，应随采随接。

接穗应从优树上选取，采集树冠上中部长短和粗细都合适的 1 年生枝条。但为了防止失水，要连同 3～5 年生枝条一起采下，长度为 40～50 厘米。每株优树只许采 30～50 个接穗，以免过分损伤母树。

(3)嫁接时期和方法

一般在春、秋两季嫁接，以春季为好，即在砧木树液开始流动到砧木形成层与木质部分离之前，一般在 3 月下旬到 5 月中旬左右，最好选无风、晴朗的天气进行，不要在雨后嫁接。嫁接前要使接穗活化，必须提前 1～2 天将接穗移到 0～5℃的湿润环境中完成缓苗过程。

嫁接方法有芽接法(丁字形芽接、方块芽接、芽套接、马耳形芽接)及枝接法(劈接、腹接、髓心形成层对接)。红松、落叶松、樟子松用髓心形成层对接法成活率最高。如果接穗粗短(长不足 5 厘米，而与砧木 1 年生枝一样粗)，可用劈接或侧接法。

(4)嫁接苗的管理

一般嫁接 1 个月后可愈合，樟子松、红松需 2～2.5 个月。愈合后拆除塑料带。落叶松可在 30～40 天后解带；红松接后 40 天松绑，直至翌春解带；樟子松接后 50 天松绑，70～80 天后解带。

接穗顶芽伸长后剪去接口上端的砧木主枝，并及早剪除发自砧木最上一轮新梢及生长过旺的侧枝。

对嫁接苗要进行培土、松土、除草及灌水、施肥等精细的抚育管理。

(5)无性系的配置

一株优树的所有嫁接植株为1个无性系，为了保证无性系种子园的后代有高度的生活力，必须使园内无性系之间进行杂交，使园内母树保持适当的遗传差异。这种差异的大小，一般是由无性系的数目及其异质程度决定的。在一个种子园中，究竟采用多少个无性系为好，取决于树种传粉远近、配距、无性系或家系花期的同步程度以及去劣疏伐的强度等。初级种子园10～30平方百米的要有50～100个无性系，大于30平方百米的为100～200个；改良种子园为初级园的1/3～1/2；实生种子园家系数量多于无性系种子园的无性系数量。过少容易发生自交（同一无性系间互相授粉），降低后代生活力和种子品质；过多排列繁杂，不利于观察研究。

(6)种子园的经营管理

对植株的管理，早期主要是修剪砧木的枝条（最终要全部除掉砧木的所有枝条），除草，防治病虫害；后期要进行树冠整形，修剪，矮化母树，达到无顶、低干，树冠宽大，既能产量高，又便于采种。灌水施肥，开花期后要进行人工辅助授粉。

采种后要分小区调制，分别播种造林，以评定各小区的遗传品质。同时，要加强病虫害防治，建立技术档案。

5. 一些特殊的林木种子园技术

(1)断干整枝修剪法

在种子园生产中，为了保证大量、持续地获得优质种子，有必要对采种母树及其栽植间隔进行调整。通常采取降低母树高度，控制采种枝的分枝角度、分枝数量和长度的方法诱导树型，称为断干整枝修剪法。采用断干整枝修剪法，能够提高采种效率，降低采种成本，对较速生树种的种子园，如日本落叶松、杉木、马尾松种子园的技术管理有一定的指导作用。在实际运用中，要注意选择断干的最佳高度（便于种子采集和较大的结实量），防止病虫害的危害，降低自交系数。

(2)促进开花结实技术

目前，种子园内比较常用的促进开花结实的方法有两大类，即物理方法和化学方法。物理方法有捆绑、环割、修根、摘心等，化学方法有赤霉素处理、细胞分裂素处理、矮壮素处理、促花剂处理等。

三、采穗圃

（一）采穗圃的优点

(1)穗条产量高，成本低。

(2)由于采取修剪、施肥等措施,种条生长健壮、充实,粗细适中,提高了发根率。

(3)种条遗传品质优良。

(4)经营管理方便,病虫害防治容易。

采穗圃中的采穗树可根据树种的特性,分别采用扦插、嫁接或埋根等方法进行繁殖。采穗圃的土壤管理和水肥管理很重要,应及时除草松土,合理灌溉施肥,同时要做到合理留条,适时摘顶,定期更新。

(二)采穗圃的建立

由于采穗圃是为造林和育苗提供种条的场所,因此一般建在固定苗圃内。采穗圃面积的大小根据造林和育苗任务以及单位面积提供的种条数量决定,一般为育苗面积的 1/10 左右。采穗圃用地条件与苗圃相同。为了方便管理,圃地应按品种或无性系分区。采条母树的株行距以利于种条生产和管理为准,但因树种不同而异。

为了提高种条的产量和质量,采穗圃采条母树的树型培养很重要。根据不同树种的生长特点,培养的树型也有所不同。一般培养成灌丛式树型,以提供更多更好的种条。

针叶树类在扦插繁殖中具有明显的年龄效应,因此其采条母树多培养成篱笆式树型,目的是控制树体的高生长,以获得保持幼嫩状态的种条,从而提高扦插生根率。

(三)采穗圃的管理

采穗圃的管理包括土壤管理、采条母树的树体管理、档案管理等。土壤管理同一般苗圃管理。采条母树的树体管理有树体的整形修剪、平茬、抹芽及复壮。一般采穗圃连续采条五年以后,随着土壤肥力的降低和根桩年龄的增加,出现长势衰退、病虫害加重的现象,从而影响种条的产量和质量。为了恢复树势,可在秋末冬初或早春地表化冻前平茬复壮。如果采穗母树失去培养前途,应该重新建立采穗圃,更新轮作。为了不影响种条产量,要分次进行。

建圃后要及时建立各项技术档案,为不断总结经验,提高经营管理水平奠定基础。应记载采穗圃的基本情况、优树名称、来源、采取的经营管理措施、产量和质量变化情况等内容。

(四)实生采穗圃的营建方法

在营建实生采穗圃的过程中应注意以下方面。

1. 株数管理

为了使各株采穗木的树冠能充分接受阳光,穗条能健壮地生长,要充分考虑树高、树冠的大小、地形等条件，栽植适当的株数。

2.采穗木的整枝修剪

既要便于采穗，又要产生的穗条多且成活率高，就要求对采穗木进行整枝修剪。包括采穗木的矮化，一般分成高干、中干、低干三种，主要措施就是将树梢锯断，保留一定的高度，既利于侧枝的生长、穗条的萌发，又利于穗条的剪取；疏枝修剪，保证枝条能充分接受阳光。

第四节 种实的采集、处理、贮运

一、种实的采集

（一）种实脱落

种子形态成熟后，种实开始逐渐脱落。有些种实立即脱落，如银杏、杨树、柳树、榆树、杏、山桃等；有些种子从成熟到脱落有一段间隔时期，如侧柏、刺槐、椴树、臭椿、杜仲等；有些树木种实成熟后宿存于树上，如悬铃木、国槐、紫穗槐等。

有些非正常脱落的种子，如受病、虫害影响脱落早，质量难以保证。脱落期的长短受环境条件影响很大，如遇高温、干燥、大风天气种实失水快，脱落早。

脱落形式也有所不同，有的整个果实脱落，如浆果、核果类等；有的果鳞或果皮开裂，种子脱落而果实并不一起脱落，如松柏类的球果等。

种子进入形态成熟期后，种实逐渐脱落，不同树种脱落的方式各不同。有的是整个果实脱落；有的果皮开裂，种子散落，果实并不一同脱落。不同树种种实脱落情况不同，采种时期也不同。一般有以下几种：(1)形态成熟后，果实开裂快，如杨、柳、榆、桦、银桦、木麻黄等，应在未开裂前采种。(2)形态成熟后，果实虽不马上开裂，但种粒较小，一经脱落不好收集，如水杉、马尾松、湿地松、桉树等，应在种子脱落前采种。(3)形态成熟后，在母株上长期不开裂，不会散裂，不受虫害，也不会影响发芽率，如国槐、刺槐、合欢、苦楝、黄檀、悬铃木、女贞、香樟、楠木等，可以延迟采种期。(4)成熟后立即脱落的大粒种子，如板栗、七叶树等树种，可在脱落后立即收集并沙藏。成熟后的种子要及时采收，掌握好采种日期。

（二）确定采种期

每个地方，每个树种都有大致固定的果实成熟期和采种期，但种实的成熟受当年气象条件的影响，在不同的年份里，成熟期可能有所变动。定期对采集母株进行物候观测，可以比较准确地对种子成熟期作出预报，做到适时采种。因此，采种时间应根据种子成熟、脱落及当时的气候条件严格掌握，要一个地区、一个林分地确定最佳开采时间，并严格按开采时间采收。

(三)采种方法

采种前应对城市内外各树种、花色、树龄、分布地区、数量等项工作进行全面详尽调查，最终进行图纸标明，如有条件可做成软件输入计算机。除此之外，还要进行种条的雌雄株和品种的调查，如杨、柳、银杏等雌雄异株树种，在城市中宜栽植雄株，避免飞絮及落果。

采前要准备采种工具。我国采种机具很少，多采用手工操作的简单工具，如高枝剪、剪枝剪、采种镰、竹竿、种钩、采种袋、布、梯子、绳子、安全带、安全帽、簸箕、扫帚等。如有条件应备有采种车辆及自动升降设备。

根据种实的种类、脱落形式和时间、树体的大小以及使用的工具采用相应的采种方法。

1. 地面收集

种实成熟后，在脱落过程中不易被吹散的大粒种实种子可用此方法，如山桃、山杏、核桃、板栗、栎类、油桐、油茶、七叶树等。采集时可在地面铺帆布、塑料布、席等便于收集种子，用机械或人工振动树木，促使其种实脱落。振动式采种机专门用以采集种子，可以振落种子而对树木生长影响较小。地面收集的方法安全、效率高，是普遍使用的方法。

2. 直接从树木上采集

比较矮小的植株，如小乔木、灌木可以利用各种工具如枝剪、高枝剪等采集；高大的树木可以上树利用枝剪、高枝剪采集。在地势平坦的地方可以利用机械设备，如车载自动升降梯，结合人工利用枝剪进行采集。在母树林和种子园中采种主要采用本种方法。

3. 种子种粒小，或脱落后易被风吹散的以及成熟后不立即脱落的种子

种子种粒小，或脱落后易被风吹散的种子如杨、柳、榆、桦、马尾松、落叶松等，以及成熟后不立即脱落，但不适宜从地面收集的种实，都要从植株上采取，如针叶树、刺槐等。对果实集中于果序上而植株又较高的树种，可采用高枝剪、采种镰、采种钩等采收，针叶树可用齿梳梳下球果，或用杆击、棒打、手摘、钩镰等方法采收。对植株特

高的,可用木架、绳索、脚蹬、叠梯等工具协助。一些生长在水边的树种,如赤杨、桤木、榆树等,种子脱落后常漂浮在水面上,因此可在水面上收集。

4.伐倒木采集

结合伐木进行,从伐倒木上采种。仅适用于从种子成熟至脱落期间进行伐木作业的情况。

(四)种子登记

为了分清种源,防止混杂,合理使用种子,保证种子质量,必须对所采用的种子或就地收购的种子分批登记,分别包装。种子包装容器内外均应编号,贴上标签。

二、种实的调制

(一)球果类的调制

1.自然干燥脱粒

在自然条件下,利用阳光和适宜的气温使球果干燥。具体方法是:

将球果放在席、塑料布或场院上,根据树种特性不同,在太阳光下曝晒或阴干;经常翻动,注意防雨、防潮。球果干燥后鳞片自然开裂,种子脱出,部分未脱出的种子可用木棒敲打脱出。一些含松脂多的球果,鳞片不易开裂,需要辅以别的方法。如马尾松,先将球果放在阴湿处堆沤,用40℃左右的草木灰水淋洗,15天左右球果部分开裂,再放置在阳光下曝晒,经10天左右鳞片开裂,种子脱出。

自然干燥脱粒方法安全可靠,不会因温度过高而伤害种子,但受天气条件限制,获得种子的时间不易保证。

2.人工干燥脱粒

人工干燥指用人工加温促使球果干燥开裂、脱出种粒的方法。人工干燥可以人工控制干燥条件,较自然干燥法迅速。人工干燥方法有多种,可根据条件选择适用的方法,常用的有干燥室法和烘箱法。

干燥室法是利用特制的干燥室加温烘干球果。干燥室一般应配备加温、通风设备,如暖气、电加热器、排风扇等,使温度、湿度保持在规定的范围内。烘箱法是利用烘箱加温干燥球果,少量的球果可在烘箱中进行干燥脱粒。

干燥球果的温度一般在36～60℃之间。树种不同,最适宜温度也不同,落叶松、云杉不能超过50℃,马尾松不能超过55℃。提高温度可加快球果干燥、种子脱粒,但温度过高或高温持续时间过长会伤害种子,降低种子质量。温度要逐渐提高,一般从20～25℃开始,逐渐提高到所需温度。

湿度要适当，高温高湿更易伤害种子。在不能确定最高温度时，应使用较低的温度，不要因温度过高伤害种子。新采集的球果含水量大，加温时可使处理场所湿度增加，因此处理球果时除要注意高温外，还要注意不使处理场所湿度过大。处理种子过程中，湿度不宜超过 50%；处理结束时，空气湿度在 10% 为宜。通风可降低湿度，干燥场所要有通风设备。

3. 种子去翅

球果类种子多带有种翅，为了利于贮藏和播种作业，有些种子需进行处理脱掉种翅，形成纯净种子。去翅可以采用手工或机械的方法。手工去翅，要把带种翅的种子放在口袋中，用手揉搓，去掉种翅；机械方法适合处理大量的种子，脱翅并能同时净种。还有专用的球果类种子处理设备，球果干燥、脱粒、净种、选种，全部用机械处理，效率很高。

(二)干果类的调制

干果类种实的调制主要是清除果皮、果翅、枝叶等杂质，得到纯净种子。这类种子很多，差异较大，有的干果开裂，有的不开裂，有的含水量大，需要区别对待，采用相应的调制方法。

1. 蒴果类种实的调制

蒴果采集后要及时调制，堆放时间过长容易发热、发霉，影响种子质量，特别是蒴果含水量大时更容易发热。蒴果种实调制，干燥是关键。经晾晒后干燥适度的蒴果，容易开裂，稍加敲打处理，种子即可脱出，经筛选可得到纯净种子。有些蒴果，如含水量大的小粒种子，不宜曝晒，可晾晒。

经干燥的蒴果一般会自行脱粒，没有完全脱粒的辅以轻轻敲打，即可脱粒。一般而言，干燥适当、自行脱粒的种子品质较高。

2. 荚果类种实的调制

荚果成熟时一般含水量较低，可晒干。有些荚果坚硬、有韧性，不易开裂，需要敲打，种子才能脱出。皂角甚至需要单个砸开荚果才能脱出种子。敲打荚果时，不要打碎种子。

3. 翅果类种实的调制

翅果类种实如元宝枫、榆树、臭椿、白蜡、杜仲、枫杨、水曲柳，可带翅贮藏、处理、播种，调制时不必去掉种翅，干燥后去掉杂物即可。干燥用晒干方法。杜仲、榆树不能曝晒，要用阴干办法。

4. 坚果类果实的调制

这类果实含水量较高，阳光下曝晒或晾晒时间过长容易失去生活力，如栎类、板栗等，可水选或手工选择。小的坚果晾晒后可用木棒轻击脱出种子，然后风选净种。

(三)肉质果实的调制

肉质果实指浆果、核果、聚花果和浆果状球果等。这类果实果皮多肉质，含有较多的水分、果胶、糖等，易发酵腐烂，因此采集后要及时调制，取出种子。

肉质果实调制的关键是去掉肉质果皮。软皮果可以直接挤压、揉搓，弄碎果皮挤出种子，然后经水选、晾晒干燥获得净种；硬、脆皮果首先要使果皮软化，然后取出种子。由于肉质果实的果皮软硬、薄厚不尽相同，调制时要采取不同的方法。

软皮果如金银木、毛樱桃等可直接揉搓，挤出种子，经水选取出种子。银杏可在水中浸泡一段时间，使果皮松软，然后揉搓取出种子，浸泡时间不可过长。核桃等种实采用堆沤法，使其果皮腐烂，取出种子。

适时采种可使一些肉质果实的调制变得容易，如核桃，待其形态成熟后再采集，大多果皮开裂，种子自动掉出。黑枣软化后采摘，很容易将种子取出。

(四)净种和种子分级

1. 净种

净种就是清除在调制过程中未清除干净和混进的杂物以及破损瘪粒种子。净种是保证种子品质的有效手段，有风选、水选、筛选和手选等方法。根据实际需要可选用一种或同时使用多种方法。

(1)风选

由于杂质和种子的重量不同，可以用风力将杂物从种子中吹走，达到净种的目的。风选适用于中小粒种子。实际工作中可用风车、簸箕等简单工具或借助自然风进行风选。

(2)水选

水选是利用杂质与种子的不同相对密度，将待选种子倒入水中进行漂选的净种方法。在水中，饱满种子因密度大而下沉；杂物如树叶、果皮、空粒、瘪粒因重量轻、相对密度小而漂起浮在上面，将杂物捞出即可达到净种目的。水选操作时间不宜过长，以免杂物因吸水重量增加下沉影响净种效果。水选后的种子不宜曝晒，应用阴干法干燥。有些种子水选还可以将种子进行分级。

(3)筛选

用不同孔径的筛子，筛除与种子大小不一的杂物。

(4)手选

手选是从种子中挑选粒大、饱满、色泽正常、没有病虫害的种子。这种方法适用于核桃、板栗、油桐、油茶等大粒种子的净种。

从果实中取出种子并经净种后,即可计算出种率(从单位重量的果实中提取种子的重量所占的百分数)。

2. 种子分级

种子净种后要对种子按种粒大小进行分级。种子分级是种子工作的重要环节,同一种树木种子,一般粒大的种子千粒重大,种子饱满,含营养物质多,生命力强,发芽率高,将来的苗木强壮。经过分级选出的优良种子单位面积用种量少,播种后出苗整齐,苗木生长均匀,便于管理,可生产出优质苗木。

调制出的种子要分别种批填写种子产地标签,挂附在每个包装容器的内外。产地标签由县(旗、林业和草原局)或相当于县一级的林业主管部门制定,并由专人负责签证。

三、种实的贮藏与调运

(一)种子贮藏

种子经净种、分级后,因播种季节、生产计划等因素的影响,不能立即播种,需将种子按一定的方法贮藏一定的时间。种子贮藏的目的是贮备播种育苗的种子,其实质是在一定的时间内保持种子的生命力。种子常常在成熟后尚未脱落前逐渐转入休眠状态,这是树木为了种的繁衍,经长期进化形成的自我保护措施。一些春末夏初成熟不耐贮藏的种子,可随采随播,如杨、柳、榆、桑等。大多数树木种子不能立即播种,需要等到来年春季播种,因而就要进行种子贮藏。如果种子贮藏得当,控制好温度、湿度,可使种子发芽力延长至数年。反之,如贮藏不当,种子很快会失去生命力,也就失去了贮藏种子的意义。

1. 种子贮藏的方法

种子贮藏有干藏和湿藏两种方法。安全含水量低的种子适合干藏法,安全含水量高的种子采用湿藏法。

种子贮藏前要充分净种,去除杂质,使种子达到安全含水量。大多数种子的安全含水量在3%~14%。适宜的贮藏温度为0~5℃,空气相对湿度为30%~50%,要注意通风透气。

贮藏时要按树种、批次、质量、产地分别贮藏。贮藏场所、容器要挂标签,注明树种、批次、贮藏时间。

(1)干藏法

干藏法是把经过充分干燥的种子贮藏在干燥的环境中并保持干燥状态的贮藏方法。大多数种子可用干藏法,如松柏类,国槐、刺槐、合欢、元宝枫等。干藏法有普通干藏法和密封干藏法两类。

①普通干藏法

普通干藏法是将干燥的种子,使其达到安全含水量,装入麻袋、布袋、箩筐、缸等容器中,放置在温度较低、干燥、通风的仓库中进行贮藏的方法。有些易遭虫蛀的种子如刺槐可拌入少量熟石灰粉。贮藏前仓库要进行消毒处理,一般用石灰水刷墙即可。另外,为了防止湿度过大,可在仓库内适当位置放生石灰以吸湿、干燥空气,同时还可起消毒作用。

②密封干藏法

密封干藏法是把经过干燥的种子,放入无毒、密闭的容器中进行贮藏的方法。适合干藏的种子都可密封干藏。粒小、种皮薄的种子用普通干藏法长期贮藏容易失去生命力,密封干藏可保持较长的生命力。由于安全含水量低的种子在干燥的环境中呼吸微弱,放置在密闭的容器中可以防止和减轻外界湿度、氧气、温度的影响,抑制呼吸,也抑制微生物的活动,达到长期贮藏种子、延长种子生命力的目的,是长期贮藏种子效果最好的方法。可选用铁质和塑料等容器,容器不要过大,以适合搬运为好。容器可用3%的福尔马林消毒。为了防止容器内种子因呼吸产生水分,可放置硅胶、氯化钙等吸水剂,硅胶用量为种子重量的10%,氯化钙用量为种子重量的1%~5%。可用蜡将容器封口。塑料袋可直接用封袋机抽真空压封,真空贮藏效果更好。将密封好的容器放置在低温的仓库内。贵重种子可用易拉罐包装,现在市场上已有多种商品种子用易拉罐包装。

长期贮藏大量种子时,应建造种子贮藏库。多数研究都表明,低温冷藏是种子贮藏的最佳环境。但是,低温库的建设通常投资较大,技术要求高,电源要有保障,常年运转费用昂贵,于是人们希望通过降低含水量,在常温条件下就能较好地保存种子活力。种子超干燥贮存研究就是在这种客观条件下提出来的。它把种子含水量由低温库贮存的5%~6%,进一步降低,例如降到3%~4%,而贮藏温度提高,获得低水分、较高温度与较高水分、低温贮存相同效果,或更长的寿命。但这方面的研究主要是针对农作物种子,林木种子中仅对如杨树和柳树等少数树种做了一些研究。

为了长期保存种质资源,对新技术的探索是没有止境的。利用液态氮超低温(−196℃)保存植物种质的一系列研究证明,许多植物种子、花粉、分生组织、芽、愈伤组织和细胞等都能被成功地保存在液态氮温度(－196℃)而生活力不受影响。植物材料一旦达到这个温度,新陈代谢活动基本停止,就有可能极大地延长贮存材料的寿命,而不产生遗传变异,从而有效、安全地长期保存种质资源。而且液氮本身就是冷源,不需要低温库,可减少大量的低温库造价和今后为维持低温所需的昂贵电费。利用液态氮保存果树花粉已取得成效。但在我国利用超低温冷冻技术保存种质资源的研究才刚刚开始。

(2)湿藏法

湿藏法是将种子放置在湿润、通气、低温的环境中,以保持种子生命力的贮藏方法。安全含水量高的种子采用湿藏法,如银杏、榛子,栎类等种子寿命较短,从种子成熟到播种都需在湿润状态保存。湿藏有解除种子休眠的作用,可以结合种子催芽进行贮藏。

①露天埋藏

一般采用混沙贮藏,也称为沙藏。选用干净、无杂质的河沙,沙子的湿度因树种不同有所差异,一般为饱和含水量的30%(简单的确认方法是,抓一把湿沙用力握沙子不滴水,松开后沙子团不散开)。贮藏温度一般为0～5℃。湿藏温度不宜太低,低于0℃容易冻伤种子。

按种∶沙＝1∶3的比例混合。小粒种子直接与沙混合均匀后放置在贮藏坑中,大粒种子可一层沙一层种子分层放置。种子层不能太厚,应是沙层的1/3,以每粒种子都能接触沙子为好。还可以种、沙混合后,一层沙子、一层种沙混合物放置。

贮藏地点室内、室外均可,室内一般是堆藏,室外可堆藏,也可挖坑埋藏。室外堆藏或埋藏要选择背风向阳,雨淋不进、水浸不到的地方。

贮藏坑深度以各地土壤结冰深度和地下水位高度而定,原则上要求将种子放在土壤结冰层下或附近、地下水位线以上,沟内能经常保持所要求的湿度。一般深100～120厘米、宽100厘米左右,长度视种量大小确定。坑底放10厘米厚的湿沙,在上边放置种沙混合物(或一层种子一层沙,或一层种沙混合物一层沙)。种子层一般在冻土层以下,厚度一般70厘米左右,然后在坑上部覆盖沙子(一般10厘米)。贮藏坑自下而上要插上具有通气作用的秸秆把,坑长时间隔100厘米插1个。地面以上用土做成10厘米左右的屋脊顶,以防雨(雪)水进入贮藏坑。注意经常检查,保持低温、湿润和通气。

由于室内贮藏或室外堆藏不接地墒,要注意保持湿度,同时要防止温度剧烈变化。

②堆藏法

可室内堆藏，也可露天堆藏。室内堆藏可选择空气流通、温度稳定的房间、地下室、地窖或草棚等。先在地面上浇一些水，铺一层10厘米左右厚的湿沙，然后将种子与湿沙按1∶3的容积比混合或种、沙分层铺放，堆高50～80厘米、宽1米左右，长视室内大小而定。堆内每隔1米插1束秸秆，堆间留出通道，以便通风检查。

对一些小粒种子或种子数量不多时，可把种沙混合物放在箩筐或有孔的木箱中，置于通风的室内，以便检查和管理。

③流水贮藏法

对大粒种子，如核桃、栎类，在有条件地区可以用流水贮藏。选择水面较宽、水流较慢、水深适度、水底少有淤泥腐草，而又不冻冰的溪涧河流，在周围用木桩、柳条筑成篱堰，把种子装入箩筐、麻袋内，置于其中贮藏。

2.林木种子寿命

通常把生长发育正常、没有机械损伤的种子，在一定环境条件下能维持生命力的年限称为种子寿命。种子寿命是一个相对的概念，其长短受树木本身生理特性和遗传特性的影响，也受采种调制方法和贮藏条件的影响。

(1)种子的寿命

种子在一定条件下保持生活力的最长期限，就是种子的寿命。超过这个最长期限，种子的生活力丧失，也就失去了萌发的能力。不同种子，寿命的长短也不一样。

首先，种子寿命的长短决定于植物的种类。野生植物种子的寿命相差很大，最短的只有几个小时，而长的竟达几十年，甚至上百年。其次种子的贮藏条件对种子寿命的长短也起着十分重要的影响。一般来说，热带植物的种子寿命较短，而寒带植物的种子寿命较长，这是由于外界的环境条件—湿度和温度综合影响的结果。贮藏种子最适宜的条件是干燥和低温，只有在这样的条件下，种子的呼吸作用最微弱，种子内营养的消耗最少，有可能度过最长时间的休眠期。完全干燥的种子是不利贮藏的，因为这样会使种子的生命活动完全停止。所以，一般种子贮藏时的含水量有一个安全系数，高于或低于这个安全系数都不利于种子的贮藏。此外，贮存植物种子的仓库必须保持干燥通风，使种子呼吸时产生的热量及时散失。水生植物的种子在干燥的条件下，反而会失去生活力，如果把它们浸在低温的水中，则能保持较长时间的生命力。

种子寿命的长短还和母体植株的健康状况、种子本身的成熟度、种皮的保护状况，以及病虫害对种子产生的影响等因素有关。所以，种子生活力的强度、寿命的长短，实际上是多种因素综合反应的结果。

(2)影响种子寿命的因子

①影响种子寿命的内在因子

树木的遗传特性是影响种子寿命的主要内在因子,决定了种子的形状、结构、养分、种子含水量、种子成熟度和机械创伤。

②影响种子寿命的外部因子

影响种子生活力的外部因子有温度、湿度、通气条件和生物因子。

(二)种实的调拨

1. 种子调拨的理论基础

同一树种,在不同外界环境条件的长期作用下,可形成遗传性上有差异的生态型。

树木的生态型可分为气候生态型和土壤生态型。同一树种由于分布在各种不同的气候条件下,长期受到当地气候条件(温度、光照、降水等)的影响,就形成了最适合该地区气候条件的类型——气候生态型。在同一气候生态型的范围内,由于长期生长在不同条件的土壤上,经过自然选择,便形成了最适合该土壤条件的类型——土壤生态型。例如生长在干旱土地上的树木,自然选择的方向是形成和保存抗旱的类型;生长在盐碱地上的树木,自然选择的方向是形成和保存抗盐的类型,因此调拨种子时要注意使造林地的土壤条件与种子产地的土壤条件相近似。

上述树木生态特性的差异,与其所处的地理位置有直接关系,如水平分布(纬度)、垂直分布(海拔高度)和土壤类型(旱生型、湿生型及盐碱型)等,因此,生态型与地理型的概念很难截然分开。根据对树木种内变异的大量研究,可以看出如下规律:分布区大的树种其遗传变异大,分布区小的树种则遗传变异小。在树种分布区内,环境条件差异越大,其遗传性的变异也越大。

在树种的分布区为连续分布的情况下,由于经常交换花粉和种子,加之环境因素的渐变,其遗传性的差别可能较小。在非连续分布的情况下则相反。

研究树木种内的生态变异或地理变异,对合理调拨种子具有重大意义。在种源试验的基础上,划分种子调拨区,才能做到合理调拨与使用种子。种子的合理调拨也就是种源的选择,实质上就是生态型或地理型的选择。

2. 种子调拨的原则

为了科学合理地使用种子,在种子调拨时应遵循以下原则:(1)要在种子区内调拨种子,选择最适种源区。(2)如果没有最适种源区,要在造林地附近地区调拨种子。若在造林地附近地区无适宜种源区,则要选择气候条件和土壤条件与造林地相同或相似的地区，尽可能减小差异。(3)在我国自然条件下，种子由北向南和由西向东调拨的范围比相反的方向大。(4)地势高低对气候影响很大，垂直调拨种子时，从高海拔向低海拔调拨范围比相反方向大，一般不超过300～500米。(5)采用外来种源时，最好先进行种源试验，试验成功后再大量调进种子。

(三)种子运输

种子出库必须经过检验，并随附林木种子质量检验证和种子采收登记证，种子凭出库证出库，严格核实，防止发错。出库种子应及时发运。种子的运输工作，实际上是一种特殊环境条件下的短期贮藏。种子在运输途中很难控制环境条件，为了防止种子受风吹、日晒、雨淋、高温、结冻、受潮和发霉等，除在运输前要经过精选、干燥外，还应妥善包装。种子调运过程中，如果包装不当，会使种子品质迅速降低或丧失发芽能力。一般适于干藏的种子，如樟子松、杉木、刺槐等，可直接装入麻袋中，但不能过紧，每袋不超过50千克。含水量较高的大粒种子，如板栗、栎类等，要用筐或木箱装运。种子在容器中应分层放置，每层厚度约为8～10厘米，层间用秸秆隔开，避免发热发霉。并应尽量缩短途中时间，到达目的地后立即妥善处理。杨、柳、桑等极易丧失生命力的小粒种子，应保持含水量在6%～8%，并采用密封法包装寄运。珍贵树种种子，可用小布袋或厚纸袋包装，每袋不超过5千克，并将小袋装入木箱内运输。

运输前应检查包装是否安全，每个包装均应附有种子产地标签，并随同种子寄去种子登记卡片。大量运输时，应有专人管护，途中应经常检查，停放时应将种子置于通风阴凉处，种子运到目的地后要立即妥善保管。

第二章　林木种子栽培

本章主要介绍林木引种、选择育种、杂交育种以及建立良种基地的实用新技术。

第一节　林木引种

一、引种的概念和意义

引进驯化外来树种，选择优良者加以繁殖推广的工作就叫林木引种。引种所使用的繁殖材料主要有种子、苗木、穗条、种根以及其他繁殖材料。从外国或外地直接引进已有的优良树种，既丰富了本地的树种资源，又促进了本地造林的良种化，提高了林业生产水平。刺槐是我国引种最为成功的一个外来树种。据考证，刺槐原产于美国东部，最早是由法国的宫廷园艺师鲁宾引入欧洲的，1601 年首先引到法国，英国人于 1630 年从法国引入。17 世纪德国、意大利、匈牙利等国家先后把刺槐引入本国栽培。日本人于 1868 年（同治七年）把刺槐引到日本。我国最早引进刺槐是在清光绪年间，当时清政府驻日本的副使张鲁生首先将刺槐种子带到南京种植，取名“明石屋树”，只作庭园观赏，由于数量少而鲜为人知。光绪二十三年（1897 年）德国侵占胶州湾后，经德国大量引入，在青岛及山东半岛大面积栽植。随后陈振先于 1907 年将刺槐引到沈阳，陈嵘于 1916 年将刺槐引到南京。自此刺槐在我国许多地方大量栽培。我省杨树引种成功且生长表现良好的主要有从意大利引进的Ⅰ－69 杨、Ⅰ－72 杨以及先后从民主德国（1954 年）、波兰（1959 年、1960 年）引进的欧美杨无性系沙兰杨等。

二、引种的原理

（一）植物与自然分布区生境条件的综合分析

引种时，遇到的首要问题是把植物种到什么地方最为适宜。这时首先应分析该植物原产地的条件，并且尽可能选择与原产地自然条件相似的地区栽培。若生态条件差别不大，植物则能正常生长、发育，引种容易成功。当生态条件与原产地相差比较大时，木本植物的引种就较困难。在这种情况下，多年生木本植物不仅要经受栽培区全年各种生态条件的考验，而且要经受不同年份经常变化的生态条件的考验，而这种条件又很难进行人为控制和调整。因此，引种不同气候带的植物应注意原产地与引种地生态条件的对比。

(二)主导生态因子的分析

对树木影响较大的生态因子有温度、日照、降水、湿度、土壤等。进行主导生态因子的分析，对引种成败具有关键性的作用。

1. 温度

气温是植物生存的重要条件。气温在地球上呈带状分布，有热带、亚热带、暖温带、温带、寒温带、寒带。不同的气候带分布着不同植物种类，不同气候带的植物对温度的适应范围也不同。

植物对高温、低温、积温都有一定的适应范围，这三种温度是对植物产生影响的重要因子。高温方面，若长时间处于30～50℃的气温条件下，植物的生命活动会受到抑制，常见的是呼吸作用加强，光合作用减弱，异化作用大于同化作用，最终因养分供应不上而死亡。如果高温加上干旱的气候条件，对植物的影响将会更加严重。低温对植物的分布尤为重要，其危害性表现在：①急剧降温和升温；②低温持续时间长，植物受害越严重；③极端低温。如木麻黄在绝对低温低于－30℃的地区易遭冻害；原产澳大利亚南端的蓝桉，引种到我国后能忍受－7.3℃的短暂低温，但不能忍受持续长时间的低温。有些植物要求一定的低温时期，如油松需要15℃以下的低温90～120天，毛白杨需75天，白榆需75天。只有满足了它们的低温要求，第二年才能正常地生长、发育。所以对某些树种，低温时间不够也可构成生长或发育的限制因子。此外，季节交替的特点也应加以考虑，如生长在高纬度的树种引到中纬度时，由于气温反复变化，一旦遇到寒流侵袭，常会遭到冻害。

2. 降水和湿度

随着降水量的减小，植被类型由森林到森林草原、草原、干草原、半荒漠及荒漠逐渐变化。降水量和湿度是决定自然界植被类型的关键因素，对引种成败具有决定性作用。如黄河流域有些省曾大量引进毛竹，凡湿度比较大又注意引水灌溉的地区都获得了成功，大气湿度小的地方都落叶枯死。在考虑降水和湿度的同时，还应注意不同树种对水分的不同反应，有的耐干旱，如刺槐、皂角、梧桐、枣、柿、侧柏等；其他树种如马褂木、水杉、广玉兰、毛竹等，则要求湿度较大的气候条件。

3. 光照

光照的长短和光照的质量随纬度的变化而不同。一般纬度由高变低，生长季节的光照由长变短。因此，分布在高纬度地区的树种是长日照树种。长日照树种喜光，短日照树种耐阴，引种时必须注意这些特点。如原产赤道附近的树种，多数是短日照树种；在北纬 60°以北地区的树种，多数是长日照树种。在北纬 60°以南的地区，长日照树种和短日照树种都能生长，我国广大地区属此范围，所以南北树种互相引种的可能性很大。

当北树南引时，大多数是提早封顶、缩短生长期、影响当年生长，而且南方夏天酷热，常致植物死亡，如北方的银白杨、山杨引种到江苏南京地区时，封顶早，生长缓慢，往往遭受严重的病虫害感染；或因不适当地延长了生长期，造成二次生长，早春易受冻害；反之，当南树北引时，生长季节内日照延长，生长期也延长，影响封顶或促进副梢萌生，从而减少养分的积累，妨碍组织的木质化和入冬前保护物质的转化，降低抗寒性。

4. 土壤

有些植物种类对日照、温度、湿度等条件的要求幅度都很广，唯独对土壤的性质要求很严格。在这种情况下，土壤生态条件的差异就成了引种成败的关键。

土壤性质的差异主要指含盐量、物理性质、肥力等的不同，最重要的是酸碱度的差异。引种时，如不注意各种植物对土壤酸碱度的要求，就会造成引种失败。如江西庐山植物园在 20 世纪 50 年代初期引进一些喜中性或偏碱性土壤的树种（如白皮松、日本黑松等），经过 10 多年的试验，这些树种逐步死亡而被淘汰。

(三)历史生态条件的分析

植物适应性的大小，不仅与目前分布区的生态条件有关，而且与系统发育中历史上的生态条件有关。如根据古生物学的研究，在过去地质年代中，水杉曾在中国、美国、日本、欧洲西部等地广泛分布，但由于最近一次地质时期变化，几乎全部毁灭，人们只能从化石中找到它的标本。1945 年前后，在四川与湖北交界的狭小范围内发现了幸存的水杉，后来引种到国内其他广大地区以及在美国、苏联、法国、印度尼西亚等 50 多个国家试种，生长均表现良好。而华北地区广泛分布的油松，引种到欧洲各国时却屡遭失败，其主要原因是它过去的分布范围比较狭窄。由此可见，凡植物在系统发育中经历的生态条件比较复杂的，其潜在的适应能力也比较大，引种较易成功。

(四)种内变异性

一个树种，特别是分布区广的树种，在分布区内存在着各种变异性，形成了很多地理型。不同地理型对生态条件的适应性以及表现出来的经济性状是各不相同的。选择适宜的种源，有助于引种成功。近年来，国内引种的杉木、松、泡桐等树种都证明不同种源的差异非常大。

三、引种的原则

GB/T14175—1993《林木引种》规定，引种应遵循的原则：

(1)坚持先试验后推广的原则，按照选择引种树种—初选试验—区域性试验—生产性试验—推广的程序进行。

(2)充分利用引种树种种内产地间与个体间的遗传差异选择优良种源和个体。

(3)充分利用引种地区多样的气候、地理条件和优良的小气候环境，进行多种立地试种。

(4)根据引种树种的生物学特性采取不同的驯化措施，包括某些特殊的栽培措施，研究配套的栽培技术。

(5)防止外来树种可能产生的不良生态后果。

四、引种试验

(一)初选试验

初选试验的目的是初步了解树种在引入地区的适应性，初步选出有希望引种成功的树种。经苗期初步选择的树种可以试种，每个树种5～25株，苗期表现极差的应当及时淘汰。试验观察期为1/3～1/5轮伐期，经济林树种为见效后3年。

(二)区域性试验

就是对经初选的树种进行扩大试种。入选区域性试验的树种应具备的条件：一是在一般保护措施下，露地栽培能正常生长发育，无严重病虫害、冻害、灼伤等；二是主要性状表现近似或好于引种来源区，主要经济和生态性状明显优于引入地区的同一造林树种。选择试验地应考虑引种树种的生态要求，不同区域与立地各设置三个以上试验点；试验设计以随机区组设计为主，小区规模9～36株，重复4次以上；选择引入地区同一造林目的、生产上使用的主要乡土树种作为对照；试验观察期，速生树种为1/2轮伐期，一般树种1/4～1/3轮伐期，经济树种至进入盛产期。

(三)生产性试验

根据区域性试验结果，按照常规造林条件采用生产上允许的技术措施，通过一定面积的生产试种，验证区域性试验入选树种的生产力，确定大面积推广范围。生产性试验应进行区域栽培比较。每个树种的面积，用材林不少于 20 平方百米，经济林不少于 2 平方百米。生产性试验评价：用材林在 1/2～1 个轮伐期后进行，经济林树种要进入盛果期。对试验结果按生产要求进行分析，分析试验树种在不同栽培区域对气候、土壤等条件的适应性，生长发育特性以及产量、品质、病虫害抗性，综合评价其生长力；核定成本，估算经济效益，评定推广价值；确定适宜推广范围、重点推广范围；提出完整的栽培技术。

五、试验观测

试验观测主要包括适应性、物候、生长及产量测定。生长观测主要包括苗木出圃前的苗高、地径；造林后调查成活率，翌年秋季调查造林保存率。初选试验、区域性试验每年观测 1～2 次；生长性试验前半期每 1～2 年观测一次，后半期每 3～5 年观测一次。观测内容主要是树高、直径、干形与病虫害情况。观测株数：初选树种阶段全部观测；区域性试验每一处理小区观测不少于 10 株，不足 10 株全部观测。生产性试验阶段应设置不少于 5 块的固定观测样地，每块样地不少于 30 株。

六、引种成功树种的标准

引种成功树种要符合以下 5 条标准，缺一不可：

(1)适应引进地区的环境条件，在常规造林栽培技术条件下，不需特殊保护措施能正常生长发育；

(2)无严重病虫害；

(3)达到原定引种目的，经济效益、生态效益及社会效益较高或明显高于对照树种(品种)；

(4)无不良生态后果；

(5)通过有性或无性繁殖能正常繁衍并保持原有优良性状。

七、建立技术档案

技术档案包括调查登记表、原始记录、试验方案、图表、照片、分析整理的资料、技术管理文件及引种试验总结等。要及时整理、归档，妥善保管。

第二节 选择育种

选择就是选优去劣。选择育种(简称选种)也就是从自然或人工创造的群体中挑选符合人类需要的单株或类型,通过比较、鉴定、繁殖,最后确定出优良类型或品种。在整个育种过程中,无论采用哪种育种途径,如引种、杂交育种、诱变育种等,对于各种变异材料都必须进行选择,只有经过选择才会使这些材料转化为生产力。选择不仅应用于各个育种环节,而且还贯穿于树木生活的各个时期,如种子选择、苗期选择、花期选择、成熟个体的选择以及果实的选择等,因此选择育种在树木育种中占有重要的地位。

选择包括自然选择和人工选择。自然选择是自然界用"优胜劣汰、适者生存"的方式,淘汰有害的变异,保留有利的变异,使生物沿着与环境相适应从而有利于自身种族繁衍的方向前进;人工选择则是人们按照自己的需要,挑选那些有用的,淘汰那些较差的植物。在人工选择的同时,自然选择也同时参与,因为栽培植物不可能完全摆脱自然条件的作用。所以,人工选择是建立在自然选择的基础之上的。

一、选种的基础

(一)选种的原理

遗传、变异和选择是生物进化的三大动力。变异可以创造生物的多样性,为选择提供原材料,它是选择的基础。导致基因型发生变异的途径一般有基因的重组与互作、基因突变、染色体结构和数量的变异等;使品种群体发生自然变异的原因主要有品种性状的继续分离、天然杂交及环境条件引起的变异。这些变异来源,给我们提供了广泛的选择机会和丰富的物质基础。遗传也与选择密切相关,它可以使变异的材料得以稳定,巩固选择的结果。人们按一定的选择目的进行选择后,可以加强性状的变异,并使其定向积累;减少了不利因素的干扰,尤其是淘汰劣质个体后,可以大大减弱对优良植株在水、肥、气、热等方面的竞争;由于创造了有利的环境条件,因而能使变异性状得到稳定;经过去劣除杂,使有利性状的基因频率和优良个体的基因型频率均相应地得到提高,改进了群体的育种值和生产力水平。

(二)选种的依据

林木变异的普遍性和多样性是选种的主要依据,常见的变异有下面几种。

1.形态特征的变异

林木的形态特征是多种多样的,其变异现象涉及几乎每一个器官和每一种形态方面,它的变异范围往往是从一个极端到另一个极端,并包括各种各样的中间过渡类型。不同树种在变异范围和变异方向上有很大的一致性。常见的几个与经济效益关系较密切的形态变异表现如下。

(1)干形:树干是用材树种的重要经济指标。树干的高度、通直度、圆满度等直接影响到树木的利用价值。大量实践表明,干形在很大程度上是由遗传性所决定的,在一般情况下,林木的干形优劣都能遗传给后代。但在环境条件的影响下,干形也可以产生变异。如楸叶泡桐、箭杆毛白杨、钻天榆等干形通直高大,而兰考泡桐、粗皮毛白杨、曲枝榆等干形较差。

(2)树冠:树冠由枝条组成。枝条的长短、粗细、疏密及分枝角度的不同,形成了宽冠、窄冠、枝条直立与下垂、浓密和稀疏等不同的冠形,这在毛白杨、榆树、刺槐、松树等常见树种中是普遍存在的。根据分枝习性和冠形等方面的差异,可把树种划分为不同的类型,如毛白杨可分为箭杆毛白杨、长枝毛白杨、稀枝毛白杨、密枝毛白杨等10个类型。

(3)树皮:树皮的粗细、结构、厚薄、颜色、裂纹以及皮孔的形状、大小、多少、排列方式等都有很大变化。有的树皮变异与经济性状有密切关系,是良种选择的重要依据。在许多树种中,都存在粗皮和细皮两种类型。对松树的研究表明,粗皮类型生长比较块、年轮宽、材质松、比较抗病虫害;细皮类型的侧枝较细,自然整枝较好,木材质量较好,但生长量不如粗皮类型。这在其他树种中也有类似情况。

(4)叶片:在相同立地条件下,不同类型同一部位枝条上的叶片常有明显区别,主要表现在叶片的大小、厚薄、质地、颜色、茸毛多少、托叶以及叶缘、叶基、叶柄、叶迹等性状上。

(5)花和芽:表现在形状、颜色和大小方面有一定差异。

(6)果实和种子:果实和种子的大小、形状、色泽、数量及果序着生状况等表现出差异。

2. 生长特性的变异

(1)生长期:林木的生长期,可通过发芽、落叶、顶芽萌动与封顶等物候特性反映出来,不同树种生长期是不同的,就是同一树种不同植株之间,生长期的长短也有一定差别,因而在种内有不同的物候类型。如毛白杨存在早发芽早落叶、晚发芽晚落叶和早发芽晚落叶三个类型,发芽期相差7~10天,落叶期相差一个月以上。一般发芽早、落叶晚的树木生长期长、较耐干旱和晚霜的危害,具有较大的生长潜力。

(2)生长速度:林木在树高、胸径、材积等方面的差别非常明显。另外,在生长势上有些前快后慢,有些前慢后快。生长速度的不同,是用材树良种选择的重要指标。

3. 木材品质的变异

木材品质是指木材纤维性质、比重(或密度)以及物理力学性质。据研究,湿地松、海岸松等树种的木材品质有较高的遗传力。

此外，林木在生态特性方面（如对光照、温度、湿度、土壤等的反应）、在生理特性方面（如光合作用、呼吸作用、蒸腾作用等）、在抗性方面（如抗病、抗虫、抗盐碱、抗干旱、抗涝、抗风、抗寒等）都存在着很显著的差异。

二、选种的方法

选种的方法很多，这里主要介绍种源的选择和优树的选择。

（一）种源选择

种源是指从同一树种分布区范围的不同地点收集的种子或其他繁殖材料。种源是树木在历史进化中形成的，是地理和生态性质的群体。它是在自然情况下树木个体能彼此随机交配，发生遗传物质交流的若干个体所组成的群体。不同群体间通常存在着基因和生态隔离，因而其形态、生理、生态、抗性、适应性等特性也存在着差异，这些差异就是种源选择的基础。

对地理起源不同的种子或其他繁殖材料，放在一起所作的栽培对比试验叫做种源试验。通过种源试验，可以研究林木地理变异的规律性、变异模式以及变异与生态环境和进化因素的关系；为造林地区确定生产力高、品质好、抗性强的种源，并为区划种子或种条的调拨范围提供科学依据；为进一步开展选种、杂交育种等提供数据和原始材料。

1. 种源试验的方法

（1）采样：根据树种的分布特点、试验目的和条件确定采种点。进行全分布区试验时，可在树种自然分布范围的各种立地条件下布点。生态条件越复杂布点越密。成水平分布的树种，可在分布范围内相隔一定纬度或经度设计成方格网状，在每一网格内取样。也可以按等温线、等雨线、大陆度、湿润度等分带取样。对分布区广的树种，一般需要取 50～200 个样；分布范围狭窄、重要环境因素成垂直梯度变异的树种，采用平行海拔或温度和雨量梯度进行布点。多数树种应以网格为主，在重点地区又应按海拔梯度布点。分布范围小的树种一般取样 20～30 个即可，在全分布区进行测验之后，还可以在较好种源中进行局部分布区测验，这时取样可较前少些，一般 20～30 个样本。

采种林分应尽量用天然林。林分的组成和结构要比较一致，密度达到能异花授粉的要求，林龄应达到能对主要经济性状作出评价的时期，所选林分要有代表性。要避免从孤立木或仅有几株树的地点采种。

在选定的林分中，可从 5～10 株优势木或亚优势木上采种，采种株数不能少于 10 株，以多为好，采种母树在林分内的分布要分散。同一产地的种子可混在一起，也可以按林分分单株采种。对每一种源的种子应有详细的记录，并对采种林分进行编号，在采种登记表上绘制林分或母树略图，还要采集带有果实的标本若干份，用于研究母树的形态变异。

(2)苗期试验：试验地的立地条件应尽可能地均匀一致，播种前的处理也应相同，并测定千粒重、饱满度和发芽率，以便确定播种量。苗圃设计一般采用随机区组排列，重复 3 次以上。播种时，按预先设计的草图进行，确保准确无误。苗圃阶段的观测项目有发芽情况、生长量、物候期、适应性和抗性、形态特征、生理指标等。

(3)造林试验：在树种的主要造林区，选多个有代表性的立地条件区进行试验，田间安排应符合试验设计原则，各项措施应尽量保持一致，并填写造林登记表。

造林试验可分两个阶段。第一阶段在幼林时期完成，主要观察其适应性和生长的一般表现，选出优良种源，作为种源调拨的初步依据。对表现优良的种源，做第二阶段的试验。

试验期一般不少于 1/2～1/3 轮伐期。该期主要了解干形、高、直径和材积生长等指标，以确定生产力高的地区。

2.种源选择的注意事项

根据国内外种源试验结果，在进行种源选择或种苗调拨时应注意以下几个问题：

(1)地中海气候区向其他大陆区调拨种源不易成功，由内陆向沿海调拨种源较安全。

(2)不能从降雨、气温变幅小的均衡气候区向变幅大且气候恶劣的地区调拨。

(3)高海拔或高纬度地区的种源不能向低海拔、低纬度地区调拨，反之亦然。但是低纬度地区的高海拔种源向较高纬度的低海拔地区调拨往往容易成功，反之亦然。

(4)原产地为酸性土或碱性土的种源，不能随便向土壤酸碱度差异大的地区调用。

(5)一些栽培历史悠久的树种，其中心栽培区的种源生产力较高，向周围一定范围内调拨使用往往有一定的增益。

(二)优树选择

优树是指在同一林分中相同立地条件下，在生长量、材性、干形、适应性、抗逆性等方面远远超过同种同龄(如为异龄，需要调整)的树木。优树选择是从林木群体中，按选种目标和优树标准进行个体的表型选择。优树选定后，经过遗传测定，即可繁育和推广。

1. 优树的标准

优树的标准,因树种、选种目的、地区资源状况等而异。选作用材树种时,优树应是生长迅速、树干通直圆满、自然整枝良好、无大的枯死节、枝下高不小于树干总长的1/3、无严重病虫害的植株。阔叶树的优树同时还应具有单干性,树冠均匀对称,侧枝细而短,冠幅较窄,顶端优势强,树皮较薄,裂纹通直,木材密度大,晚材率高。对于特用树种,总的要求是质量高、品质好、抗性和适应性强。

2. 优树选择方法

(1)优势木对比法:以优树预选木为中心,在同等立地条件的10～15米半径范围内,选出仅次于优树预选木的3～5株优势木作对比树,按优树标准逐项进行比较,符合标准者作为优树登记入选。该法在人工林或年龄较一致的天然纯林中应用较好。

(2)小样地法:以优树预选木为中心的200～700平方米范围内,划定包括40～60株林木的林地作为小样地。按优树标准逐项观测评定,当预选木达到或超过小样地林木平均值规定指标时定为优树。

(3)生长效率法:该方法是把具有生长快而占空间小,能提供最高单位面积产量的林木作为优树。具体选优时,应在标准地内测量优树预选木和10株优势木的树高、胸径、中央直径、皮厚、冠长、冠径等,在胸径处的两个垂直方向,用生长锥取样测定近10年直径增长量,求算各树的树冠表面积代表值(X=冠长×树冠半径)、近10年材积增长量(Y)、生长效率(Y/X)及优树预选木和10株优势木的Y的相关系数,最后根据计算结果和优树标准评选优树。这种方法适用于中龄未间伐的林分。对于其他林分选择效果较差。

(4)评分法(五株优势木对比树法):在离候选优树10～15米范围选5株优势木作为对比树,与候选木在树高、材积、冠形、树干通直度、自然整枝能力、分枝角度、侧枝粗度等方面进行比较评分。对有些性状还应根据不同立地条件指标和树龄作相应的调整。评分时,各项性状得分值在构成总分时按一定的比例,因此含有权重的意思。当累计总分达到一定程度以上者可评定为优树,如其中有一项以上评分为负值时则不能评为优树。该法比较客观,在松树优树选择中应用非常广泛。

(5)绝对值评选法(绝对生长量法):这种方法是根据选优地区的立地条件和树木生长的实际情况,规定一个树高、胸径或材积等性状的标准,凡超过这个标准的植株即可作为候选树。如进行泡桐优选时,规定10年生兰考泡桐年平均胸径生长量在6厘米以上,楸叶泡桐和毛泡桐年平均胸径生长量在4厘米以上作为速生性选择的绝对指标。绝对值评选法适用于对平原、“四旁”或异龄混交林等的选优时使用，它简便易行，容易掌握，在开展群众性选优工作中被广泛应用。

3. 优树选择步骤

(1)准备阶段。选优前，要详细查阅有关资料，确定选优生态区域，制订选优方案，并实地踏查，确定选优路线，统一选优标准与具体方法。

(2)初选。优选人员深入选优林分进行实测评比。凡符合标准者，在树干1.5米高处用油漆涂绕一圈，标明编号，认真填写优树登记表。

(3)复选。在初选基础上将所选优树再按标准复查考核，不符合条件者予以淘汰。

(4)验收与建档。由上级主管部门对所选优树按一定比例进行审核，通过检查，写出评语。对于优树收集过程中的各种图表，要建立完整的优树档案，为以后的优树利用创造条件。

第三节　杂交育种

杂交是指不同树种或同一树种不同小种、品种或类型间的交配。根据亲本亲缘关系的远近，可把杂交分为近缘杂交(品种内、品种间或类型间的杂交)和远缘杂交(种间、属间或地理上相隔很远的不同生态类型间的杂交)两大类。一般前者容易进行，后者有时表现出杂交不亲和性或杂种的不育性(但对杨属、柳属、落叶松属等许多属内种间进行的杂交，常可得到健壮可孕的子代)。通过杂交所得到的杂种，可能会综合双亲的优良性状，同时在生长势、生产力或抗逆性等方面比亲本强，杂种表现出来的这种优越性叫做杂种优势。杂交育种的目的就是经过对杂种后代的系统培育、鉴定和选择，育成符合育种目标、具有一定优势的新品种。

一、杂交前的准备工作

(一)确定育种目标

从实际出发，根据当地的人力、物力和财力状况以及国内外生产发展的情况，对杂交育种的目标进行具体的确定。确定目标时要有针对性，如提高速生、丰产性，增强抗性，改进品质等，能够解决生产上存在的问题，满足林业生产的需要。另外，对于未来新品种的发展方向要有预见性，如泡桐不但要速生优质，而且抗病性要强。

(二)选配亲本

亲本的选择包括杂交组合的选择和杂交亲本植物的选择。在进行林木杂交组合的选择时,应考虑如下原则:①亲本必须有育种目标所需要的优良性状。②双亲应优点多、缺点少,优缺点能相互补充。③亲本的地理起源和生态适应性要有一定的差异,以便选育出具有广泛适应范围的后代。④为获得具有优良性状的杂种,可考虑亲本性状的遗传力大小。⑤由于母本效应,应使母本具有尽可能多的优良性状。

杂交亲本组合确定后,具体的亲本植物也应有所选择,一般应尽可能符合优树标准。如用材树种,应表现为:速生,优质;干通直,圆满;冠型较窄、匀称,分枝角度合适;生长健壮,无病虫害;树木性状已得到充分发育。如果亲本植株已进行过遗传测定,则应选择配合力高的个体作亲本。

(三)确定杂交方式

在有性杂交中,把接受花粉的植株叫做母本,用符号“早”表示;供给花粉的植株叫做父本,用符号“古”表示。父本和母本通称为亲本。杂交用“×”符号表示,一般母本写在前面,父本写在后面。

林木杂交育种中,常根据育种目标和亲本特点选用以下杂交方式。

1. 单交

两个亲本中一个作为母本,一个作为父本,配成一对进行杂交称为单交。单交时,两个亲本可以互为父母本,即 A×B 或 B×A。若前者为正交,则后者为反交。正反交的效果不完全一样,如小叶杨×钻天杨与钻天杨×小叶杨,在生长和耐寒等性状上都存在着差异。

2. 复交

复交指两个以上亲本之间进行杂交,一般先进行单交,根据单交的缺点再选配另一亲本或单交组合,以便使多个亲本的优点能互相补充。复交的方式又因采用亲本的数目及杂交方式的不同而分为三交,如(椴杨×山杨)×响叶杨;双交,如(毛白杨×新疆杨)×(银白杨×灰杨);四交,如[(A×B)×C]×D 等。

3. 回交

由单交得到的杂种第一代,再与其任一亲本进行的杂交称为回交。回交可以重复进行,其中重复使用的亲本叫做轮回亲本,只在开始时用一次的亲本叫非轮回亲本。一般轮回亲本具有优良的特性,在第一次杂交时用做母本,而在以后各次回交时用做父本。回交的目的是使轮回亲本的优良特性在杂种后代中慢慢加强。

4. 多父本混合授粉杂交

多父本混合授粉杂交指选择一个以上的父本，把它们的花粉混合起来，对一个母本进行授粉的杂交方式，即 A×(B+C+D+…)。通过这种杂交方式，有可能达到一次杂交获得具有两个以上父本综合性状的杂种子代，如群众杨就是由小叶杨×(钻天杨+旱柳)杂交而得到的。

(四)花粉技术

1. 花期调整

树木的开花时间除与遗传因素有关外，还受外界环境条件的影响，其中温度和光照的影响最大。花期调整的目的就是使开花时间不同的亲本调整为相同，以便进行杂交。

调整花期除利用当地自然条件把花粉从南到北、从低海拔到高海拔、从阳坡向阴坡输送外，还可以人为地控制温度和光照，促进或推迟树木的开花期。如把花枝在室内进行水培，给予适当的温度和光照，就能够使它提前开花；反之处于低温阴暗的地方，则可延迟其开花。如毛白杨的花枝，在20℃的室温中培养，花期就可以提前20天左右。对于花期相隔很远的树种，如白榆春花、榔榆秋花，可用贮藏花粉的方法加以解决。

2. 花粉的收集

对于花粉多、散粉期长的树种，如针叶树种，可以直接在树上收集。树木一般在上午9时左右开始散粉，11时至下午2时为雄花盛开时间，可预先把雄花用纸袋套起来，当花粉散出时即落在袋中而收集之。不便在树上采集花粉的树种，如杨树、榆树、胡桃、麻栎等，可直接采集即将散粉的雄花序，在室内摊在纸上阴干，使花药自然干裂而收集。对于柏木、杨树等开花散粉时间较短的树种，可以通过剪下花枝进行室内水培收集。

3. 花粉的贮藏

花粉的寿命除了与遗传有关外，还与温度、湿度有密切关系。人工贮藏花粉的原理在于创造一定的条件，减低花粉代谢强度，延长寿命。花粉收集后，进行适度的干燥，除尽杂物，装在指形管或小玻璃瓶中(不宜过满)，瓶口包扎上纱布，然后贴上标签，注明花粉名称和贮藏日期。如有条件，最好将装有花粉的小瓶置于干燥器内，其低腔盛无水 $CaCl_2$ 以控制湿度，再把干燥器放在冰箱中，保持0～2℃的温度。如果没有这种设备，可把装有花粉的小瓶放在盛有石灰的箱子里，置于阴凉、干燥、黑暗处。

4.花粉的寄运

花粉体积小,寄运比较方便。把晾干后干净的新鲜花粉装入小玻璃瓶中,瓶口塞上棉花,再装在木匣内即可寄运。邮寄时以快速为宜,若能空运更好。少量的花粉可用光洁的半透明纸包好,放在信封内邮寄。有些树种可以剪取花枝寄运。

5.花粉生活力的测定

为了保证杂交的成功,授粉前尤其对贮藏期长的花粉必须测定其发芽率,测定的方法有下面几种。

(1)直接授粉法。把花粉直接授到同种植株的雌蕊柱头上,并做好隔离。经过1～3天,采集授粉的柱头,用FAA固定液固定,再离解或直接在60℃的温水中离解15分以上。取出花柱,用1%苯胺蓝水溶液或苯胺蓝乳酸酚染色,做压片,在显微镜下面观察花粉管生长状况。此法适用于阔叶树种。

(2)培养基法。将100毫升的蒸馏水倒在烧杯中,加入0.5～1克洋菜(琼脂),放烧杯于锅中隔水加热,使之溶解,然后加入蔗糖或葡萄糖。由于各种树木花粉发芽最适合的浓度不同,因此可多配几种浓度试验。为促进发芽,可加入少许10毫克每升浓度的硼酸溶液。加热时可预先在杯上作标记,待洋菜全部溶解后,把水加至标记处,以防杯中的水分蒸发影响浓度,并趁热用玻璃棒取少量溶液滴在悬滴载玻片的凹槽内,放置片刻,使之冷凝成固体培养基,然后用解剖针取少许花粉,均匀地撒在培养基上,注意撒落的花粉不可太多,以防影响观察。把制好的片子放在垫有吸水纸的培养器中,再放在20～25℃的恒温箱内。一般树种经过24时即可发芽,但松树等需要1～3天才能发芽。花粉发芽情况可用显微镜检查,为保证测定结果的代表性,可随机在显微镜下取4个视野,计算花粉总数及其发芽数,算出平均发芽率,以决定花粉是否能用。

(3)染色法。裸子植物可使用此法。先把花粉置于载玻片上,滴入0.025%的次甲基蓝溶液1滴,盖上盖玻片,数分钟后在显微镜下检查。凡无生活力的花粉染成深蓝色,有生活力的褪为不同程度的浅蓝色或灰色,褪色能力的强弱与生活力的强弱呈正相关。次甲基蓝的浓度可任意调节,以期获得最明晰的结果。

有效的染色剂还有2,3,5—三苯基四唑、联苯胺、愈伤木酚等。

二、杂交技术

(一)树上杂交

树上杂交是在自然条件下进行的,大多数树种都适合用这种方法。在确定为母本的树上，选择树冠中上部生长健壮的枝条上的花进行杂交。具体步骤如下。

1. 去雄

凡是两性花，杂交之前必须去雄，以避免自花授粉。去雄要在花粉成熟之前进行。可用镊子或尖头小剪刀直接剔除花中的雄蕊，操作时要小心，去雄要彻底，既不能损伤雌蕊，又不可刺破花粉，否则易引起自花授粉。去雄所用的工具要消毒，以防污染或带入其他种的花粉。

2. 套袋隔离

两性花去雄后，必须立即套袋隔离。若为单性化，则在花开前，将雌花套袋隔离，避免自由授粉。隔离袋的材料必须能防水、透光、透气，一般可采用薄而透明坚韧的材料制成。风媒花可用半透明的亚硫酸纸做隔离袋，用缝纫机缝制，或用与水不亲和的黏合剂粘贴，但不可用面粉浆糊和胶水粘制，以防雨淋开裂。虫媒花可用细纱布或细麻布做的袋子。袋子的大小因树种而异。如松树可用 5 厘米×30 厘米或 7.5 厘米×30 厘米的隔离袋，核桃可用 15 厘米×30 厘米的隔离袋。一般树种用 8 厘米×25 厘米大小的隔离袋即可。

3. 授粉

待雌花开放、柱头分泌黏液时，即可授粉。授粉期的长短因树种而异。例如，松树 4～5 天，冷杉、云杉 2～5 天，白蜡、栎树 2～8 天，杨树、柳树 3～5 天，鹅掌楸 0.5～1 天。授粉的方法和工具根据不同情况灵活运用。风媒花树种的授粉时间最好在无风的清晨，此时湿度大，空气中飘浮的花粉少。授粉时打开袋子的顶端开口处，用授粉器对准雌蕊喷射花粉（也可用毛笔涂抹）。授粉后将袋口向下卷折，别上回形针封闭为原状。虫媒花的花粉有黏性，授粉时取下纱布袋，用毛笔或小橡皮头把花粉涂抹在柱头上，然后套上袋子。授粉完成后，要挂上标签，注明杂交组合和授粉日期。

授粉后 3～7 天，如果柱头仍和授粉前相似，则需要进行重复授粉。如果柱头萎缩或苞鳞闭合，即表示已失去再授粉能力，可摘除隔离袋。种子细小的树种，为防止种子飞散，成熟前要套上纱布袋。栎类的某些树种在幼果发育至成熟时，需要再次用纱布袋套上，以防止昆虫危害。

在整个杂交过程中，要注意管理和观察记载，及时防治病虫害，防止人为破坏，特别要做好杂交种子的采收、处理和保存等工作。

(二)室内杂交

种子小而成熟期短的一些树种，可以从树上剪下枝条，在室内进行培养和杂交，其方法如下。

1. 枝条的采集和修剪

在供试树种自然开花前20天左右，从所选定母树树冠的中上部，剪取1～2年生无病虫害、基部直径1.5～2厘米、长70厘米以上的雌花枝和雄花枝。对采回来的枝条或从外地寄来的枝条进行修剪，把没有花芽的徒长枝或受病虫危害的枝条剪掉。雄花枝尽量多保留花芽，以收集大量花粉。每枝雌花枝留1～2个叶芽、3～5个花芽，多的去掉，以免消耗枝条养分，影响种子发育。

2. 水培管理

把修好的枝条，插在盛有清水的广口瓶或瓦缸中，每隔3～4天换一次水，天热时应增加换水次数，并洗去枝条基部的分泌物。若切口变色或黏液过多，必须修剪切口，室内温度以15～18℃、湿度以70%为宜，并保持空气流通，防止病虫害发生。在每个雌花枝上挂一标签，注明树种名称、采枝日期和花序数目。

3. 去雄、隔离和授粉

原则上和树上杂交相同。

4. 果实发育期的管理

果实发育期应注意病虫害防治，并经常换水和保持室内通风。室温保持18～22℃，初期湿度不低于65%，后期不低于50%。枝条上顶芽开放后，保留2～3片叶子，多余的去掉，以免消耗养分。

5. 收获种子

为了避免种子飞散，当果实即将成熟时，要套上纱布袋，待种子成熟后连同袋子一起取下。脱粒后按杂交组合分别保存，不可混杂，并附上标签，标明杂交组合、授粉期和采种期，以备播种之用。

6. 观察记载

在整个过程中，要及时填写记录表。

室内杂交除了用盛水的容器培养外，还可以采用沙培法和盆栽嫁接法。沙培法是将细沙与细土各半混合配制的培养基装入花盆，然后把修剪好的花枝插入盆内(一盆插一枝)，放在室内阳光下，并注意每天浇水适量，对容易生根的树种可以采用此法。盆栽嫁接法是把花枝嫁接在盆栽的砧木苗上进行培养。嫁接后，在接穗下端放一个瓶子供水，休眠花枝(接穗)嫁接后两星期就可开花授粉。该法一次嫁接可保持数年，每年都可用做杂交试验的母本。

(三)杂交的注意事项

(1)工作前要了解花器构造、开花时间和方式、雌蕊的可授期、花粉的寿命和贮藏方法等。

(2)去雄要彻底,但不能损伤其他花组织;套袋要及时。

(3)用过的隔离袋,不可再用于相同的树种。

(4)授粉时,双手和用具都要保持干净。

(5)树上杂交宜在无风的清晨进行,要防止隔离袋的破损。室内杂交视条件而定,可隔离者不套袋;套袋授粉前,要防止空气中飘浮花粉的污染。

(6)结实后,注意保护,做到每天观察,及时采收。杨树、柳树、榆树和桑树等种子不能过早采收,否则会降低或丧失发芽力。杂交种子也不能采收过迟,成熟后容易飞散或脱落,最好是在成熟前套上袋子。

(7)杂交中应设对照,如套袋不授粉、自花授粉等。

三、克服远缘杂交困难的方法

(一)远缘杂交的不亲和性及其克服方法

远缘杂交的不亲和性表现为受精过程很难或不能进行,致使当代的结实率非常低,甚至不能正常结实。根据目前研究所知,影响远缘杂交亲和性的因素有:异种植物的柱头环境和柱头分泌物差异太大,致使花粉在异种柱头上不能发芽;花粉管生长缓慢或花粉管太短,不能进入子房到达胚囊;花粉虽能到达胚囊,但不能受精,或者只有卵核或极核发生单受精。为了克服远缘杂交的不亲和性,在实践上应尽可能地削弱配子间的受精选择性,并创造有利于配子受精和胚胎发育的外界条件,在不同情况下,可分别采取如下一些方法。

(1)正确选择亲本。选幼龄杂种,尤其是前几年开花的植株作亲本,则其遗传可塑性大,杂交容易成功。另外,把染色体数较多或倍数性高的种作母本,氧化酶活性强的种作父本。花粉渗透压稍大于母本柱头的渗透压时也有利于杂交的成功。

(2)混合花粉和多次重复授粉。把几种不同的花粉混在一起给母本授粉,有利于改变受精过程的生理环境和花粉的生长;在同一母本花的花蕾期、开放期和花朵即将凋谢期,进行多次重复授粉,有时可以提高受精率。

(3)预先无性接近法。预先将亲本互相嫁接在一起,使彼此间的生理活动得到协调,或者改变其原来的生理状态,然后进行杂交。

(4)柱头移植法。将父本花粉先授于同种树木柱头上,待花粉管尚未完全伸长之前切下柱头,移植到母本花朵的柱头上,或先进行异种柱头的嫁接,待1~2天愈合后再进行授粉。有时也可把母本花柱剪短,或在柱头上置以父本柱头的碎块、柱头组织提取液等。

(5)植物激素或生长素处理。应用赤霉素、萘乙酸或生长素等涂抹或喷洒柱头，能促使花粉发芽和花粉管伸长，有利于完成受精作用。

(6)相互杂交。某些树种的正交和反交结果差别很大，如云杉×白云杉不能成功，而白云杉×云杉却获得了成功。在松树种间杂交时，也有类似情况。

(7)改变受精条件。应用温室或保护地进行杂交，控制光照和进行变温处理等在一些树种之间杂交时取得了较好的效果。

(二)远缘杂种的不育性及其克服方法

远缘杂种的不育性表现为：受精后的幼胚不发育、发育不正常或中途停止；杂种幼胚、胚乳和子房组织之间缺乏协调性，使杂种胚部分或全部坏死；杂种种子不能发芽，或虽能发芽但在苗期或成株前夭亡；杂种植株不能开花，或雄雌配子不育，因而造成杂种的结实性差，甚至完全不能结实。由于不少树种可以进行无性繁殖，所以选育出新品种后，通过无性繁殖即可进行推广。但对于多世代育种或不能无性繁殖的树种来说，克服远缘杂种的不育性仍具有重大意义。通常可采用以下几种方法。

(1)杂种染色体的加倍。在种子发芽的初期和苗期，用秋水仙碱溶液处理，使体细胞染色体加倍，获得异源四倍体，这样可以正常地进行减数分裂，产生有生活力的配子，从而大大提高结实率。

(2)改善营养条件。当提供优良的生长条件时，可能会使生理机能不协调的远缘杂种逐步恢复正常。因此，对杂种的各个生育阶段，都应加以精心培育。遇到幼苗根系发育不良而引起早期衰亡或杂种只开花不结实的情况时，可以采用嫁接的方法加以克服。

(3)延长培育世代。远缘杂种的结实性，常常会随着生育年龄或有性世代的增加而逐步提高，这可能与减数分裂过程染色体的重新分配有关。

(4)胚胎培育。对于一些远缘杂种胚早期败育，可利用组织培养技术来培养发育不良的胚。

此外，还可以采用人工辅助授粉和回交法来提高杂种或后代的结实率。

四、杂种的培育和选择

通过杂交获得杂种种子只是杂交育种的开始，还必须经过培育选择和鉴定等，最后才能实现杂交育种的目的。

杂种种子数量少、组合多，在培育过程中要特别小心。根据种子大小、发芽难易以及树种特性，可以采用室内盆播、温床播种或苗圃地直接播种等，要求土壤肥沃、疏松而湿润，并在播种前进行消毒，经常注意防治病虫害。根据树种的生长状况，经1～4年后可出圃定植。无论在圃地还是定植区，都要用同龄亲本或当地的代表种作为对照，并保持培育条件的一致性和避免混杂。

对杂交种的选择要慎重，因为杂交种的优良性状要经过一段时间生长发育后才能逐步表现出来。由于不同树种的早期性状表现和性状的早、晚期相关性强弱不同，可以根据树种的特性进行苗期、幼树和成年树等不同阶段的选择。多数树种要经过3～5年甚至10年以上的观察比较才能鉴定出来。

第四节　无性系育种

切取树木的部分器官或组织，在适当条件下使其再生为完整的新植株的繁殖方法，叫做无性繁殖。这种由同一母株经过无性繁殖产生的一系列个体，叫做一个无性系。无性系育种则是指通过各种途径获得的优良无性系，经扩大繁殖和区域试验，按一定育种目标和要求进行比较鉴定，评选出最优无性系并推广应用于生产的过程。

在无性繁殖的情况下，无性后代不仅继承了母株的加性效应，而且继承了母株的显性和上位性效应，这就从理论上注定了无性繁殖要比有性繁殖后代获得的增益高一些。在生产上采用无性系造林，林木生长快，产量高，林相整齐，便于管理，增产效益十分显著。因此，能进行无性繁殖的树种，近代国内外都趋向用无性系改良的育种途径。

一、无性繁殖方法的评价

这里主要评价嫁接、扦插和组织培养在林木改良中的表现。

(一)嫁接

嫁接对不易生根的树种来说是一种好的无性繁殖方法，能使一些树种快速、容易地繁殖，同时又能有效地进行成年材料的复壮。缺点是往往在一个好的开端以后，逐渐显示出嫁接不亲和性，再者嫁接难度大、成本高，进度较慢。由于这些特点，嫁接只能用于基因保存、初繁和种子园建设。

(二)扦插

扦插的优点是能够大规模地进行繁殖，简单易行，效高价廉，没有嫁接不亲和的忧虑，是无性繁殖中的主要形式。但成熟作用使生根困难，限制了扦插的大规模应用，有时生了根的扦插苗生长不旺。此外，有些阔叶树种在插床上切口裸露，易受病毒感染，引起成片死亡。

(三)组织培养

应用组织培养集约繁殖苗木，其效率极高，如桉树的一个外植体一年内可得到上亿株试管苗，因此深受各国的重视。此外，愈伤组织形成的快慢，还可作为早期速生测定的方法。不过，组培繁殖要求一定的技术和设备，况且不同树种常有不同的问题，再加上成本相对较高，妨碍了它的推广。

以上三种繁殖方式，都会遇到繁殖材料的成熟作用和位置效应。所谓成熟作用是指繁殖材料的生理衰老，它在很大程度上取决于母树的年龄，即年龄越大，衰老越严重，如结了实的枝条其再生作用会降低，不定根发生能力减退。位置效应是指繁殖材料在原株树冠上的位置，如采自下部侧生枝条，常有倾斜生长的趋势，这几乎是扦插和嫁接中的普遍现象。

二、无性系测定

无性系测定是无性系育种的一个重要环节，其目的是筛选出优良的无性系用于造林。在无性系测定前，必须首先排除成熟作用和位置效应的干扰。

(一)克服成熟作用和位置效应的措施

(1)诱导树干基部萌生根萌条作插穗。这在桉树、杉木、毛白杨等树种中都有效果，起到了返童复壮的作用。

(2)幼砧连续嫁接复壮。把入选树上一年生幼龄新梢嫁接到幼龄砧木上，以后连续多次继代进行这种幼砧幼穗嫁接，最后老龄树的新梢就获得了生根力。

(3)连续扦插法。对老龄树上取得插穗扦插成活的少量个体，以后再多次连续扦插，生根率可以不断提高。

(4)组培法。把老龄穗条先嫁接到幼龄植株上，再取这种枝条组培，经几次继代培养后，所得到的苗木生长较快，生根性也得到了改善。此外，还可以用一定浓度的生长物质如6－苄氨基嘌呤等处理嫁接在实生苗上的老龄接穗，直到萌生出幼态的新梢后，再将其用于组培，以获得扦插生根率高的穗条。

(二)苗期测定

从现有的人工林、天然林或杂种后代中选择优树，并剪取穗(或根)条，繁殖够一定数量的无性系苗木进行比较试验。在相同的环境条件和一致的栽培管理措施下，经过 1～2 年的观测，对各无性系作出初步的鉴定。

(三)林期测定

将苗期测定中选的无性系进行造林试验，试验以多点为宜。林期测定时间的长短，应根据育种目标，以能正确评价所需性状为度。为了加速育种过程，对测定中有希望的无性系即可进行生产性试验。在测定过程中的各项试验、抚育管理措施以及观测数据，都要及时详细地记录，以便分析研究。

三、无性系育种应注意的几个问题

(一)初繁材料的复壮

无性系测定需要一定的时间跨度。当测定结果得出后，初繁材料已进入成年，这时往往扦插不能生根，即便生了根，也会很快结实，使速生性受到抑制。为了解决这一问题，可结合采穗圃采穗，对初繁材料不断进行平茬，以保持材料的幼年性。

(二)采用多系造林

无性系经测定后就去造林，首先遇到遗传基础变窄的问题，这对于抵御病虫害的侵袭和气候条件的骤变都很不利。因此，应根据情况，选用多个无性系造林，以维持群体足够的遗传变异。

(三)边试种、边测定、边选择，是无性系改良的合理程序

一般是在获得优树的初繁材料后，就进行无性系测定，待无性系测定后，再去造林。这种按部就班的程序，要占用大量的时间。最简单的解决办法是经短期测定以后，将中选的无性系投入试种造林，实行边繁殖、边试种、边测定、边选择的办法。

(四)注意无性繁殖和有性杂交的结合

选育杂种一代进行无性系造林，既利用了无性繁殖的特长，又使杂种优势得到长期的利用而不发生分离，因此可将无性系改良的增益发挥到最高水平。所以在无性系改良时，从一般配合力最高的组合中，去筛选特殊配合力最高的母株，再投入无性繁殖和无性系造林，这是被证明很有效的一条途径。

第五节 生物工程技术

一、辐射育种

树木辐射育种是用电离射线照射树木种子、植株或其他器官，诱发植物体产生可

遗传的变异，通过人工选择和培育，创造出优良的新品种。

(一)射线种类及其诱变机理

1.射线的种类及其特性

目前，常用的对植物起诱变作用的射线有紫外线、X 射线、γ 射线、α 离子、β 离子、质子或氘核以及中子等。其中除紫外线外，每种射线都能引起被照有机体产生直接或间接的电离现象，故称电离辐射。各种射线的物理性质不同，对生物体的作用不一，在应用时，应注意选用合适的种类。

2.诱变作用的机制

电离辐射的作用过程可分为 4 个阶段：

(1)物理阶段($10^{-8}\sim10^{-10}$ 秒)：辐射能量使生物体内各种分子发生电离和激发。

(2)物理化学阶段($10^{-12}\sim1$ 秒)：发生电离和激发的分子，通过一系列反应，产生许多化学性质很活泼的自由原子或自由基。

(3)生物化学阶段($10^{-1}\sim10^{-2}$ 分钟)：自由原子和自由基继续相互反应，并和它们周围的物质发生反应，特别是与重要的生物大分子核酸和蛋白质发生反应，引起分子结构的变化。

(4)生物学阶段(几秒钟至若干年)：细胞内生物化学过程发生改变，导致各种细胞器的结构及其组成发生深刻变化，包括染色体的畸变和基因突变，导致遗传性的变异。

(二)辐射诱变的方法

根据辐射处理的技术不同，可分为外照射和内照射两大类。

1.外照射

外照射指受照射的材料接受的辐射来自外部的某一辐射源，目前外照射常用的是 X 射线、γ 射线和中子。外照射方法简便、安全，可大量处理材料，所以广为采用。

外照射处理植物的部位有以下几种：

(1)种子：可处理干种子、湿种子、萌动种子三种，目前应用较多的是处理干种子。在处理以前应对种子进行精选，以保证种子的纯净和饱满。要求种子的成熟度和含水量一致，一般发芽率高，含水量在 12%～13%的种子比较合适。

(2)无性繁殖器官：林木的块茎、块根、枝条、幼芽等均可进行处理。为了提高诱变率，一般以照射处于活状态的新生组织较为合适。

(3)花粉：对于生活力较强的花粉，收集后进行照射，然后立即授粉。另外也可采花枝进行照射，水培后收集花粉再做杂交。

(4)子房:射线对卵细胞影响较大,可引起后代较大的变异。它不仅引起卵细胞发生突变,也可影响受精作用,在处理时如为自花授粉植物,在照射前需进行人工去雄,照射后用正常花粉授粉。由于卵细胞对辐射较为敏感,所以处理时宜采用较低的剂量。

2. 内照射

内照射是指辐射源被引进到受照射的植物体的内部。目前常用于内照射的有^{2}P、^{3}s、^{4}C等放射性元素的化合物。其方法是用放射性同位素溶液浸泡种子或枝条;或将放射性同位素溶液注入植物的茎干、枝条、芽等部位;或施于土壤中,使植物吸收或者将放射性的$^{14}CO_2$供给植物,借光合作用所形成的产物来进行内照射。

因为内照射时被植物吸收的剂量不易测定,而且还要预防放射性同位素的污染,故在应用上不如外照射安全简便。

(三)诱变后代的选育

根据树木的特点,种子或花粉诱变后代的选择从辐射第一代开始即可进行。对无性繁殖器官辐射处理后,一般变异细胞生长缓慢、生活力弱,竞争不过周围正常的体细胞,因此一旦发生突变部分,必须及时地切割下来,用嫁接、扦插或组织培养等方法进行单独繁殖。

对突变体后代的比较试验方法,基本上和用其他育种方法进行新品种比较试验相同。

二、倍数体育种

倍数体育种是指人工培育植物单倍体和多倍体品种。这两种选育方法,都是利用植物在生长发育过程中染色体出现和变化的规律,在人为干预下,使染色体倍数改变,创造新的类型或品种。

(一)单倍体育种

单倍体的定义有狭义与广义之分,狭义的单倍体是指细胞里只有一个染色体组,这是对二倍体而言的;广义的单倍体是指具有配子染色体数的个体。

单倍体表现为减数分裂不正常,很少或根本不能结实,体型矮小,叶片较薄,颜色浅淡,因此没有单独利用的价值。因为它含有每对同源染色体中的一个成员,经加倍后可以形成遗传因子单一的纯种,这样就可以较早地选出优良而稳定的自交系,从而加速育种的进程。

目前单倍体育种的方法主要是离体培养花药,使花粉发育为单倍体植物。

一般树木的花药培养过程较长，接种花药后，需经 4～6 个月才能获得完整植株。花粉植株的诱导需要经过三个步骤：第一步是将花药接种在脱分化培养基上，以诱导花粉愈伤组织和小胚状体；第二步是使胚状体或愈伤组织进一步分化，形成各种器官的原始体，有些种可能直接从愈伤组织分化出芽或根；第三步是胚状体或芽生根、抽茎、长叶，形成一个完整的植株。花药培养的操作技术如下：

(1)培养基的制备。培养基是花粉培养的外界条件，它的成分包括大量元素和微量元素的各种无机盐类、蔗糖、维生素类、氨基酸、核酸或其他水解物、植物激素以及琼脂和水分。在花药培养的各步骤中，均需要自己特殊的培养基。

(2)灭菌。接种前应把接种箱或接种室用福尔马林或升汞水消毒，并准备无菌水，同时对接种时用的包装袋、镊子等器具进行消毒，然后放入接种箱内，在接种前用紫外线灯光照射 40 分钟，以保证无菌操作。

(3)接种。在生长健壮、性状表现突出的单株上取下适当发育时期的花芽，置于 1:3(漂白剂:水)的溶液中消毒 10～20 分钟，用无菌水冲洗 2～3 次，而后在无菌条件下将花芽打开，取出花药并接种到培养基上。

(4)培养。接种后要控制培养室内的温度和光照条件，经数周后出现愈伤组织或胚状体，然后在无菌条件下将其转移到分化培养基上，促使器官分化。当长成完整植株后，再经锻炼生长即可移植在土壤中。

单倍体植物的育成，只是育种的一个重要环节，没有任何生产价值，要育成一个优良类型，必须对单倍体植物加倍，使之形成二倍体，再根据育种目标进行选育。染色体的加倍可在两个阶段进行：一是在培养基中进行染色体加倍，即在愈伤组织产生时，加入适量的激素促使细胞分裂和染色体加倍，也可用适宜浓度的秋水仙碱进行处理；二是在花粉植株定植后进行，即用 0.1%～0.4%的秋水仙碱溶液处理生长点，还可以在茎基部穿线，不断渗入秋水仙碱溶液，使染色体加倍，产生纯合二倍体植物。

(二)多倍体育种

凡是细胞中有两组以上的染色体组的生物体，叫做多倍体。在多倍体中，如加倍的染色体组是以同一物种或其配子加倍而来的，则称之为同源多倍体；如果加倍的染色体组是从不同物种构成的杂种而来，则称为异源多倍体。

多倍体在自然界中是普遍存在的，与二倍体植株相比，它常常表现为叶、花、果各部分都比较大，茎干粗壮，抗逆性强等。因此，进行多倍体育种，无疑也是一个培育新品种、满足林业生产需要的重要树种改良手段。

多倍体除了在巨变的自然条件下或自然杂交后染色体加倍而产生外，还可以采取人工的方法进行诱变，如物理方法有高温或低温处理、机械损伤、高压及离心处理等；化学方法是用各种植物碱、麻醉剂、生长激素、化学合成物质进行处理；生物方法有杂交、嫁接和摘心等。当前有效而常用的是用秋水仙碱处理。

秋水仙碱是从秋水仙植物器官中提炼出来的，性极毒，其分子式为 $C_22H_{25}NO_6+1.5H_2O$。一般呈淡黄色粉末状，纯的是针状结晶体，熔点是155℃，可溶于酒精、氯仿、苯或冷水中。秋水仙碱对植物细胞的毒害作用不大，它能阻止正在分裂的细胞纺锤丝的形成，形成多倍性细胞，但对染色体的构造却无显著影响。因此，在遗传上很少发生不利的变异。下面主要介绍秋水仙碱诱导多倍体的过程。

1.诱变原始材料的选择选择的原则

(1)选择有较高经济价值的品种；

(2)选择染色体倍数较低的品种；

(3)最好选能单性结实的品种；

(4)选择多个种、品种和类型进行诱变，以便有利于选择和进行多倍体之间的杂交，克服多倍体的不孕性，并使其他性状可以相互取长补短。

2.处理的部位

秋水仙碱只能影响正在分裂的细胞，所以应该选用萌发的种子、幼苗、花蕾、嫁接苗或扦插苗的幼芽进行处理。

3.药剂浓度和处理时间

不同的树木种类、品种、器官及处理时温度条件等，对一定浓度的秋水仙碱溶液的反应不同。浓度大，处理时间长，抑制或伤害作用大；低浓度短时间处理则对材料不起作用。秋水仙碱的有效浓度为0.0006%～1.6%，常用的浓度是0.2%。反之，应缩短处理时间，浓度降低时，应加长处理时间。对柔嫩而细胞分裂快的组织，宜用低浓度处理。

4.处理方法

(1)浸渍法：将盆栽幼苗倒置，使幼苗顶端浸入一定浓度的溶液内，以茎端生长点全部浸没为度；也可将树上刚发芽的枝条弯曲，使生长点浸入药液内，或直接处理插条或接穗芽。处理种子时，可先浸湿或催芽，然后浸渍在药液内。种子经处理后，发芽和生长往往比较迟缓，幼嫩组织常常比较肥大，胚根易受伤害，最好添加吲哚乙酸等生长激素，以促进胚根的良好发育。浸渍处理后的材料要用清水冲洗，以除去碱毒。处理用药浓度越高，冲洗时间越长。

(2)涂抹法：将秋水仙碱配成一定浓度的乳剂，涂抹在幼苗或枝的生长点上。处

理部位要适当遮盖,以减少蒸发和避免雨水冲洗。乳剂有以下三种配法:

羊毛脂乳剂:硬脂酸 1.5 克,莫福林(C_4H_9OH)0.5 毫升,羊毛脂 8 克配成乳状液,然后再加 0.1%~1%的秋水仙碱溶液混合而成。羊毛脂约在 43℃时才能溶解,配制和使用时要保持这个温度。

甘油乳剂:甘油 7.5 毫升,水 2.5 毫升,10%湿润剂生托米尔 6~8 滴,再加 0.1%秋水仙碱溶液配制而成。

洋菜胶制剂:将 0.1%秋水仙碱与 0.8%的洋菜煮成胶状体即可。

(3)滴液法:用滴管吸取一定浓度的秋水仙碱溶液滴在生长点上,每日滴数次;或者先用脱脂棉包裹,再滴上药液。处理日数为直到生长受到抑制时为止。

(4)毛细管法:用脱脂棉或脱脂纱布包裹处理部位,脱脂棉或纱布的另一端浸入盛有药液的小瓶中。小瓶置于植株旁。利用毛细管的吸水作用逐渐把处理部位浸透。

除以上方法外,还有喷雾法、注射法等。无论采用哪一种方法,一定要注意安全,严防药液与人体接触,以免中毒。

5. 多倍体的鉴定

对材料处理后不一定都变成多倍体,其中既有多倍体,也有二倍体;有的是整倍体,也有非整倍体,因此必须进行人工鉴定。

(1)直接鉴定:取材料的根尖、茎尖等进行固定和染色,制成玻片后在显微镜下检查染色体的数目。

(2)间接鉴定:根据诱变材料与对照材料在形态特性和生理特性等方面的差异来进行判断。如多倍体植株表现为叶片变厚、较短而圆,有时比较粗糙或生皱纹,多毛,颜色深绿,细胞分裂较慢,生长迟缓,植株矮化粗壮,节间较短,可孕性降低,种子数减少,花粉粒和气孔增大,生育期延长等。

6. 多倍体的选育

人工诱变的多倍体类型,其遗传性还没有稳定,由这些个体所产生的后代个体之间还会继续出现多样性现象。因此,培育和选择的任务就在于能够获得优良变异稳定了的个体。在诱变后的群体中首先淘汰那些畸形的、生活力减退的、难以恢复正常生长的个体;挑选那些在培育过程中得到恢复并表现有某些优良经济性状的个体,并对这些优良的变异单株进行进一步的观察、鉴定,给予精心的管理和良好的培育条件。有时可采用相似于克服远缘杂交不实的一些措施,如人工辅助授粉、蒙导法等。对于某些个体则需要配合以杂交等手段,克服其缺点。当确定了有生产价值的多倍体并掌握了培育特点后,即可进行繁殖并推广。

三、细胞融合育种

体细胞融合是20世纪60年代以后才开始发展起来的一项崭新技术,无论是在遗传学理论研究方面还是在育种实践上均有重大价值。它可以避免有性杂交过程的局限,扩大遗传重组范围,克服远缘种间的不亲和性,创造自然界没有的新类型。

细胞融合育种包括以下几个环节:

(1)原生质体的选择和分离;

(2)利用融合剂诱导原生质体的融合;

(3)杂种原生质体的甄选;

(4)诱导分化成植株。

以上操作,均在无菌条件下进行。获得再生植株后,按常规方法进行培育和鉴定,选出符合育种目标的新品种。

第六节 建立良种生产基地

林木育种成果要转化为生产力,还必须建立母树林、种子园、采穗圃等形式的良种生产基地,这样才能为林业生产提供优良的种子或穗条。

一、母树林

母树林是指优良天然林或种源清楚的优良人工林经过留优去劣的疏伐或用优良种苗以造林方法营造的用以生产遗传品质较好的林木种子的林分。在当前林木种子需要量大而种子园生产的种子不能满足需要的情况下,它是提供人工造林用种的一个重要途径。同时,在林木遗传资源保护方面也有重要意义。

母树林有选建和营造两种类型。根据GB/T11621—1996《母树林营建技术》简述如下。

(一)选建母树林

为了正确选建母树林,必须弄清楚几个名词。一是优良木,指在林分内生长健壮、干形良好、结实正常,在同龄的林木中树高、直径明显大于林分平均值的树木。二是劣等木,指在林分内生长不良、品质低劣、感染病虫害较重,在同龄的林木中树高、直径明显小于林分平均值的树木。三是中等木,指在林分中介于优良木和劣等木之间的树木。四是优良林分，指在同等立地与其他同龄林分相比，在速生、优质、抗性等方面居于前列，通过自然稀疏或人工疏伐，优良木可占绝对优势，能完全排除劣等木和大部分中等木的林分。

1. 林地选择

母树林的位置应选在优良种源区或适宜种源区内，气候生态条件与用种区相接近的地区，地形平缓、背风向阳、光照充足、不易受冻害的开旷林地；排水良好，海拔适宜，交通方便，周围100米范围内没有同树种的劣等林分；面积相对集中，天然林在7平方百米，人工林4平方百米以上。土壤要求高地位级或中等地位级。

2. 林分选择

林龄为同龄林，异龄林在2个龄级以内。以中龄林最佳。郁闭度0.6以上，实生纯林，混交林目的树种不少于70%的优良林分。

3. 母树林选择

(1)踏查：根据建立母树林的任务，深入现场全面踏查，了解林况、地况，确定母树林候选林分。

(2)标准地调查：在候选林分中设置总面积占候选林分3%～4%的标准地进行调查。对林相整齐，每块地形变化小的林分，调查面积可减小到1%～2%。每块标准地面积0.1平方百米，均匀分布在林分内。标准地调查内容主要有自然因子(地形、坡向、坡度、海拔、植被、土壤等)；逐株实测标准地立木的胸径、树高、枝下高、冠幅、冠长等；目测干型、皮型、冠型、郁闭度、健康和结实情况；林龄采用标准木年龄。

(3)母树林区划：母树林确定后，要进行区划，标定母树林的周围界限；面积过大者，按10～20平方百米区划经营区，修建林道，绘制平面图，计算面积。

(二)营建母树林

1. 立地选择

母树林应选择在树木适生范围，能正常生长发育，并能大量结实的地区。选择海拔适宜、地势平坦、交通方便、土壤肥力中等、光照充足、周围100米范围内无同树种的劣等林分或近缘种林分的地段作为造林地。

2. 材料选择

有种源研究结论的树种，在优良种源区选择；无种源研究结论的树种，在本地或相邻地域选择，在这些地方选择优良林分作为种植材料选择对象；选择优良木作为采种母树，要尽量多选几个林分进行采种，同一林分优良木之间应有50米以上的距离，采种母树要不少于50株。不准把孤立木、病虫危害木、品质低劣木作为采种母树。

若种源清楚、良好，可选均值加 2 个标准差的超级苗作为新建母树林材料。

3. 育苗

种植材料可分株单采、单育，也可单采混育或使用优良材料的嫁接苗。育苗方法同生产性育苗。

4. 造林

要细致整地、施足底肥，并采取必要的保墒或排涝措施；选用超级苗或Ⅰ级苗造林，初植密度为一般造林的 30%～50%，及时进行松土除草，防治病虫害，并适当施肥等。

(三)母树林的经营管理

1. 疏伐

按照留优去劣、照顾结实、适当考虑均匀分布的原则，采用均匀疏伐、定株环状疏伐或自然式疏伐等方法，伐除枯立木、风倒木、病腐木、被压木、形质低劣的不良母树和非目的树种，逐步伐去不宜作母树的中等木，如有 2～3 株优良母树集中在一起，可作母树群保留。疏伐后的林分郁闭度不低于 0.5，保留的母树树冠能充分伸展，不得衔接，树冠相距 1 米左右。一般 3～5 年疏伐一次。

2. 管理

及时进行松土除草、压青培肥，清除妨碍母树生长的灌木、层外植物等；四周开设防火道；及时防治病虫鼠害；母树林开花散粉期，如遇到阴雨天，可选择多个单株的优良花粉，混合 4～5 倍滑石粉，在雌花达到适宜授粉期，用喷粉器于微风无雨时喷洒(清晨为好)；及时进行子代测定、物候期观察、结实量调查和种子产量预报，做好种子采收工作。

(四)母树林设计方案

1. 主要内容包括

建设目的、依据；建设地点、自然概况(地理、气候与立地条件)，建设单位现状；建设任务与投资(分年度分树种的生产任务，区划设计，分项目的投资预算与来源)；经营技术措施(各项经营技术措施实施的时间、技术要求与达到标准，固定样地的设计与定期观察)；必要的图表等。

2. 内文

(1)建设目的、意义和依据

建设基地的目的、意义，解决的主要问题与供种区域，建设的依据，繁殖材料来源、数量、质量证明,主要应用的科技成果标准与依靠先进技术力量。

(2)建设地点的自然地理概况与立地环境

建设地点地理位置、地形、地势、海拔、主要气候因子、立地条件、交通、劳力状况和标准地调查的林分主要因子。

(3)建设单位现况

隶属关系、经营面积、资源、机构、技术人员等。

(4)建设规模与区划设计

分树种、分年度提出生产任务,进行区划设计,落实到地块,填写附表。

(5)经营技术措施

主要措施的实施时间、技术要求与达到的标准。

(6)主要建设项目及投资

按生产建设费、土建工程费、设备购置费、其他费用等四大项分别计算,提出投资依据(包括各种定额、用工量等),主要用途及投资来源。

(7)效益估算

分别树种预计种实收益期、产量、增益、疏伐木材收益、可供造林面积、造林增益等。

二、种子园

种子园是由人工选择的优树无性系或子代家系为材料建立起来的种植园。它的经营目的是生产遗传品质经过改良的种子,以满足造林更新的需要。

(一)种子园的种类

根据树木繁殖的方式,种子园分为实生种子园和无性系种子园。

1.实生种子园

实生种子园是利用优树实生家系苗木营建起来的种子园。这类种子园建园成本低,不存在无性繁殖方法所引起的不良后果。它存在的问题:受早期选择效果的限制较大;有些树种结实晚,初期种子产量低;树形高大,采种困难。

2.无性系种子园

无性系种子园是用嫁接、扦插、组培等无性繁殖方法繁殖的苗木营建的种子园。优点是:能够保持亲本优良的遗传特性;可提早开花结实;树形矮化,便于经营管理。缺点是:成本高,遗传力低的性状改良效果不大,有些树种嫁接后出现后期不亲和现象。

(二)种子园的规划设计

1. 园址选择

种子园应设置在适于该树种生长的生态条件范围内、生态条件有利于大量结实的地区。当气候条件并不构成开花结实的限制因素时,可用选择材料就地建园。当气温低影响开花结实时,则可在供应繁殖材料地区的南方或海拔较低的地段建园。园址的大范围确定后,还应考虑如下条件:

(1)地势平缓、开阔,坡度小于 20°;阳光充足,通风条件适宜;土壤深厚,肥力中等,结构良好;灌溉方便,排水良好。

(2)交通方便,劳力充足。

(3)不应在冰雹和霜冻易发生地段和风口及工业污染区。

(4)无严重病虫害感染。

(5)便于人为布置隔离带或有适当的天然隔离条件。若为其他树种的林分作隔离带时,带宽不小于 300 米;空旷地上隔离带应不小于 500 米。

2. 种子园的规模和区划

种子园的规模主要取决于造林所需的数量和树种的结实能力。一般种子园的最小面积应在 5 平方百米以上,直径不得小于 150 米。

种子园的园址和面积确定之后,就要在确定的范围内进行区划。根据便于采种、运输和管理的原则,区划好道路和其他辅助用地。依经营目的,可划分为优树收集区、子代测定区、种子生产区和良种示范区 4 个部分;辅助性生产区如宿舍、办公室、晒场、仓库、道路等也应加以考虑。为便于施工和管理,可以进一步划分为若干大区,大区下再划小区。大区的划分视具体条件而定,不应强求形状规则;小区尽可能划为正方形、长方形。小型种子园的区划可简单一些。

3. 无性系或家系的数目

为了防止近交和扩大种子的遗传基础,种子生产区必须具有足够数量的无性系或家系。对初级无性系种子园按面积大小应拥有的无性系数目为:10～30 平方百米,50～100 个无性系;31～60 平方百米,100～200 个无性系;60 平方百米以上,150 个以上无性系。第一代无性系种子园所用无性系的数量,可为初级无性系种子园的 1/2～1/3。

实生苗种子园的建园材料如易于取得,家系数目应多于无性系种子园所用的无性系数;杂种种子园,可以选择配合力高的少数亲本组成。

4.无性系或家系的配置

无性系或家系配置时，应使同一基因型的个体保持最大间隔距离，避免自交、近交和固定搭配。下面是几种主要配置方式，供选择使用。

(1)完全随机排列：排列时可采用抽签或查随机数表的方法，使各无性系或家系的单株在种子园中占据任何位置的机会相等。一般设计好的应加以必要调整，使同一系号的两个植株不可相邻，其间至少要隔开两个另外系号的植株。这种排列基本上可满足种子园内基因型配置的基本要求。但施工和管理较复杂，尤其是种子园面积大、系号多时，更是如此。

(2)随机区组排列：首先把种子园划分成面积相等的区组，使每一区组的大小足以容纳每一无性系(家系)的一个单株或几个单株，每一区组内各个体的位置是完全随机排列的，同样，当遇到同一系号的单株处于相邻位置时，也应加以调整。

(3)棋盘式排列：这种排列适用于由两个系号组成的杂种种子园或无性系种子园。即将两个系号的个体在每一纵行和横行中交替定植。

(4)顺序错位排列：将各家系或无性系按号码顺序在一行中依次排列下去，但在排另一行时要错开几位。这种设计的优点是适于大小或形状不同的种子园，施工、管理及采种都较方便，可以进行有规则的疏伐，并且各系号能保留大致相等的株数。缺点是邻居关系固定，会产生很多固定亲本的子代，引起以后的近亲交配和不利于扩大种子遗传基础的多样性，同时也不便于进行统计分析。

(5)固定或轮换排列区组：当各个重复地块的排列相同时，称为固定排列区组。为了避免在依次相接的地块内重复同样的排列，在重复的地块内采用系统轮换，称为轮换排列区组。

对于经子代测定后营建的高级种子园或预定不进行改建的初级种子园，也可以查数理统计的有关附表，按平衡不完全区组设计或平衡格子设计进行排列。

(三)种子园的营建方法

1.无性系种子园的营建方法

(1)预先培养嫁接苗法：在苗圃大苗区预先定植1～2年生苗木，株行距0.5米×0.5米或1米×1米，精心培养1～2年后进行嫁接；或是在苗床用营养袋育砧木苗，当砧木苗1～2年生时进行嫁接。嫁接苗培养1年后，选择合格的植株，根据无性系配置图，带土移栽到种子园内。这种方法营建的种子园，由于在定植之前进行过选择，植株生长较为一致，园内林相整齐，便于经营管理，但在苗期较费工，建园成本高。

(2)幼树改建法：这是利用现有人工林，通过嫁接改建成为种子园。人工幼林应是3～5年生，长势旺盛，林相整齐。嫁接前应测量、区划、标明小区界限和需要嫁接的植株，按无性系配置图组织施工。非嫁接植株，一定要及时伐除。此法可以提前收益，也是满足当前种子迫切需要的有效方法。

(3)预先定植砧木法：在选定的种子园地区，按区划的要求，细致整地。栽植穴大小为0.8米×0.8米×0.5米，穴内填入表土，施足底肥，然后从苗圃中选用壮苗进行定植，待砧木培育1～2年后，直接在种子园内进行嫁接。

用以上各种方法进行无性系种子园营建时，栽植的密度应根据生长快慢、冠型、立地条件、预定是否疏伐等因子来决定，既要保证母树树冠能充分发育、受光良好，又要保证单位面积上有较高的产量，如果用经子代测定的系号建园，该树种又生长快，不需要进行间伐，则密度可小些，一般为4～6米的株行距；若尚未进行子代测定，需要根据测定结果去劣留优时，初植密度应大，经过1～2次疏伐后，再达到预定密度。

2.实生种子园的营建

(1)精选苗木

实生种子园的苗木来源有：一般生产性苗圃中的超级苗，优树家系种子后代中的优良苗木，优树杂种苗中的优良苗木。选苗时，对于苗期生长较快的树种，如泡桐、杨树、榆树、杉木、水杉、马尾松等，可以从一年生苗中选择；对于幼苗生长缓慢的油松等树种，宜从2～3年生或3～4年生的苗木中选择。苗木选择的标准，视树种、地区和需要量而定。

(2)栽植方法

常见的栽植方法有以下3种：

①单株稀植法。单株栽植的间距随地区和立地条件而定。速生树种、立地条件较好时可以稀些；慢生树种、立地条件较差时，则应密些。一般栽植初期宜密，如马尾松、杉木、油松等可为3.0米×3.0米或3.5米×3.5米，即每公顷1111株或816株，经多次疏伐后，最终每公顷保留到270～750株。

②地块稀植法。在1.5米×1.5米或2.0米×2.0米的小栽植地块上栽植3～5株，3株时为等边三角形，4株时为正方形，5株时为梅花形。栽植地块的间距因地区而定，一般5米×5米(块间的中心距离)。定植后，每年都要观察各栽植地块内的苗木，当幼树树冠相接时，依其树形及生长去劣留优，每地块内最终保留一株最优良的苗木作采种母树。

③行式栽植法。苗木按8～10米成行栽植，株距一般1米左右。在树木生长过程中，按表型进行多次间伐，保留优良个体作为采种母树。

(四)种子园的经营管理

种子园的主要任务是繁育大量的优良种子。为了不断提高种子园的产量和质量,必须加强抚育管理,实行科学经营。

1. 水肥管理

在建园初期,园内裸露地较多,可采取林粮、林药、林肥(绿肥)间种制度,以便利用土地和改善林地肥力。同时,每年要进行除草、松土、培土数次,促进母树生长。

灌溉通常在春天或初夏进行,7 月和 8 月花芽形成期要停止。种子园的施肥,应按母树不同的发育阶段使用不同的施肥方法和施肥量。施肥方法可采取挖穴、环沟和纵沟施肥;施肥量一般随着树龄的增大而增多,各种元素的比例除考虑母树不同发育阶段的需求外,还应考虑土壤内的元素含量。

2. 树形管理

树形管理的目的在于矮化树形、增加光照、提高种子产量和质量,便于经营管理。树形修剪,应视树种特性和地区条件而定。适时适宜地进行顶截和扩大枝层间距,剪去生长过弱或过强、受病虫危害或不能挂果的侧枝。

3. 辅助授粉

首先从复选的优树上收集成熟的花粉,然后除去杂质,在干燥处低温保存。待雌花达到可授期时,用背负式喷粉器喷施混合花粉进行人工授粉。为了节约花粉,可在花粉内加入滑石粉或无生命力的花粉,同时,还要注意掌握风向,利用地形。

4. 病虫害防治

病虫直接影响着种子的产量和质量。因此,应经常进行病虫害的观察,研究其发生和发展规律,及时进行防治。

5. 建立技术档案

对种子园的营建和以后的各项工作都应有详细的记录,建立完备的技术档案。

三、采穗圃

采穗圃是提供优良插条和接穗的繁殖圃。对于能进行插条繁殖苗木的树种,有计划地建立采穗圃,可以大量地提供优良种条,满足育苗造林的迫切需要。

(一)采穗圃的种条来源

采穗圃必须选用优树或优良品种的种条,其来源主要有以下几方面:

(1)经过人工选择适合当地生长的优树、优良品种或类型;

(2)引进并经过区域化对比试验、适合当地生长和有推广价值的良种;

(3)有发展前途的当地农家品种；

(4)稀有珍贵变种、品种或单株。

(二)采穗圃的建立方式

采穗圃的建立方式主要有以下3种：

(1)灌丛式采穗圃。用一年生实生苗或插条以一定的株行距定植，距地表10～15厘米处进行平茬。春季在萌发的许多嫩枝中，选留3～5根粗壮的枝条，其余摘除。当年冬季或次年早春采收种条时再平茬一次，但平茬部位逐年升高3～5厘米，5～6年时全面更新一次。

(2)高干式采穗圃。用大苗按2.0米×2.0米或3.0米×3.0米的株行距定植，待培养2～3年主干形成后，从2.0～3.0米高处截干，春季在萌发的许多枝条中选留4～6根生长健壮、分布均衡的枝条作为第一级骨干枝条；当年冬季或翌年春季从离主干0.5～1.0米处剪取穗条，连续2～4年，待其生长粗壮后，从第一级骨干枝上剪取第二级侧枝作为穗条。即每年在第一级骨干枝上选留2～4根生长健壮、分布匀称的枝条进行培养，冬季或次春剪取作为穗条。

(3)利用成林改建为采穗圃。在成林中选生长势强、健康、无病虫害的母树，将其顶梢和一、二级侧枝截除，第二级侧枝保留0.8～1.2米，以后在主干梢部和一级侧枝上萌发大量新枝，选留分布均匀的枝条进行培养，作为采穗的种条。

(三)采穗圃的营建与管理

以上建圃的形式各有利弊，但以灌丛式采穗圃较好，它建圃较快，产穗量大，种条质量好，便于管理。下面是灌丛式采穗圃的营建与管理方法：

(1)选择圃地。采穗圃应选在靠近使用穗条的地方，要求土壤肥沃、地势平坦、排灌方便。

(2)进行区划。根据树种种类、品种的数量及其种苗多少做好规划。经实测，划分小区，并竖桩立牌，以防混杂。

(3)精耕细作。对圃地应深耕细整，施足基肥，每公顷施基肥15～37.5吨。结合整地施肥，撒入适量农药，消灭地下害虫。通过整地，建立起排灌系统。

(4)准备种条。一般选择一年生种条，粗度在1厘米以上，长15～20厘米。要求种条木质化程度好，粗壮充实，腋芽饱满，健康无病。

(5)合理密植。一般株行距为0.5～2.0米，不宜过密，否则不便于管理，影响种条的产量和质量。

(6)抚育管理。及时除草、松土、灌溉、施肥和防治病虫害。特别是每年平茬、采条之后，要松土、施肥，以保证穗条的产量和质量。在生长季节，要加强抹芽除萌工作。在母株上除选留适量的枝芽外，其余的芽条除早除了，以利种条健壮生长。

(7)采条与更新。一般采剪穗条时，在每一根母条的根桩基部留3～5个休眠芽。休眠芽过少，会使不定芽抽出新条，发芽迟，生长不良，使穗条质量下降。

(8)建立采穗圃的技术档案。档案的内容包括采穗圃的基本情况、区划图、树种名称及其特性、经营管理措施、穗条的产量和质量及种性变异情况等。

第三章　林木种子检验和储藏

本章主要介绍林木种子的采集、品质检验、贮藏及调拨的新技术、新标准、新方法。

第一节　林木种子的采集

一、种子成熟的特征

(一)种子成熟的含义

种子的成熟就是受精的卵细胞发育成有胚根、胚芽、子叶、胚茎的种胚过程。种子在成熟过程中,各种有机物质和矿物质从根、茎、叶流入种子,经过不断的积累和浓缩,种胚成长发育成熟,具有了发芽能力,这时种子即达到成熟。种子的成熟一般要经历生理成熟和形态成熟两个过程,一般是先生理成熟后形态成熟。生理成熟是指种子发育到一定大小,内部的营养物质积累到一定数量,种胚已具有发芽能力。生理成熟的种子含水量高,内部的营养物质仍处于易溶状态,种皮不致密,保护种仁的性能还很差,采摘之后种仁易收缩,种子不饱满,内部物质易渗出,种皮易遭生物危害,不易保存,贮藏时很容易丧失发芽力。当种子内部生物化学变化基本结束时,营养物质的积累已经终止,内含物由易溶状态转为难溶的脂肪、蛋白质和淀粉,含水量下降,酶活性减弱,种子开始进入休眠状态,颜色变深,种皮坚硬,抗病力增强,外观上完全达到了种子成熟时具有的特征,此时称为形态成熟。形态成熟的种子易于贮藏,质量好,一般林木种子都应在此时采集。

绝大多数的林木种子都是先生理成熟而后形态成熟。也有少数树种生理成熟和形态成熟的时间几乎是一致的,如杨树、泡桐等。还有的种子先形态成熟而后生理成熟,如银杏,果实达到形态成熟时,种胚还没有完全发育。种子采收后,经过贮藏,种胚再继续发育成熟,称为生理后熟。

(二)种子成熟的外部形态特征

在采种工作中,通常把种子形态成熟作为树木种子成熟的标志。因此,可以根据种子形态成熟时的一些外部特征确定种子的成熟期。

1. 干果类

果皮由绿色转为黄色、褐色或紫色；果皮干燥、紧缩、硬化。如刺槐、合欢、皂荚、紫穗槐等荚果成熟时，荚果由青变赤褐、黄褐、紫黑或红褐色，果荚由软变硬而紧缩。乌柏、香椿、泡桐等蒴果成熟时，果壳变黑或变黄，果皮干燥、硬化。

2. 球果类

果鳞干燥、硬化、微裂并变色。如杉木、油松、马尾松的球果，幼时青绿，果鳞包得很紧；成熟时，球果变为黄褐色或黄色，果鳞微裂。

3. 浆果类

果皮软化，有些肉质果皮上出现白霜，果皮的颜色随树种不同有较大的变化。

(三)比重法测定种子的成熟度

针叶树球果成熟时，由于失水，比重减小，美国常用比重法来测定球果中种子的成熟度。方法是选若干株树，每株采球果 1～3 千克，随即投入试液中，凡上浮的球果表明已经成熟，下沉的表明未成熟。试液可用亚麻油，比重 0.93；轻机油，比重 0.88；95%酒精，比重 0.82；煤油，比重 0.8；亚麻油与煤油各半，其比重为 0.86。各树种球果成熟时的比重是不同的。如湿地松，球果成熟时比重小于 0.9，可以用轻机油。这种方法应先试验测定某树种球果比重，再试用某种液体，取得经验后推广应用。

二、林木种实产量的预测预报方法

为了有计划地做好采种工作，采种前需调查测定母树林及母树的种实产量，为制定采种计划、进行采种工作的各项准备提供依据。根据 GB/T11619—1996《林木采种技术》标准简述之。

(一)平均标准木法

在采种林分内选出标准地(每块标准地内应有 30～50 株林木)，在标准地上进行每木调查，测定胸高直径和树高，并计算出平均胸径和树高。然后找出 3～5 株胸径和树高都与平均胸径和树高相似的母树，种实全部采下，求出平均单株结实量，乘以标准地内的母树总株数，即可算出标准地上的种实产量，根据标准地产量可推算每公顷及全林的种子产量。也可用每公顷的母树总数直接乘以每株树的平均产量，求出每公顷的产量。

(二)标准枝法

在采种林分内随机抽取 30～50 株样木，在每株样木树冠的阴、阳两面的上、中、下三层，分别随机选取1米左右长的枝条作为标准枝，查数花朵、果实数，量测枝长，计算平均1米长枝条上的花朵、果实数，参考该树和历史上丰年、平年、歉年标准枝的花朵、果实数，评估结实等级和种子收获量。

(三)目测分级法

目测采种林分的花、幼果和近熟果实数量，评定开花、结实等级，参考历年结实情况和采收率、出籽率，估测林分种子收获量。

评定开花、结实等级采用丰、平、歉三级。各级标准是：丰：开花、结实多，为历年开花、结实最高量的70%以上；平：开花、结实中等，为历年开花、结实最高量的30%～70%；歉：开花、结实少，为历年开花、结实最高量的30%以下。

(四)实测法

在采种林分设置有代表性的若干块标准地，每块标准地应有30～50株林木，采收全部果实并称重，测量标准地面积，以此推算全林分结实量。参考历年采收率和出籽率估测当年种子收获量。

(五)可见半面树冠估测法

在采种林分随机抽取50株以上样木，站在距离与树高近似的一点，统计每株样木可见半面树冠的果实数并计算平均值，代入该树种可见半面树冠果实数与全树冠果实数的相关方程，得出平均每株样木果实数，乘以全林株数可得全林果实数。根据历年采收率和出籽率估测种子收获量。

三、林木种实采集的方法

林木种实采集的方法，根据种实成熟和脱落的特性、种粒大小、采种时间及各树种树高、胸径大小和采种机具而定。

(一)种子的脱落

大多数树种的种子在进入形态成熟后，逐渐从树上脱落或飞散。种子脱落的时期和脱落过程的长短因树种而异。如杨树、柳树、榆树种子，成熟后很快脱落，有的随风飞散，脱落过程很短。有的树种的种实成熟后，要经过一段时间才脱落，而且脱落持续过程比较长，如松树、杉木、侧柏、刺槐、紫穗槐、臭椿、乌柏、槭树等。有的树种种实成熟后较长时间挂在树上，甚至经过一个冬天，到次春才脱落，如苦楝、国槐、悬铃木等。

种子的脱落有早期、中期、晚期三个阶段，不同的时期脱落的种子，质量有差异。

根据生产上的经验，一般针叶树如油松、马尾松、杉木等以早期脱落的种子为好，种粒大而重，发芽率高。而阔叶树如板栗、栎类等，早期脱落的多是受病虫危害或发育不良的果实，质量差，以中期脱落的品质最佳。

(二)采种方法

林木种实的采集方法分为地面收集、立木上采种、伐倒木上采集和水上收集等。

1.地面收集

适用于成熟后自行脱落的大粒种实，如栎类、银杏、山桃、山杏、核桃、油桐等。在采种前先把母树周围的灌木、杂草割除，地面上的石块、枯落物清理干净，以便收集种子。坡度很陡的山地，可在一定距离筑成土埂，以拦截滚落的种实，便于集中拾取。榆树、白蜡等翅果，自然脱落后常被风吹集一处，也可在地面扫集。

2.立木上采种

适用于种子比较轻而小或脱落后易散失的树种。针叶树的球果类，种子虽已成熟，但球果并不立即脱落；种实成熟期不齐，需摘下经过后熟的树种，如杨树、柳树、桦树、松类、杉木、侧柏等，绝大多数的针叶树种子，都要上树采摘果实。

3.伐倒木上采集

结合采伐，从伐倒木上采集种实。但应注意：不在过熟林伐倒木上采集；避免在生长有缺陷和有病虫害的伐倒木上采集；非种实成熟季节，应禁止收集伐倒木的种子。

4.水上收集

重量很轻的种实，如赤杨、枫杨和白蜡树等，能浮在水面，随波浪冲到一块儿，从水面捞起即可。这些种子可在水上收集。

(三)采种工具

立木上采种常常需要借助一些工具，常用的采种工具有枝剪、高枝剪、采摘刀、采种钩、采种镰、采种梳、折叠梯、升降机等。

(四)采种注意事项

1.做好采种前的准备工作

首先制定采种计划，进行种子产量的调查，确定采种地点和预估采集数量，根据采种任务，组织培训好采种专业队伍，学习有关采种知识，做好安全教育，准备好采种用具。此外，还应做好晾棚、晒场等准备。

2.掌握好适宜的采种期

一定要在种子充分成熟时进行采种，防止抢采掠青。确定采种时期一般应掌握如下原则：成熟期和散落期非常相近的轻小、有翅或毛、易于随风飞散的树种，如杨树、柳树、榆树、桦树等，应在成熟后散落前从立木上采集；成熟后虽不立即散落，但一经散落不易从地面收集的树种，如油松、落叶松、侧柏、刺槐、臭椿、槭树等，或颜色鲜艳易被鸟类啄食的浆果类树种，都应在脱落前从树上采集；成熟后经较短期脱落的大粒种子，如栎类、银杏、核桃、板栗等，可在成熟脱落后及时从地面上收集；成熟后较长时间不散落而悬挂在树上的阔叶树种子，如苦楝、悬铃木、白蜡、国槐、紫穗槐等，可适当延长采种期。但不能延长太久，这样容易降低种子的品质。

3. 注意保护母树

采种时禁止砍树、截枝、捋叶，以保护母树。

4. 做好种子登记

为了分清种源，确保种批的同一性，合理使用种子，保证种子质量，所采种子必须填写种子登记表。另外，还要在每个盛种容器内外各附一张种子标签，注明采种单位、树种、采种时间、该种批种子总重量、种批种子登记表号数及盛装本批种子的容器数量和容器编号等。

四、林木种实的处理与分级

（一）林木种实的处理

林木种实的处理即是对所采种实进行脱粒、净种、干燥，最后取得纯净而适宜贮藏、运输和播种的优良种子。种子采集后，必须及时处理，以免发热、发霉、腐烂，降低种子的播种品质。

1. 种子的脱粒

树木果实的种类不同，脱粒方法也不一样。一般把种实脱粒特点相近、可以采用近似调制方法的种实归为一类，分为干果类、肉质果类和球果类。

(1)干果类。包括蒴果、坚果、翅果、荚果等。蒴果类种子，如杨树、柳树，一般含水量较高，采集后应立即薄薄地（3～6厘米为宜）摊放在通风背阴的干燥处（最好放在室内，俗称飞花室）或预先架好的竹帘上进行干燥，要注意经常翻动，以免发热霉烂。经过3～4天后待有2/3以上蒴果开裂，即可脱粒。脱粒时可用调制拍（竹条或柳条制成）抽打，用手揉搓，或用脱粒机将种子脱出。据研究，杨树、柳树种子适当阴干后，再放到阳光下干燥，使含水量降至6%～7%时再贮藏，有利于种子生活力的保存。泡桐、香椿等蒴果，采集后可在阳光下暴晒，经过1～3天后稍加拍打，种子即可脱出。坚果类，如栎类含水量高，在阳光下暴晒容易失去发芽力，采集后应及时手选或水选，除去蛀粒，置于通风处阴干。翅果类，如槭类、白蜡、榆树等，阴干后除去夹杂物，不必去翅，可直接用果实播种。荚果类，如刺槐、紫穗槐等，含水量较低，采集后可在场院暴晒，干燥后用棍棒敲打或石碳压碎荚皮，脱出种粒。

(2)肉质果类。这类果实，多呈肉质，含有较多的果胶和糖类，很容易发酵腐烂，采集后必须及时处理，否则会降低种子品质。核果、浆果可用取核机、擦果器捣烂果皮；桧柏、国槐可用木棒或石碳碾烂果皮，然后用清水淘洗取出种子。肉质果类种子脱出后，有些树种往往在种皮上还附有一层油脂或糖液使种子相互粘着，容易被细菌感染，易发霉变质，所以还需用碱水或洗衣粉溶液浸渍半小时后用草木灰脱脂，再用清水冲洗干净，然后阴干。

(3)球果类。如油松、落叶松、侧柏等的球果，采集后可摊放在通风、向阳、干燥的场院暴晒，在干燥过程中，白天经常翻动，晚上覆盖防潮，经过5～10天待球果鳞片开裂后，再敲打脱粒。马尾松球果富有油脂，一般摊晒开裂很慢，采后可浇洒石灰水堆沤10天左右再摊开暴晒，干燥后敲打脱粒。

有条件的地区可将球果放置于室内进行人工加热干燥。方法是在干燥间搭好木架，木架上的分层装置底部是铁丝网状、盛放球果的盘子，加热装置可用火炉、火墙、火炕、暖气、电力等。人工加热干燥球果时，要控制好室内温度和空气湿度，超过一定温度会降低种子品质，甚至完全丧失种子生活力。树种不同，球果干燥临界温度不一样。落叶松不超过40℃，杉、湿地松、火炬松等不超过50℃，马尾松不超过55℃，多数树种常用50℃左右温度处理，并且要逐渐升温，不要突然升温到所要求的最高温度。在高温干燥过程中，要注意室内透风，排除湿气，使球果的水分能从表面大量蒸发而迅速开裂。

2.净种

脱粒后的种子还是一个成分极为复杂的群体，其中不仅含有各种不饱满和受损伤的种子，而且含有相当数量的夹杂物，如鳞片、果皮、枝叶、秕壳、石块、虫尸、杂草种子等。这些杂物带菌多、易吸湿，如果不及时精选，极易恶化贮藏条件，降低种子品质。

净种方法主要有风选、水选、筛选或风筛结合等几种。风选、水选是利用种子间、种子与杂质间比重的不同，在风力或水溶液的作用下使其相互分离的净种方法；筛选是利用种子的长、宽、厚与杂质间的差异，通过不同大小和类型的筛孔进行净种的方法；风选、筛选结合是采用风、筛连续作业相互结合的净种方法，其效果比单一净种方法更好。

目前，常用的净种工具有簸箕、筛子、木风车、动力扬谷机等。根据种子的比重，还可配成不同浓度的盐水、硫酸铜、硫酸铵等溶液进行水选。水选的时间不宜过久，以免漂浮的杂质吸水后沉淀。

3. 种子干燥

经过净种后的纯净种子，含水量较高，呼吸旺盛，不易贮藏，很容易降低种子的生活力，所以净种后应随即做好种子的干燥工作。实践证明，经过干燥的种子，不仅能较长时间地保持生活力，而且对微生物、细菌、昆虫的活动也有一定的抑制作用。

种子干燥的方法，基本上与果实干燥方法相同，分自然干燥和人工干燥两种。在自然干燥中对标准含水量高的或经水选的种子宜用阴干法干燥，对标准含水量低的可用阳干法干燥。

(二)种子分级

同一批种子，种粒越大，所含营养物质越多，发芽率也越高，出苗整齐，苗木生长发育也好。因此，种子分级对育苗和种子经营工作都有重要意义。

种子分级可根据种粒大小采用适当的方法。大粒种子可采用粒选分级，中、小粒种子可采用筛选、风选和水选方法进行分级。

第二节　林木种子的品质检验

林木种子的品质包括遗传品质和播种品质两方面含义，其中遗传品质是基础，但是良好的遗传品质只有通过良好的播种品质才能实现。我们通常所讲的种子品质检验即指种子的播种品质检验。根据 GB2772—1999《林木种子检验规程》简述之。

一、抽样

一批种子的品质优劣是根据抽取的样品经过检验分析确定的，因此种子检验的第一个非常重要的步骤就是抽样。抽样是抽取有代表性的、数量能够满足检验需要的样品，其中某个成分存在的概率仅仅取决于该成分在该种批中出现的水平。

(一)几个名词的定义

1. 种批

同一树种的种子，来源相同(在一个县范围内采集的)，采种期相同，种子的加工调制和贮藏方法相同，种子经过充分混合、使组成种批的各成分均匀一致地随机分布，不超过规定数量，称为一批种子或叫一个种批。

2. 初次样品

从种批一个抽样点上取出的少量样品，即为一个初次样品。

3. 混合样品

把从同一种批的不同容器或不同部位扦取的初次样品合并在一起，并充分混合起来，称为混合样品。

(二)抽样程序

(1)首先根据了解到的种子的实际情况，按上述对种批规定的要求正确地划分种批。一个种批提取一个送检样品。

(2)按种批分别抽样。在同一种批的不同容器或不同种堆扦取初次样品，各个初次样品的数量要大体相等。

(3)将同一种批的全部初次样品合并起来充分混合均匀，作为混合样品。

(4)从混合样品中分取送检样品。各树种种子送检样品按规定的重量提取。

最后抽样人员要对被抽样的各个种批进行编号并做标志，必要时还应进行封缄，以防出现差错。

(三)抽样方法

1. 容器盛装种子的抽样方法

首先确定扦样件数。扦样件数依种批总件数的多少而不同。5 个容器以下，每个容器都要扦样，扦取的初次样品总数不得少于 5 个；6～30 个容器，每 3 个容器至少扦取 1 个初次样品，但总数不得少于 5 个；31 个容器以上，每 5 个容器至少扦取 1 个初次样品，但总数不得少于 10 个初次样品。

2. 散装种子的抽样方法

在库房或囤囤中大量散堆的种子，可按种批堆顶面积的大小划分扦样区，每区面积不超过 16 平方米，在中心和四角(与边缘保持 30～50 厘米的距离)设 5 个扦样点。在同一种批内相邻两区的角点可以公用。在扦样时，可选用多种扦样器。在种子晾晒铺放时，也可以直接多点徒手取样。

(四)分样方法

从混合样品中抽取送检样品或从送检样品中抽取测定样品时，需要进行分样，分样可采用下列方法：

(1)分样器法。常用的分样器有圆锥形分样器和钟鼎式分样器。分样前要先调整好分样器，调整的方法是先把种子通过分样器，使种子分成重量大体相等的两部分,然后分别称重,如果两部分种子重量相差不超过其平均值的5%,即认为分样器是准确的;若超过5%,则应调整分样器。分样时先把种子通过分样器三次,使种子充分混合倒入漏斗,打开活门,种子通过分样器,由出口落到两个盛种盘里,再将其中一个盛种盘的种子重新倒入漏斗。这样反复进行,直至种子减到所需重量为止。

(2)四分法。四分法又叫对角线法,在没有分样器的情况下可采用此法分样。具体做法是:把种子倒在平滑的桌面上或玻璃板上铺平,两手各拿一个分样板,从相反的方向把种子拨到中间使之成长方形,再将长条两端的种子拨到中间,这样反复3~4次,使种子充分混合均匀,再铺成正方形。大粒种子平铺厚度不超过10厘米,中粒种子不超过5厘米,小粒种子不超过3厘米。然后用分样板沿对角线把种子分成四个三角形,将对顶的三角形的种子拨到一边放着备用,取其余两个三角形的种子拨到一起混合均匀,如此反复进行,直至种子减到所需数量为止。

二、种子净度的测定

种子净度是指在被测定样品中纯净种子的重量占所测定样品总重量的百分数。种子净度是种子播种品质的重要指标之一,也是划分种子等级、确定种子播种量的重要依据。

(一)测定样品所需重量

净度测定样品一般至少应含2500粒纯净种子。送检样品的重量至少应为净度测定样品的2~3倍,大粒种子至少应为1000克,特大粒种子至少要有500粒。

(二)净度测定的方法和步骤

1.提取测定样品

将收到的送检样品采用四分法或分样器法进行分样,直至达到所规定的该树种测定净度所需数量。

2.称量测定样品

测定净度时,称量样品的精确度要求与测定样品的重量有关。

3.分析测定样品

将测定样品倒在玻璃板上,把纯净种子、废种子和夹杂物分开。如果送检样品混有较大的或多量的夹杂物,则应在测定样品前进行必要的净种。

纯净种子应包括:发育正常的、完整的、没有受损伤的种子;发育不完全的种子和难以识别的空粒;虽已破口或萌芽,但仍具有发芽能力的种子。

带翅的种子中,凡种子加工时种翅容易脱落的,其纯净种子是指除去种翅的种子；凡种子加工时种翅不易脱落的，则不必除去。但已脱离种翅的碎片应算为夹杂物。

夹杂物包括：能明显识别的空粒、腐坏粒、已萌芽因而丧失发芽能力的种子；严重损伤（超过原大小一半）的种子和无种皮的裸粒种子；叶子、鳞片、苞片、果皮、种翅、种子碎片、土块和其他杂物；昆虫的卵块、成虫、幼虫和蛹。

黏滞性种子：由于结构或质地上的特点，这类种子可分为：容易相互黏附或容易黏附在其他物体（如包装袋、分样品等）上；容易被其他植物种子黏附或容易黏附其他植物种子；不易被清洗、混合或扦样。如果全部黏滞性结构（包括黏滞性杂质）占一个样品的 1/3 或更多，就认为该样品有黏滞性。例如冷杉属、翠柏属、雪松属、扁柏属、柏木属、柳杉属、杉木属、落叶松属、云杉属、长叶松、刚松、黄杉属、红杉属、巨杉属、落羽杉属、铁杉属、槭属、臭椿属、桤木属、桦木属、鹅耳枥属、梓属、石竹属、桉属、水青冈属、银桦属、女贞属、枫香属、鹅掌楸属、悬铃木属、竹类、杨属、香椿属、丁香属、崖柏属、椴树属、榆属、榉属等都属于黏滞性种子，应当使用黏滞性种子栏的容许误差。

4. 检查测定样品的分析误差

把组成测定样品的各个部分分别按精度要求称重，如果测定样品各成分重量之和与样品原重之差不超过容许误差，则可认为分析结果合格，即可计算净度。

5. 计算种子净度

在提取测定样品前，送检样品进行净种的，其净度按下列算式计算：

$$净度=送检样品净度\times测定样品净度$$

6. 结果报告

净度分析中各个成分应计算到两位小数，在质量检验证书上填写时按 GB/T8170 数值修约规则修约到一位小数。成分少于 0.05% 的填报为“微量”，若成分为零时用“—0.0—”表示。测定样品各成分的总和必须为 100%，若总和是 99.9% 和 100.1%，可从百分率的最大值（通常是纯净种子部分）中加减 0.1%；如修约值超过 0.1%，应核查计算有无差错。

三、种子千粒重的测定

（一）种子千粒重的测定

种子千粒重是指 1000 粒纯净气干种子的重量，以克为单位。同一立地条件、同一树种的种子千粒重愈重，种子内含的营养物质愈多，其中的空粒也就愈少，播种后出的苗愈粗壮，育出的幼苗抵抗力也就愈强。种子千粒重也是计算播种量的一项重要指标。

种子千粒重的测定方法有百粒法、千粒法、全量法等。

1. 百粒法

大多数种子测定千粒重都应用此方法。其优点是便于应用真空数粒仪等仪器测定。每份 100 粒种子在称重后还可直接用于发芽率的测定。其测定方法如下：

(1)由净度分析的净种子随机数取 100 粒，重复 8 次，即分别称重，将其读数记入千粒。

(2)根据 8 个组的称重读数求出 100 粒种子的平均重量(x)。

(3)检验测定结果是否合格，首先根据各组测定的百粒重计算出标准差，然后再算出变异系数。

一般树种的种子变异系数不超过 4.0、种粒大小悬殊的种子不超过 6.0 时，则测定结果合格，即可按 8 个重复的平均数计算，否则要重做。如果重做仍然超过，则可计算 16 个重复的平均数，凡与平均数之差超过 2 倍标准差的各重复略去不计。

(4)由 8 个或 8 个以上的 100 粒种子的平均重量推算出 1000 粒种子的重量。

2. 千粒法

凡种粒大小、轻重极不均匀的种子可采用千粒法。

(1)净度测定后，将全部纯净种子用四分法分成 4 份，从每份中随机数取 250 粒，共 1000 粒为一组，共点数两组，即为两次重复。分别称重，记下读数，称量精度同净度测定。

(2)先从两组称重中求出算术平均数，当两组种子重量之间差异小于两组平均值的 5%时，测定结果认为合格，其平均数即为该批种子的千粒重，如果超过容许范围，则应重做。如重做仍超过误差，则计算 4 组的平均数，将计算结果填入种子千粒重测定记录表。

3. 全量法

珍贵树种及引种树种的种子数量少，可将其全部称量，换算成千粒重。

(二)种子绝对千粒重的计算

由于种子具有吸湿性，使千粒重的数值常随空气中湿度的变化而变化，为了便于比较各种不同样品的种子千粒重，除计算气干种子重量外，最好是将种子千粒重换算成绝对千粒重。

四、种子含水量的测定

种子含水量是指种子所含水分与种子重量的百分比。种子含水量与种子安全贮藏或调运有密切的关系，超过安全含水量的种子进行贮藏或调运，会因种子呼吸作用旺盛和微生物的繁殖，造成种子发热霉变，丧失种子生命力。所以，进仓或调运前要测定种子的含水量，如超过安全含水量时要及时干燥，才能入仓或调运。

种子在贮藏期间，不断与外界环境进行水分的平衡。为了达到安全贮藏的要求，也需要定期地测定和掌握种子含水量的变化。

测定种子含水量常用方法有 105℃恒重法、130℃高温快速法、甲苯蒸馏法等。目前，各种电子水分测定仪也广泛应用于林木种子含水量的快速测定。

105℃恒重法是测定种子水分的标准法，适用于所有的林木种子含水量的测定。其他方法的正确与否都要与标准法进行比较。

105℃恒重法测定方法：从含水量送检样品中随机取两份测定样品，每千克少于 5000 粒的大粒种子以及种皮坚硬的种子，每个种子切成小片，粒径等于或大于 15 毫米的种子应至少切成 4 片或 5 片。放在预先烘干并已知重量、编有号码的铝盒或称量瓶内，记下盒号，连同带盖的称量盒（瓶）及其中的种子一起称重，记下读数，放入干燥箱中，打开盒（瓶）盖，放在盒（瓶）旁，烘至恒重。一般先用 80℃烘 2～3 时，然后用（105±2）℃烘 5～6 时后取出，盖上盒（瓶）盖，移入有干燥剂的干燥器内，冷却 20～30 分后称重。按种子含水量计算公式计算，结果保留一位小数，两次重复间的容许差距，平均原始水分＜12％：大种子 0.4％，小种子 0.3％；平均原始水分 12％～15％：大种子 0.8％，小种子 0.5％；平均原始水分＞25％：大种子 2.5％，小种子 0.5％（小种子是指每千克超过 5000 粒的种子，大种子是指每千克最多为 5000 粒），否则要重做。含水量的表示方法有两种：一种是相对含水量，或称湿基含水量，以种子中所含水分的重量占种子原重量的百分率表示；另一种是绝对含水量或称干基含水量，以种子中所含水分的重量占种子烘干重量的百分率表示。

在没有仪器设备的情况下，也可以通过感官简易测定种子含水量的大致情况。一般情况下，凡干燥的种子，颜色、光泽正常，用手插入种子堆内非常容易，且有光滑而坚硬的感觉；用手搅动时，种子响声清脆，用牙咬种子时抗压力较大，咬碎时响声清脆，呈碎块状；切断时感到坚硬，且断裂崩开。而湿润种子，颜色、光泽暗淡，甚至发霉、结块，用手插入种子堆内有涩滞、潮湿、发热的感觉，搅动时不光滑、无清脆声音，牙咬时抗压力小，呈湿饼状，且不散落。

安全含水量高的大粒种子，如栎类、檫树等树木种子，如果用手抓一把摇动有声响，种仁干缩、离壳，均说明过于干燥，降低或完全丧失了生活力，不宜于播种。

五、种子发芽能力的测定

种子的发芽能力是种子播种品质中最重要的指标，也是种子品质检验最重要的项目。只有鉴定了种子发芽能力，才能判断这一批种子的播种价值。表示种子发芽能力的主要指标是发芽率、发芽势和平均发芽时间等。

(一)种子发芽的条件

种子发芽所需要的基本条件是水分、温度和氧气，有些树种还要求一定的光照条件。

1. 水分

水是种子发芽的首要条件，发芽测定自始至终都要保证充分供水。种子在发芽的初期要吸水膨胀，需水量较多，经浸种充分膨胀后的种子，如水分过多反而会妨碍种子的呼吸作用，不利于种子的发芽。因此，在发芽试验中，发芽床应有适宜的水量。一般用滤纸做发芽床，以纸床上种子周围不出现水膜为宜。种子置床时加足水分，以后每天进行观察记载，及时补充消耗和蒸发掉的水分。发芽用水应为中性(pH6.5～7.0)。

2. 温度

温度是种子发芽的必要条件。适宜的温度可使种子发芽迅速。大多数种子最适宜的发芽温度在20～30℃，一般在25℃左右，但有时也随树种不同而不同。

在自然界里种子发芽所经历的是昼夜变动的温度，研究证明，变温比恒温更有利于加快发芽速度。采用变温发芽时，每昼夜保持低温16时，高温8时，变换温度时应在3时内逐渐完成。

3. 氧气

种子的萌动和发芽需要提供能量，因此应有足够的O_2，同时排除呼吸过程中释放出来的CO_2。如果发芽环境中水分过多，或者发芽器皿通气不良，便会限制O_2的供应，会影响发芽。

4. 光照

光的效应因不同树种而异，也随环境中其他因素如水分、温度而不同。据研究，光照可以促进许多树种种子的发芽，如油松、华山松、侧柏、黄山松、火炬松等。据林业部南方种子检验中心于淑兰所撰《光照对林木种子发芽影响的试验报告》一文，不同产地的油松种子在光照变温条件下比在黑暗恒温条件下发芽率分别增加44%和29%，华山松种子发芽率增加24%。但也有很多树种种子在发芽时对光照条件无反应。如豆科的刺槐种子在黑暗恒温条件下发芽率高于光照变温条件下的发芽率。

(二)发芽的用具和设备

在做种子发芽试验时,除了需要小镊子、滴瓶、手持放大镜、刀片(用于解剖未发芽粒)等小型工具外,最主要的是发芽床和为种子发芽提供适宜温度的仪器。目前做发芽试验所用的发芽床,一般使用一个直径11～15厘米带盖的玻璃培养皿。发芽基质种粒不大的可以用一层或几层滤纸做发芽床。为了增加供水能力,滤纸下面可以适当垫些脱脂棉或几层纱布。种粒较大的,可以用细砂、蛭石或膨胀珍珠岩做发芽床。

玻璃培养皿的缺点是通气不良,加水的多少不易掌握,需要每天敞开皿盖通气,观察发芽床的水分状况。

我国现行的标准规定,正常发芽粒是指一般树种幼根的长度相当于该种粒长度的一半以上,小粒或特小粒种子幼根的长度超过该种粒的长度。国际种子检验规程规定种子不但出芽,而且能长成正常的幼苗,才被认为是正常发芽粒。为了使我国的种子标准逐步向国际标准靠拢,最近国家林业局根据国外所用种子发芽盒的样式,结合我国情况,试制了一批光照发芽盒。这种发芽盒的优点是空间大,每个盒子可容纳两个重复的种子(一般小粒种子200粒)。发芽床由一个带孔的塑料盘,上面垫几层纱布组成,种子直接摆在纱布上,湿度容易控制,种子不易发霉。

种子发芽试验所用的主要仪器有恒温箱、光照发芽器和光照培养箱等。

(三)发芽能力的指标

在发芽试验结束后,根据发芽观察的记录,就能求出表示种子发芽的各种指标:发芽率、发芽势、平均发芽时间等。

1.发芽率

发芽率是指在规定的条件下,一定时间内,正常发芽粒数占供试种子总粒数的百分率。发芽率不带小数。

林木种子中常有相当数量的空粒,在科学研究中,为了确切地了解某批种子的发芽能力,常把供试种子的空粒除去不计,只计算饱满种子的发芽率,称为绝对发芽率。

2.发芽势

发芽势是指发芽达到高峰时,正常发芽粒数占供试种子总数的百分率。在发芽率相同的两个种批中,发芽势高的种子优于发芽势低的种子。因为发芽势高说明种子播种后出芽迅速而且整齐。但是有些树种,特别是一些发芽持续时间比较长的树木种子,发芽高峰期很不好确定,有的整个试验过程就没有一个高峰期,因此发芽势也就很难计算。目前,国际、国内都有停止用发芽势这个概念的趋势。

3. 平均发芽时间

供试种子发芽所需的平均时间(天,偶有用小时的),称为平均发芽时间。它是衡量种子发芽快慢的一个指标。在同一树种中,平均发芽时间的数值小,表示该种子发芽迅速,发芽能力较强。

(四)种子发芽的测定方法

1. 取样

发芽测定的样品是从净度分析后的纯净种子中抽取的。用四分法将种子分成4份,从每份中随机抽取25粒,组成100粒一组,重复4次,共取400粒;大粒种子也可以50粒或25粒一组,重复4次。特小粒种子用重量发芽法时,以0.1~0.25克为一次重复。

2. 浸种、灭菌

样品取出后,要进行浸种、灭菌。浸种时间和水温依树种不同而异。对种皮坚硬、致密、难以吸水的树种,如刺槐、皂荚,需用70~80℃热水浸种24~28时;种皮薄、易吸水的树种,如杨树、柳树、榆树、桑等种子只需用20~30℃温水浸种8~12时;对绝大多数种子,如松树、柏树、杉树,以及多数阔叶树种,通常用45~60℃温水浸渍24~48时。有些树种的种子在发芽试验前,需经过低温层积催芽,如池杉需用1%柠檬酸浸种24时后,在-5℃条件下层积60~90天,薄壳山核桃需要在0~5℃下层积60天。

种子灭菌:常用的药剂有福尔马林、高锰酸钾、升汞、过氧化氢等。福尔马林的使用方法是:将测定样品分别装入小纱布袋,系好标签,连袋置入小烧杯中,注入0.15%福尔马林,以浸没种子为度,盖好烧杯,20分钟后取出,再置入有盖的玻皿中闷半小时,然后取出连同纱布袋彻底清洗,即可置床。

无论用何种药液对种子消毒,都要在浸种以前进行。

测定用具的灭菌:培养皿、纱布、小镊子等清洗干净后用沸水煮5~10分钟。恒温箱需要在使用前2~3天用浓度为0.15%的福尔马林喷洒密封后使用。

不管灭菌工作做得如何严格,发芽测定过程中种子仍然会感染霉菌。因为空气中有大量的霉菌孢子,种子的发芽环境又特别适于霉菌滋生。

3. 置床

将经过浸种、消毒的种子按4次重复摆放在发芽床上。用发芽皿(玻璃培养皿)作发芽置床,每个发芽皿摆放一次重复;用发芽盒(塑料)做发芽置床,每个发芽盒中可放置两次重复。摆放种子时,应注意种粒之间要有一定的距离(相当于种粒本身直径的1～4倍），以避免霉菌蔓延和发芽的幼根相互缠绕。另外，种粒的排放要有一定的序列，便于点数。最后将4次重复的发芽皿贴上有编号的标签，置入恒温箱或光照发芽箱中。

4. 管理

种子置床后，每天检查发芽环境的水分和温度状况。如果发现有感染霉菌的种子应及时取出，用清水冲洗干净后再放回原处。发霉严重时，整个发芽床都应更换。

5. 观察记载

种子发芽情况要定期观察，并将观察结果记入表中。按照GB2772—1999林木种子检验规程的规定，记载内容分正常幼苗数、不正常幼苗数和未萌发粒分析三项。正常幼苗包括完整幼苗、带轻微缺陷幼苗、受到次生性感染幼苗；不正常幼苗包括损伤苗、畸形苗或不匀称苗、腐坏苗；未萌发粒包括硬粒、新鲜粒、死亡粒等。

6. 发芽测定的持续时间及其结果计算

发芽测定的天数自置床之日算起。如果检验人员确认测定样品的发芽过程已经终结，可在规定的时间以前提前结束；反之，到规定的结束时间，仍有较多的种粒萌发，也可酌情延长测定时间。实际测定天数应在种子检验证中注明。

发芽测定结束后，分别统计4次重复中正常幼苗数的百分率，如果4次重复的百分率最大值与最小值的差距不超过容许值范围，说明测定结果有效，可用4次重复的平均值作为该种批种子的发芽率。否则，需要进行第二次测定。当第二次测定结果与第一次测定结果相差不超过容许差距时，则以两次测定的平均数作为发芽率。

六、种子生活力的测定

种子的生活力是指潜在于种子内的发芽能力，通常用具有生活力的种子数占试验样品种子总数的百分比表示。种子生活力的测定主要用于休眠期较长的种子和在不具备发芽试验所要求的条件下快速鉴定种子质量。

（一）测定种子生活力的常用试剂种类

1. 利用细胞原生质膜透性不同而染色的化学试剂

死细胞原生质膜比活细胞原生质膜透性强，苯胺染料容易透过死细胞原生质膜，却不能透过活细胞原生质膜，即死种子着色，活种子不着色，利用这个原理测定种子生活力。靛蓝、靛蓝胭脂红和红墨水等属于这一类。

2. 利用组织呼吸作用的不同而染色的化学试剂

活组织有呼吸作用，吸进O_2，放出CO_2，遇水生成H_2CO_3，能将中性或碱性试剂还原或中和。活组织着色，失去生活力的种子不着色，利用这一原理测定种子生活力。二硝基苯和亚硝酸钠等属于这一类。

3. 利用活的成分染色反应不同的化学试剂

利用活组织里某种化学成分将试剂还原产生颜色反应的原理，来测定种子的生活力。活种子着色，死种子不着色。这类化学试剂有氯化三苯基四唑、碘化钾等。

(二)生活力测定的常用方法

测定种子生活力的方法很多，其中以四唑和靛蓝进行染色的方法最为常用。

1. 四唑染色法

四唑即氯化三苯基四唑，用 TTC 表示。为白色粉末，分子式为 $C_{19}H_{15}N_4Cl(Br)$。由于四唑水溶液的 pH 值低，因此要用中性蒸馏水(pH6.5～7)溶解。用四唑测定种子生活力，是应用种子在呼吸作用中对某些化学试剂的还原作用而产生的颜色反应，来测定种子生活力的一种方法。

四唑的水溶液无色，在种子的活组织中被脱氢酶还原成红色的、稳定的、不溶于水的红色三苯基甲腊，而无生活力的种子则没有这种反应。判断种子有无生活力的主要依据是着色的部位及面积，而不是着色的深浅。不染色的部位即坏死部位，根据坏死组织出现的部位及其分布状况判断种子的生活力。

染色测定用四唑溶液的浓度为 0.1%～0.5%，一般用 0.5%，浓度大，反应快，但药剂量消耗大。

2. 靛蓝(靛蓝胭脂红)染色法

靛蓝是一种苯胺染料，很容易透过种子的死细胞使其染上蓝色，但不能透过活的细胞，根据种胚染色的情况，可以区别出有无生活力。

3. 碘、碘化钾法

某些针叶树如松、落叶松、云杉等在种子发芽过程中，种胚生成淀粉，根据淀粉遇碘着色反应的特点来判断种子的生活力。

4. 软 X 射线摄影

用软 X 射线透视种子的最大优点是迅速简便，它能从摄影片上或荧光屏上区别出空粒、涩粒和饱满粒以及种粒的发育程度，同时也能看出种粒是否潜有病虫害和机械损伤。

(三)种子生活力测定的具体操作方法

1. 取样

从纯净种子中，随机取 25 粒或 50 粒一组，共取 4 组，即 4 次重复。除 4 组测定样品外，还要多取一些种子，以便补充剥胚时破坏的种子。

2.浸种

浸种的目的是使种子吸水膨胀、呼吸增强、酶活跃。种壳较薄、容易吸水剥胚的种子，用40℃温水浸种，冷却至室温，经1～2天即可，如马尾松、油松等。而种壳较厚且深休眠的种子，浸种时间可适当延长一些，如红松需5～6天时间。浸种过程中要注意每天换水。

3.剥胚

切开种壳及胚乳取出胚（注意：不要使胚受到机械损伤），剥胚时同时记下各组中空粒、无胚粒、腐烂粒和病虫害粒，填入种子生活力测定记录表。用四唑染色的种子可连同胚乳一起染色，它的优点是可以更准确、更全面地判断生活力，因胚乳常供给胚发芽时所需养分。但使用酸性靛蓝染色，只宜剥胚，在切开种子时因胚乳被破坏即染色。

4.染色

将剥出的胚放在盛有蒸馏水的发芽皿中，染色时倒去蒸馏水，将配制好的试液倒入发芽皿中，以能淹没种胚为度。有上浮的用镊子轻轻将其压沉。放在黑暗恒温条件下染色。染色时间以着色稳定不再染色为止。时间长短因温度、树种而异。温度在20～30℃时需2～3时；温度低于20℃要适当延长染色时间；温度低于10℃则染色困难，甚至不能染色。染色完成后就将试液倒出，并用蒸馏水冲洗一次，种胚大者用肉眼直接观察，种胚小者用放大镜观察。表3－26是GB2772—1999生活力的四唑和靛蓝测定技术条件，录此供参考。

5.种子生活力的判断

根据着色程度和部位判断种子是否有生活力。

四唑染色鉴定：有生活力者银杏（取胚方）的胚、胚乳均染色或胚乳少部未染色；松属、杉木属、侧柏属的胚乳、胚全部染色，仅有少部分胚乳染色较淡；元宝枫的胚全部染色，胚根染色，子叶大部染色；香椿、臭椿、黄连木的胚根、下胚轴、子叶全部染色或大部分染色；板栗的胚根、下胚轴和子叶完全染色；苦楝的胚根染色，子叶完全或大部分染色；山桃、山杏的胚根、胚轴、子叶均染色或子叶少部分未染色；刺槐、槐树的胚根、下胚轴均染色。靛蓝染色鉴定：有生活力者松属、杉木属的胚乳、胚全部未染色，或仅有少部分胚乳染色较淡；元宝枫、香椿、臭椿、黄连木、水曲柳、白蜡、苦楝、刺槐、槐树、皂角、棕榈、文冠果的胚全部未染色，子叶少许染色。

七、种子优良度的测定

根据观察、触觉、嗅觉来判断种子的品质，也就是感官判断种子的优良程度。这种方法特别适宜于采种、脱粒、收购种子的现场进行快速的检查。

(一)取样

从纯净种子中随机取 100 粒，种粒大的提取 50 粒或 25 粒，共取 4 个重复进行测定。

(二)测定方法

1. 解剖法(切开法)

将种子进行解剖观察，凡种粒饱满、种胚健康、胚乳和子叶的颜色正常(有些具有香味)的种子都为品质优良的种子；种胚腐烂变软、有斑点或受病虫害侵害、空粒、无胚的种子均为品质低劣的种子。

2. 挤压法

特小粒种子可用水煮 10 分钟，置于两块载玻片间挤压，饱满的种子能挤出种仁，空粒的种子挤出水，变质的种子仁呈黑色。此法简单，适用于落叶松、云杉、杨柳等树种的种子测定。

八、种子健康状况测定

种子健康状况主要指是否携带病原菌等，如细菌、真菌、病毒以及害虫。

(一)培养

将种子保持在有利于病原体发育或病症发展的环境条件下进行培养。

(二)检查

1. 直观检查

将测定样品放在白纸、白瓷盘或玻璃板上，挑出菌核、霉粒、虫瘿、活虫及病虫伤害的种子，分别计算病虫害感染度。

2. 隐蔽害虫的检查

在送检样品中，随机抽取测定样品 200 粒或 100 粒，选用下列方法测定：

(1)剖开法。切开种子检查。

(2)染色法。用高锰酸钾等化学药品染色检查。

(3)比重法。利用饱和食盐水或其他溶液的浮力检查。

(4)X 射线透视检查。

(三)结果计算

送检样品病、虫害感染度为病、虫害感染度之和。测定结果记入林分健康状况测定记录表。

种子检查工作全部结束后,按照种子检查管理办法,为保证种子质量,种子检查单位应根据检查人员提供的种子结果报告单,对经过检验合格的种子签发林木种子质量检验证书,填写种批质量检验证书、检验情况综合表,对检验不合格的种子,根据具体情况,提出处理意见。管理单位和用种单位要尊重检验单位的意见,以及采取有效措施,以免种子损失。送检单位若对种子品质检验结果有异议时,可以提出复检或委托其他单位复检,仍有异议时,可申请仲裁检验。仲裁检验一般由上一级种子检验单位负责。检验样品由有关方双方共同选取。

九、主要造林树种种子质量标准

林木种子质量标准,对种子生产、经营和使用都具有重要意义。实施种子质量标准为实行按级论价、优质优价提供了依据,而且在收购、贮藏、调拨和使用中,可以避免因劣质种子所造成的巨大损失。

河南省标准局 1988 年颁布实施了《河南省主要造林树种的种子质量分级》(河南省地方标准 DB/4100B61003—88),该标准主要根据净度、发芽率(或生活力、优良度)两项指标将各树种种子质量划分为三个等级,若两项指标不属于同一级时,以单项指标低的定等级。在生产上凡达不到质量标准的种子应不予收购、贮藏和使用。

依据 GB/T 7908—1999 林木种子质量分级标准,林木种子质量分为 3 级,以种子净度与发芽率、或与生活力、或与优良度和含水量的指标划分等级。等级各相关指标不属于同一级时,以单项指标低的定等级。

第三节　种子贮藏

种子成熟以后,除少数树种随采随播外,大多数树种的种子是秋季采收,贮藏一个冬季,第二年春季播种育苗。还有些树种结实有大小年现象,而且大年的种子质量往往优于小年,为了满足生产上的需要,必须在大年时多采些种子贮藏起来,以丰补歉。如果种子贮藏得好,呼吸作用很微弱,养分消耗很少,即使短寿命种子,发芽率也能保持数年之久;如果保存不当,湿度大,温度高,呼吸旺盛,养分消耗少,种子很快就会丧失发芽力。因此,研究掌握种子贮藏的原理和方法,对保持种子的生命力具有重要意义。

一、种子贮藏原理

(一)贮藏期间种子的生命活动

林木种子在完全成熟尚未脱落以前,就逐渐转入休眠状态。贮藏期间的种子虽然处于休眠状态,但种子内部仍然进行着微弱的生命活动,有微弱的呼吸作用。在贮藏期间通过微弱的呼吸作用与外界发生联系,当种子丧失生命力时,呼吸作用才停止。

种子的呼吸作用是一种氧化过程,正常的呼吸作用是种子内部贮存的蛋白质、脂肪、淀粉等有机物质,在酶的作用下,吸收空气中的氧,进行一系列的氧化还原反应,最后释放出二氧化碳和水,同时产生热能,供种子生理活动的需要。呼吸作用的过程是种子内贮藏的有机物质的消耗过程,而且呼吸作用愈强,有机物质消耗愈快;种子贮藏时间愈久,有机物质消耗的愈多。随着有机物质的消耗,种子生理活动逐渐降低,直至完全丧失生命力。

实践证明,种子老化、生命力的丧失并不都是种子内部有机物质的简单消耗问题,在很大程度上还有其他因素的影响,特别是当贮藏条件不良时,呼吸作用产生的水和热能很大一部分郁积在种子周围,使贮藏种子发生“自潮”或“自热”现象,成为进一步促进呼吸作用的因素。另外,种子呼吸时所释放的 CO_2,如果不能及时排除,积聚在种子堆表面,就会隔绝氧,迫使有氧呼吸转为无氧呼吸,释放出酒精。此类物质在种子堆中积累过多,就会抑制种子呼吸,以至于使种胚中毒死亡。

因此,保存种子生命的关键在于控制种子呼吸作用的强度和性质。贮藏种子的任务就是创造和控制适宜的环境条件,促使种子呼吸作用处于最微弱的状态,消除导致种子变质的一切可能因素,以最大限度地保存种子的生命力。

(二)影响种子生命力的因素

影响种子生命力的因素有种子内在因素和外界的环境因素。

1. 影响种子生命力的内在因素

(1)种子寿命。种子生命力所能维持的年限称为种子的寿命。不同的树种种子的寿命差异很大。寿命的长短与种皮结构、含水率多少、养分种类有关。依据种子生命力保存期的长段,一般可以分以下三类:

短寿命种子:保存期不超过 3 年的种子,有的甚至只有几天、几个月。这类种子主要是含淀粉多，如栗、栎、银杏等，由于淀粉容易分解，故寿命较短。另外，夏熟性种子，如杨、柳、榆等种子含水量多，在气温高、湿度大的情况下，呼吸旺盛，极易丧失生命力。

中寿命种子：保存期3～15年的种子。这类种子主要是含脂肪和蛋白质多，如松、柏类种子，由于脂肪、蛋白质转化慢，释放的能量多，只需要消耗少量的养分就能维持生命，因此寿命长。

长寿命种子：寿命在15年以上，主要是豆科，如刺槐、皂荚、合欢等。这些种子种皮坚硬、致密，不易透水、通气，受环境条件影响小，有利于种子生命力的保存。

(2)种子成熟及净度。未达到成熟的种子，种皮还不具备正常的保护性能，内含有机物质还没有完全转化为凝胶状态，含糖量高，耗水量多，呼吸旺盛，不易贮藏。采集加工时，易受机械损伤和微生物的感染，贮藏时易腐烂。因此，一定要等种子完全成熟时，才能采种，禁止抢采掠青。

入库种子的净度也影响种子的贮藏期限。净度差的种子夹杂物多，吸湿性强，容易使种子受潮变坏。所以，种子入库前，一定要提高种子净度，达到地方或国家标准。

(3)种子含水量。贮藏期间种子含水量的高低直接影响种子的呼吸强度和性质，并且影响种子表面微生物的活性。种子含水量高时，种子内水分处于游离水状态，在细胞内任意流动，酶的活性增强，呼吸作用加速。甚至导致种子自潮、自热或无氧呼吸，使种子生命力迅速降低。当种子含水量降低到一定程度时，其水分处于结合水状态，几乎不参与新陈代谢作用，种子体内酶钝化，生理活性降低，水解能力减弱，因此种子呼吸作用极其微弱，更没有微生物活化的湿热条件，有利于种子生命力的保存。种子在入库前必须充分干燥，干燥是保持种子生命力、延长种子寿命的重要措施。但是，种子也不能忍受过分的干燥，一般认为大多数树种种子适于贮藏的含水量在5%～12%。

贮藏时维持种子生命力所必需的含水量称为安全含水量。根据安全含水量的高低，可以把种子区分为两类：一类是能够忍受干燥条件的种子，如松、杉、刺槐等种子；一类是不能忍受干燥条件的种子，如油茶、油桐、栎类、板栗等种子。据研究，油茶种子含水量低于24%、麻栎种子含水量下降到30%以下，发芽率就会显著降低。

2.影响种子生命力的外界因素

种子生命活动是在一定的温度、湿度和氧气条件下进行的，这些因素的变化，都直接影响种子的生命力。

(1)温度。在一定的温度范围内，种子的呼吸强度随着温度的升高而加强，种子寿命缩短，温度过高，蛋白质变性，种子生命力会迅速丧失。温度过低(0℃以下)，含水量较多的种子内水分会结冰,导致种子死亡。

温度对种子的影响与种子含水量有密切的关系。种子含水量愈低,细胞液浓度愈大,呼吸强度微弱,对高温和低温的抗性愈强。近年来,人们对种子的低温、低湿和超低温的研究证明,降低种子含水量的同时,降低种子的贮藏温度,可以延长种子寿命。例如,美国榆含水量2%～3%时,在-5℃条件下密封贮藏9年,发芽率仍保持80%～90%。一般认为,贮藏种子适宜温度为0～5℃。

(2)空气中的相对湿度。种子具有很强的吸湿性,它能直接从潮湿的空气中吸收水分,增加种子的含水量,随着空气中相对湿度的升高,种子含水量增加,呼吸作用增强,特别是在夏季雨量比较集中的高温、高湿的环境,更容易引起种子霉烂,发芽率降低。因此,经过干燥的种子必须贮藏在干燥的环境中,为了保持种子的生命力,最好贮藏在低温隔湿的仓库中。而一般贮藏种子,宜控制空气中的相对湿度在30%～50%范围内。少量种子充分干燥后可以放在瓶、罐、聚乙烯袋之类能够密封的容器之中,使种子同潮湿空气隔绝,以延长种子寿命。

(3)通气条件。通气条件对种子生命力的影响与种子含水量有关。含水量低的种子,呼吸作用微弱,需氧极少,在密封的环境中能长久地保持种子生命力。含水量高的种子,呼吸作用强,如果通风不良,则呼吸作用产生的CO_2和水分不易排出,积累在种子周围,使种子与氧气隔绝产生无氧呼吸,容易导致种子中毒死亡。因此,贮藏安全含水量高的种子,必须创造良好的通风条件,及时排除由于种子呼吸而释放出来的水分、CO_2和热量。

(4)生物因子。种子在贮藏期间,昆虫、霉菌、鼠类等都直接影响种子寿命。生物对种子的危害程度与贮藏环境条件有密切关系。提高种子的净度,保持种粒完好无损,降低贮藏环境的温度、湿度,特别是降低种子的含水量,是控制生物危害的重要手段。据研究,昆虫活化的种子含水量为8%～9%;细菌活化的种子含水量为9%～10%,霉菌活化的种子含水量为12%～14%。

二、种子贮藏方法

根据种子的特性,种子贮藏方法分为干藏和湿藏两大类。含水量低的种子适于干藏,含水量高的种子适于湿藏。

(一)干藏法

将充分干燥的种子,置于干燥的环境中贮藏称为干藏。这种方法要求一定的低温和适当干燥的条件。干藏法又根据种子性质和贮藏时间的长短,分为普通干藏和密封干藏。

1. 普通干藏法

将经过充分干燥的种子装入麻袋、箩筐、箱、桶、缸、罐等容器中，置于低温、干燥、通风的库内贮藏。适用于大多数针、阔叶树种种子的短期(如秋采冬贮春播)贮藏。

2. 密封干藏法

凡是需要长期贮藏的珍贵树种种子和用普通干藏法容易失去生命力的种子，如落叶松、杨、柳等，都适用于密封干藏。密封的目的主要在于控制温度和呼吸，减少消耗，保证休眠。

密封干藏是将充分干燥到安全含水量的纯净种子，装入已消毒过的玻璃瓶、铝桶、铁罐、聚乙烯袋等容器中，装至九成满。为了防止种子吸湿，容器中可放入木炭、氯化钙、变色硅胶等吸湿剂，然后加盖，用石蜡、火漆、黏土等密封。

长期贮藏大量种子时，为了做到安全贮藏，应建造专门的种子贮藏库。种子库应选择地势高燥、排水良好、交通方便的地方，为了保持恒低温，可将贮藏室深入地下3/4或全部建筑在地下。库房四周墙壁和地板、天花板等要选用渗水、传热性能小的建筑材料，并采用隔热、防潮设施，以免大气冷热干湿对种子的影响。为使通风良好，门窗应对称设置，窗户高低适当。为防昆虫危害，库房内壁要平整、刷白、不留缝隙。窗户应安装铁丝网，以防止鼠雀进入啄食种子。

为提高种子的贮藏效果，有条件的地区应建立有制冷设备的低温种子库，将温度控制在－5～5℃，相对湿度控制在40%～60%，贮藏种子效果较好。

种子干藏时，应注意以下事项：①种子入库前要净种、干燥，使种子品质达到贮藏标准。②库内必须清扫和消毒。③入库种子要分批放置，附以标签，做好登记。④库房有专人保管，定期检查，发现问题及时处理。

(二)湿藏法

湿藏法是将种子置于湿润、适度低温和通气的条件下贮藏。此法适用于含水量较高的种子，如板栗、栎类、核桃、银杏、油茶、油桐等。此外，湿藏还可以逐渐解除种子的休眠，为发芽创造条件，所以对一些深度休眠的种子如红松、桧柏、山楂、槭树属种子常采用湿藏法。湿藏期间对环境条件的要求是：①经常保持湿润，以防种子失水干燥。②适度低温，以0～5℃为宜，以防止霉菌活化，抑制种子发芽。③通风良好，使种子周围CO_2及时排除，不断供应新鲜O_2。

湿藏具体方法很多，主要有露天埋藏、室内堆藏和流水贮藏三种方法。

1. 露天埋藏

露天埋藏又称坑藏。在室外选择地势较高、排水良好、背风和管理方便的地方，挖埋藏坑。坑宽 1.0 米,坑长视种子多少灵活掌握,坑深应根据当地气温和地下水位高度而定,原则上为地下水位以上、土壤冻结层以下,一般为 1 米左右。坑挖好后,先在坑底铺一层 10～15 厘米的湿砖、石砾、粗沙,再铺一层湿润细沙,在坑中央每隔 1 米插一束秸秆或带孔的竹筒、木筒之类,使其高出地面 30 厘米左右,以便通气。然后将种子与湿沙按 1∶3 的容积比混合或种沙分层堆放在坑内,一直堆至离坑缘 20～40 厘米为止,上面覆一层湿沙。沙子的湿度控制在饱和含水量的 60%,即以手握成团不滴水、松手触之能散开的程度。坑上覆盖厚度应根据气候条件而定,且随着气候的变冷而逐渐加厚土层,最后使覆盖的土层堆成屋脊形。为防止坑内积水,在坑的周围应挖好排水沟。鼠害严重地区,要注意防鼠害。

露天埋藏要求的条件很简单,无需专门设备,适用于气温较低、降水较少、气候干燥的地区和大量的种子贮藏。但埋藏后不易检查,发现问题难以处理。所以,应用时要注意选地,严格控制贮藏条件,以免种子霉烂和过早发芽。

2. 室内堆藏

选择空气流通、阳光直射不到的房间、地窖、草棚等室内,先在地面上洒一些水,铺一层 10 厘米左右的湿沙,然后将种子与湿沙按 1∶3 的容积比混放或分层放置,堆成 50～80 厘米高的堆,堆宽 1 米,长视室内大小而定,堆中间每隔 1 米插一束秸秆,堆间留出通道,以便通气和检查。

对一些小粒种或种子数量不多时,可把种沙混合物装在箩筐或有孔的木箱中,置于通风的室内,这样便于管理和使用。室内堆藏法适用于气温较高、降水量较大、露天埋藏容易腐烂的地区。

3. 流水贮藏

对大粒种子如核桃、栎类,在有条件地区可以用流水贮藏。选择水面较宽、流水较慢、水深适度、冬天水位较为稳定的小溪小河。地点选好后,在周围用木桩、柳条筑成篱堰,把种子装在箩筐、麻袋内,置于其中贮藏。

第四节 种子的调拨和包装运输

一、种子的调拨

由于林木种子产地分布不均匀,在进行大规模的人工造林时,某些树种的种子需要量很大,必须通过调拨来调剂余缺。在调拨林木种子时,一般应遵循以下原则:

(1)最好使用本地区生产的种子。

(2)本地区种子不足时,可从邻近地区或环境条件相似的地区调进。

(3)树木一般对高温的适应性比对低温的适应性强,对湿度大的适应性比对干旱的适应性强。所以由北向南、由西向东调拨种子的范围可以大一些,反之则小一些。但纬度一般不宜超过4°。

(4)山区调拨种子,要注意因海拔的升高气候条件也明显改变,从高海拔向低海拔调拨种子的范围也大些,反之则小些。

(5)引进外来树种,必须先掌握该树种分布区域自然环境条件,在本地区进行种源试验,待试验成功后,方可大量调进种子。

二、种子的包装和运输

种子的运输实质上是在经常变化的环境条件下的短期贮藏,在运输途中的环境条件难以控制,应根据种子贮藏原理妥善处置。防止种子在运输途中受到暴晒、雨淋、受潮、受压、受冻,从而降低种子生命力。因此,在运输时,做好种子的包装工作非常重要。一般普通干藏的种子,中小粒种子如杉木、马尾松、刺槐等,可直接装入麻袋中运输;适于湿藏的种子,可装在箩筐、木箱中分层放置,中间填充湿苔藓、稻草、锯末等间层物,途中注意通风、保持湿润;如果大量种子,也可以与湿沙、木屑等间层物混合或分层装在车厢里运输;适于密封贮藏的种子,最好装在铝桶内运输;如果短途运输,也可以装在双层聚乙烯袋内。

种子调运时,容器上都应附有种子标签。大量运输时,应有专人管护,运输途中应经常检查,注意通风或保湿,发现问题及时处理。中途停放时,应置于通风阴凉处,种子运到目的地要立即处置。

第四章　森林防沙治沙实用技术

第一节　植物防沙治沙

一、常规固沙造林技术

(一)播种固沙造林技术

直播是用种子作材料,直接播于沙地建立植被的方法。直播技术在干旱风沙区有很多的困难,因而成功的概率相对更低。这是由于:①种子萌发需要足够的水分,但在干沙地通过播种深度调节土壤水分的作用却很小,覆土过深难以出苗,适于出苗的播种深度其沙土极易干燥。②由于播种覆土浅,风蚀沙埋对种子和幼苗的危害比植苗更严重,且播下的一种子也易受鼠虫鸟的危害。然而直播成功的可能性还是存在的,沙漠地区的几百种植物绝大部分是由种子繁殖形成的。一些国家在荒漠、半荒漠地直播燕麦、梭梭成功的事例也不少。我国也有在草原带沙区直播花棒,杨柴、锦鸡儿、沙蒿,在半荒漠地直播沙拐枣、梭梭成功的事例。鸟兽虫病的为害从技术上讲也是可以加以控制的。直播有许多优点,如直播施工远比栽植过程简单,有利于大面积植被建设。直播还省去了繁琐的育苗环节,大大降低了成本;直播苗根系未受损伤,发芽生长开始就在沙地上,不存在缓苗期,适应性强,尤其在自然条件较优越的沙地,直播建设植被是一项成本低、收效大的技术。

1. 植物种的选择

在草原区流动沙丘直播成功的植物种主要是花棒、杨柴、籽蒿等、柠条和沙打旺,虽能播种成功,但需选择较稳定的沙丘部位。在草原区东部或森林草原直播更易成功。在半荒漠地区平缓流沙地播种沙拐枣、籽蒿、花棒也有大面积成功的范例,但在生产上的应用应比较慎重。播种后要注意保护和防治病虫鼠兔害。

2. 播期

就全国范围而言,春、夏、秋、冬都可进行直播,季节限制性比植苗、扦插小。我国西北地区7、8、9三个月的降水集中,风蚀沙埋、鼠兔虫害均较轻,有利于直播出苗,但因播种晚、出苗晚,苗木的当年生长量较小,木质化程度低,次年早春抗风力弱,保苗力差。因此,为延长生长季,应将播期提前至5月下旬至6月上旬,且在有保证播种成功的降雨条件的时期进行。

3.播种方式

播种方式分为条播、穴播、撒播三种。条播按一定方向和距离开沟播种,然后覆土。穴播是按设计的播种点(或行距穴距)挖穴播种覆土。撒播是将种子均匀撒在沙地表面,不覆土(但需自然覆沙)。条播、穴播容易控制密度。由于播后覆土,种子稳定,不会位移,种子应播在湿沙层中。条播播量大于穴播,以后苗木抗风蚀作用也比穴播强。如风蚀严重,可由条播组成带。撒播不覆土,则播后至自然覆沙前在风力作用下,易发生位移,稳定性较差,成效更难控制,在播大、圆、轻的种子时需要大粒化处理。

4.播种深度

播种深度即覆土深度,这是一个非常重要的因素,常因覆土不当导致造林种草失败。一般根据种子大小而定,沙地上播小粒种子,覆土1~2厘米,如沙打旺、沙蒿、梭梭等。播大粒种子应覆土3~5厘米,如花棒、杨柴、柠条等,过深则影响出苗。出苗慢的草树种在沙地上播种是不适宜的。

5.播种量

撒播用种量最多,浪费大。穴播用种量最少,最节省种子。条播用种量居中。但对于直播固沙技术而言,需适当密些,播量要保证。

(二)植苗固沙造林技术

植苗(即栽植)是以苗木为材料进行植被建设的方法。由于苗木种类不同,植苗可分为一般苗木、容器苗、大苗深栽三种方法。此处只讨论一般苗木栽植固沙方法。由于苗木具有完整的根系,有健壮的地上部分,因此适应性和抗性较强,是沙地植被建设应用最广泛的方法。但从播种育苗、起苗、假植、运输到栽植,工序多,苗根易受损伤或劈裂,也易风吹日晒使苗木特别是根系失水,栽植后需较长缓苗期,各道工序质量也不易控制,大面积造林更为严重。常常影响成活率、保存率、生长量。因此,要十分重视植苗固沙造林的技术质量要求。

苗木的选择与保护苗木的质量是直接影响成活率的重要因素,必须选用健壮苗木。一般固沙多用1年生苗。苗木必须达到标准规格,保证一定根长(灌木30~50厘米)、地径、地上高度,根系无损伤、劈裂,过长、损伤部分要修剪。不合格的小苗、病虫苗、残废苗坚决不能用来造林。

从起苗到定植前要做好苗木保护。起苗时要尽量减少根系损伤。因此,起苗前

1～2 天要灌透水，使苗木吸足水分，软化根系土壤，以利起苗。起苗必须按操作规程，保证苗根有一定长度。机器起苗质量较有保证。沙地灌木根系不易切断，必须小心操作，防止根系劈裂。要边起苗边拣、边分级，立即假植，去掉不合格苗木，妥善地包装运输，保持苗根湿润。

苗木补定植与管理将健壮苗木根系舒展地植于湿润沙层内，使根系与沙土紧密结合，以利水分吸收，迅速恢复生活力。

一般多用穴植，要根据苗木大小确定栽植穴规格，能使根系舒展不致卷曲，并能伸进双脚周转踏实。穴的直径一般不小于 40 厘米。穴的深度直接影响水分状况，我国半荒漠及干草原沙区，40 厘米以下为稳定湿沙层，几乎不受蒸发影响。因此，穴深要大于 40 厘米。

对于紧实沙地，加大整地规格对苗木成活和生长发育大有好处。

定植前苗木要假植好。栽植时最好将假植苗放入盛水容器内，随栽随取，以保持苗根湿润。取出的苗木置于穴中心，理顺根系后填入湿沙，至坑深一半时，将苗木向上略提至要求深度(根茎应低于干沙表层 5 厘米以下)，用脚踏实，再填湿沙，至坑满，再踏实(如有灌水条件，此时应灌水，水渗完后)，覆一层干沙，以减少水分蒸发。如沙地疏松，水分条件较好，栽植侧根较少的直根性苗木时，也可用缝植法。操作时用长锹先扒去干沙层，将锹垂直插入沙层深约 50 厘米，再前后推拉形成口宽 15 厘米以上的裂缝，将苗木放入缝中，向上提至要求深度，再在距缝约 10 厘米处，插入直锹至同一深度，先拉后推将植苗缝隙挤实、踏平，该法造林工作效率较高。

植苗季节以春季为好，通常是在 3 月中旬至 4 月下旬。如需延期栽植，需对苗木进行特殊的抑制发芽处理，如假植于阴面沙层中或贮于冷窑内。

秋季也是植苗主要季节。此时气温下降，植物进入休眠状态，但根系还可生长，沙层水分较充足稳定，利于苗水恢复吸水，次年春季生根发芽早。有时为避免冬春大风抽干、茎干受害，也可截干栽植，留干长度可在地面上 5～20 厘米。

在草原一定流沙地湿度条件下，采用适当深植、合理密植的方法，争取造林后 1～2 年就接近郁闭，可不扎沙障。如密植密度接近于沙障，一般深度也能成活，且栽后就能起到防风积沙作用。

实践证明，栽植固沙成功的植物种有沙蒿、紫穗槐、花棒、杨柴。

(三)扦插固沙造林技术

1. 插条(穗)的选择与处理

从生长健壮无病虫害的优良母树上，选 1～3 年生枝条，插条长 40～80 厘米，粗

1～2 厘米，条件好用短插条，条件差用长插条；插条于生长季结束到次年春天树液流动前选割。用快刀一次割下，上端剪齐平，下端马蹄形，切口要光滑。立即扦插效果较好(但紫穗槐条以冬埋保存者为好)，插条采下后浸水数日再扦插有利于提高成活率。若插穗需较长时间存放，可用湿沙埋藏，用激素(ABT 等)进行催根处理可加速生根，提高成活率，促进嫩枝生长。

2. 常用扦插造林方法

一般在春秋两季扦插，多用倒坑栽植，随挖穴随放入插条(勿倒放)，后挖取第二坑湿沙填入前坑内，分层踏实。再将第三坑湿沙填入第二坑，如此效率较高。插深多与地面平，沙层水分较差及秋插低于地表 3～5 厘米。

(1)背风坡高干造林

流动沙丘背风坡主要特点是沙埋，一般认为此处不能造林。内蒙古鄂尔多斯市乌审旗谷起详成功地创造了背风坡高干造林方法。在草原地带地下水 20 米以上的流动沙丘地上造林，固定了大面积流沙。

具体方法是：

一是插干选择与处理。清明前选 3～4 年生，粗 4～6 厘米旱柳枝条，截成 0.2～0.5 米长插干(长度取决于沙丘高度，以造林后不过度沙埋为宜)。将插干底部浸在水中，到清明后天气变暖，水温升高，再全部浸入水中 10～15 天，到谷雨将插干取出栽植。此时已充分吸水，愈合组织已形成，表皮泡软，芽苞萌动，栽后易生根发芽。

二是栽植部位与栽植技术。栽植部位选在落沙坡与丘间地交界处，此处有沙埋条件，保水力较强，肥力较高，少有杂草竞争水分。造林时随整地随栽植。整地时先将干沙层除去，再挖穴深 1～1.5 米，穴口径 0.5～0.6 米，将插干放入，填湿沙砸实，株距 2～3 米，过 1～2 年沙丘向前移动，在新的落沙坡脚再进行高干造林。

因干长不怕风蚀、沙埋、干旱，成活率高达 90%以上，且收益快。

此法缺点是：因迎风坡未采取措施，虽成林但流沙未能完全固定；挖深坑太费工；大面积造林苗水来源困难等。

改进方法是：落沙坡脚造林同时在迎风坡下部种草栽灌固沙；挖穴应尽快实现机械化，采用挖穴机，以节省劳力和降低劳动强度；除用旱柳高干外，还可用杨树(河北杨、小叶杨等)大苗造林，以扩大苗木来源。杨树在迎风坡造林时易长成小老树，在背风坡造林能成材，其中以群众杨、合作杨生长最好。

因草原带落沙坡脚有独特小气候条件，水肥、温度条件相对较好，高干林的高、粗生长都大于一般沙地；根幅比一般沙地大 1 倍，根长大 7 倍。生根发芽先后也不同，高干造林先生根后发芽，一般造林先发芽后生根。

(2)钻孔深栽造林

这几年试验证明，在地下水1～3米条件下(水质含盐1.1克/升以下)，杨树长插干深栽成活率达90%以上，节省了平地、打井、修渠等投资44%～70%。

(3)大苗深栽与长插条深插

长期以来，人们一直在探索提高造林成活率和降低成本及有效固定流动沙丘的固沙技术，因为在流沙上造林，环境因素等的不利影响(沙土水分不足、风蚀、过度沙埋等)难以消除。要消除风蚀，就要配合沙障保护，而沙障的设置是一项十分繁重而昂贵的工作，其费用要比苗木高得多。而沙障仅解决风蚀问题，对沙地水分不足仍无能为力。在这方面大苗深栽与长条深插取得了较好的成绩。长条深插是针对流沙的流动性和干旱的两个主要限制因子而设计的固沙造林方法。

应用此法应选择生长迅速，丛生性强，萌发不定根能力强的植物种，如杨、柳，刺槐、黄柳、沙柳、柽柳等。

大苗深植、长条深插的技术规格：因不同国家、不同地区具体条件及造林目的、要求和方法不同，技术规格差异很大。总的来看，苗高1～4米，条长在0.7～2米或更长，植深在0.5～2.0米或更深。

(四)常用固沙造林配置方式

1. 前挡后拉造林法

陕北群众在流动沙丘湿润丘间地背风坡前面营造乔木林或乔灌混交林，同时在沙丘迎风坡下部造灌木林。乔木林或乔灌混交林长成后可起挡沙作用，阻止沙丘前进；乔木林则起削弱沙丘流动作用。用此方法，丘顶可被逐步削平，为以后全面造林创造条件。

2. 撵沙腾地造林法

内蒙古巴彦淖尔市杭锦后旗治沙劳模牛二旦在荒漠、荒漠草原流动沙丘丘间地比较湿润的条件下，人工促进迎风坡风蚀，从而扩大丘间地造林面积，并在吹蚀下方造林，使沙子堆积在林内，用沙埋促进林木生长。经沙埋的树木有的树高生长量可达同龄林的5倍，堆积的沙子还可保墒，防止次生盐渍化。这种造林法被概括为“撵沙腾地，腾地造林，引沙入林，以林固沙”。

陕北也有类似撵沙腾地的方法，叫双固双放造林法。具体做法是：在一排排沙丘中把前后两排沙丘固定，中间沙丘用以清除植被，大风时用人工扬沙等方法促进沙丘移动，使沙粒堆积在前面固定沙丘上，中间的沙丘则逐渐变成宽阔而较平坦的沙地，以作农田、果园之用。

某治沙站在丘间地为浅色草甸土，水分、养分条件较好，但草根盘结不利于林木生长的流动沙丘区，选择迎风坡脚覆沙1米处等高造林，此处既有薄层覆沙，又接近下层土壤及地下水，有利于林木生长，造林穴距1米，穴深90厘米，口径30厘米，每穴栽带枝沙柳4株(每穴1株)，然后把地面10厘米以上枝条剪下均匀放在栽植行内，起临时防蚀作用。这样，往往可形成25～30厘米细沙积成的沙埂，既保护林木不风蚀又促进其生长。沙柳长成后可拦截风沙流中的沙子。在正常情况下，5～6米高沙丘可移动8米，在沙柳行前形成8米宽平坦浅凹地，次年在新的迎风坡脚再栽沙柳。如此逐年推进，3～4次可把沙丘拉平。

3. 沙湾造林

沙湾即流动沙丘的丘间低地，一般水土条件比沙丘优越，风蚀轻，可不必设置沙障而直接造林治沙。沙湾造林是利用丘间低地人工林促进风力拉削沙丘，导沙入林，第二年再在沙丘前移后新出现的丘间地(群众叫退沙畔)，逐年追击造林，把流动沙丘逐渐消灭在林内，沙丘变成起伏不大的波状沙地。沙湾造林，在靠沙丘背风坡的丘间地应留出一段空地，其宽度根据沙丘高低和沙丘年前移动速度以及林木生长快慢来测算。如鄂尔多斯市地区高3米以下的沙丘移动快，春季造林留出6～7米，秋季造林留出10～11米。3～7米高的中型沙丘，春季造林留出3～4米，秋季造林留出7～8米。乔、灌、草结合，是沙湾造林长期实践得出的可贵经验。鄂尔多斯市鄂托克旗羊城大队的做法是：距沙丘背风坡脚留出沙压带3～5米后，开始插若干行沙柳，在下风侧再栽几行乔木，林下种苜蓿，次年在沙丘前移退出的退沙畔再造乔、灌木林和种牧草。这样连续造林种草3～4次，就可将沙丘拉平。对一个流动沙丘来说，前后的丘间低地都造林后，也就形成了“前挡后拉”的固沙造林局面。

4. 逐步推进

某沙区在治理6～7米以下的沙丘时，先在迎风坡2/3～3/4以下坡面上设置黏土沙障，在障内营造梭梭等固沙林，这部分沙丘固定(固身)，而上部丘顶流沙经风吹向背风坡脚，下削变低而平缓(削顶)。在治理高8～9米以上的沙丘时，多采用在沙丘下部进行截腰分段、分期固沙造林，把沙丘化大为小，变高为低，成为起伏不太大的固定沙地。首先在沙层水分条件较好的迎风坡下部设机械沙障(黏土沙障)，障内造灌木林(梭梭、沙拐枣等)，上部沙丘吹蚀前移，逐渐演变成另一沙丘形态。用前法逐步推进3～4次，即可把沙丘完全固定。

5.2行1带造林法

近年来，一些林业工作者，在生产实践中采用“2行1带”沙地造林法，在促进林木生长方面取得了良好效果。

具体做法是：在较好的沙地条件下（平坦、细粉沙土）采用株距2米，行距2米，2行1带，带距10～25米，用抗旱造林法营造速生树种（杨树为主）。特点是1带只有2行，带距较大，通风透光条件良好，也有利于吸收水肥。每行树木都能充分发挥边行优势，因而树木生长较迅速，生物量比对照高15%以上。不同带距比较，以25米带距较理想。林带间可以根据实际需要和具体条件，发展灌、草、作物、药材等，若将带距再适当加大，则可建成林、农、牧、果复合系统，可发展多项生产，发展生态农业，取得良好的生态与经济效益，是一个较好的沙地造林模式。

二、飞播、喷播、容器苗固沙造林法

(一)飞播固沙造林技术

1.播区选择

在风沙区采用飞播固沙，播区立地条件的选择直接关系着飞播植物种的选择和成效的高低。为解决此问题，人们对飞播过的沙地类型进行了调查研究，归纳起来大体分为三种类型。第一种类型：新月形沙丘（链）矮小疏松，沙丘密度较小（0.5～0.7），丘间地大而宽广，地下水位深0.5～3米，植被覆盖度7%～10%；第二种类型：新月形沙丘（链）沙丘较高，沙丘密度0.8以上，丘间地较小，地下水位深3～5米，植被覆盖度3%。第一、二种类型，飞播时只要采取综合技术措施，当年有苗面积率可达76.3%～83.1%，在混播中花棒有苗面积率为58.7%，踏郎为46.1%。第三种类型：格状流动沙丘较高大，沙丘密度大于0.8，丘间地较小，地下水位深，飞播踏郎、白沙蒿或混播草木犀、柠条，当年飞播成效率可达到40.1%～50.0%，第5年保存面积率下降为6.5%～15.3%，天然植物和飞播植物更新苗极少。由此可见，选好飞播立地条件是提高飞播成效的重要因素。

2.飞播固沙

植物种的选择在流沙地区飞播要选择抗风蚀、耐沙埋、生长迅速、自然繁殖能力强而且要求具有较高经济价值的植物种，且以混播为佳。

在榆林沙区试播过的植物种有杨柴、花棒、籽蒿、油蒿、小叶锦鸡儿、沙打旺、沙棘、沙枣、紫穗槐、绵蓬、沙米11种，其中一年生草本沙米在混播时使用。作为保护其他主要植物种。通过5年试验选出杨柴和花棒两种固沙最好的灌木。

鄂尔多斯市飞播试验，得出的适宜植物种有：杨柴、花棒、籽蒿、柠条、沙打旺、草木犀和紫穗槐。在荒漠草原试验成功的植物种还有内蒙古沙拐枣。

总的来说，飞播适宜的植物种有杨柴、花棒、籽蒿、沙拐枣、柠条、沙棘、胡枝子、梭梭、苦豆子、沙打旺、草木犀、樟子松等，各地可灵活应用。

3.播期选择

播种期的选择与成苗的关系十分密切。在考虑播后种子发芽条件的前提下，要尽量躲过鼠、虫为害的盛期，更好地利用生长季来培植健壮的植株。就花棒种子发芽出苗所需的温度来看，5月上旬地表温度16.1℃的条件下种子开始发芽，但种子萌发缓慢，播种后种子易遭鼠害，出苗少，出苗后又值金龟子为害盛期，因而这一期间播种，不如5月下旬及6月上旬播种的成效好。

成苗的关键是水，5月份初夏期间，正值旱季，种子播后得不到发芽所需的水分条件，不易发芽，出苗后又不能得到持续性的降水条件，幼苗往往干旱枯萎死亡。此外，种子播后，还需要有自然覆沙保墒的条件。从自然覆沙的作用来看，东南风覆沙的面积率大，特别是在流动沙丘的迎风坡。5月份初夏期西北风吹蚀强烈，至6月上旬，雨季来临前，东南风频，西北风减弱，经过几次风向变换之后，飞播在沙丘迎风坡上的种子，大部分都可得到覆沙。在种子自然覆沙后，雨季来临，遇有几次小雨或一次中雨，均有利于发芽。如遇20毫米以上大雨，幼苗能一次出齐。出土幼苗在雨季中，常间歇性的有雨水补给，能保证苗木的顺利生长。

因此，从几年的试验实践看，我国沙区飞机播种期应选在夏秋雨季来临前，于季风换向期间，以榆林地区及鄂尔多斯市为例，以5月下旬至6月上、中旬这一期间的飞播成效较好。而精河沙区以1～2月为佳。

4.播种量的确定

播量大小影响造林密度、郁闭时期、林分质量、防护效益，其在一定程度上决定着飞播成败。对流沙飞播来说，第一年幼苗密度影响到能否削弱风力、减轻风蚀，最终影响飞播成败。每种飞播植物当年生长季末都要达到一定高度和冠幅，要使沙丘由风蚀转变为沙埋，还要求苗木有一定密度。根据实际调查资料，花棒一年生幼苗1平方米需要20株、杨柴16株，可抵抗风蚀。根据这一密度并参考其他因素合理确定播量是沙地飞播成功的关键因素之一。单位面积播种量，除必须的幼苗密度外，还需考虑种子纯度、千粒重、发芽率，苗水保存率和鼠、虫害损失率等。

近年，由于飞播技术的不断改进，播量不断下降，花棒、杨柴播量降到6.75千克/公顷，沙蒿原播量7.5千克/公顷，降到4.5千克/公顷。大大节省了种子用量，或者说同样的种子量大大地扩大了播种面积,降低了飞播成本。实践证明,混播效果优于单播,有更好的群体固沙效果。如能使沙生先锋植物与后期耐旱植物混播成功,固沙效果会更稳定。

5.种子处理

花棒种子圆球形,荚果外表具绒毛,种子轻而粒大,遇风易滚动,如不加处理,飞播后种子易形成几粒或数十粒聚积成堆,分布不均匀。为解决飞播花棒种子的位移问题,在种子外面裹上黄土,制成比种子重4～5倍的大粒化种子丸,可保证飞播种子分布的均匀度,提高飞播得苗的面积率。试验:采用白沙蒿种子加50倍水制成沙蒿胶,用花棒种子,蘸上胶液,以2倍于花棒种子重的黄土包裹于种子外面,这样制成增重2倍的大粒化种子,且土壳牢固。试验证实,这样的大粒种子可用于飞播,基本上能消除播种后的种子位移问题。

另一种方法是胶化处理。胶化种子播后能防止位移,除了本身的重力作用外,更重要的作用是其表面粗糙度大,种子表面所黏合的沙粒与地表面沙粒相互嵌合,摩擦力增大,遇风不易移动。胶化处理的具体方法可以参考其他相关书籍。

此外,有些种子需要脱壳、脱芒、脱蜡处理,以利发芽和飞播。

6.规划设计、作业

在播种前一年,应在拟进行飞播的地区做好调查规划和设计工作,掌握沙区的沙丘类型、走向、原有植被种类和覆盖度、沙地土壤水分条件等因子,研究考虑飞机播种固沙可能取得的效率,从而确定具体的飞播范围,然后进行测量,规划出接近于平行主风方向的飞播带,埋设入航、出航的标桩,绘制飞播作业图(1/10000)和播区位置图(1/200000),提出设计说明书。具体的作业要与飞机的型号以及其他参数相结合才能实施。

7.鼠、兔、虫害防治

飞播花棒、杨柴等豆科种子,播后极易遭鼠害,受害率可达13.6%～64.2%,种子发芽出土后,又易遭黑色无翘金龟子的为害,受害率占出苗面积的26.8%～64.7%。金龟子成虫为害幼苗的嫩芽,幼虫在地下伤害根皮,影响植株的发芽和生长,甚至造成其死亡。兔害发生在当年结冻以前及翌春解冻前,常常成片的咬断风蚀裸根的幼株,受害率可达17.7%～31.9%。

防鼠害可用内吸性氟乙酰胺0.1%～0.2%的药液,浸种做毒饵,播前数日施放,毒杀播区害鼠。防治兔害可采用胡萝卜丝,拌以氟乙酰或磷化锌,做成毒饵施放。

8.播区的封禁管理措施

飞播后，播区要严加封禁管理，禁止牲畜放牧践踏，防止发生啃食飞播的幼苗和天然植被，杜绝樵采、割草、挖根等破坏沙地植被现象。可设专门的管护人员经常巡查，特别是播后的3～5年内，尤需严格封禁。封禁后不但使飞播的幼苗受到保护，促进其成活生长，达到逐步扩大繁殖的目的，而且使原有自然植被得到恢复和发展。据调查，在原以油蒿、籽蒿和沙竹为主、覆盖度1%～3.5%的流动沙地，封禁3年后，第一二年原有植物的覆盖度每年增加1.4%，第三年增加2%。

(二)喷播固沙技术

液体喷播固沙技术是适合于干旱、半干旱地区对已受损生态环境恢复的一项绿化技术。喷播材料主要由城市垃圾、石膏和高技术的保水剂、生长剂及黏合剂组成。喷播固沙技术是化学固沙技术的延伸，和植物种子伴同使用。同时喷播固沙技术解决了立即固沙与快速绿化之间的生态矛盾。

液体喷播固沙技术目前多应用于道路沿线的绿化、美化；同时与防风固沙技术相结合，对我国道路建设和沙区生态环境建设产生影响。

(三)容器苗固沙造林技术

1.容器育苗的应用条件

容器育苗即用能够盛装营养土的容器进行育苗，所使用的容器有营养杯、营养袋等。容器育苗克服了从起苗到移栽过程中的苗根裸露和失水太多的缺点，因而育苗周期短，苗木质量和移栽成活率高。为干旱、瘠薄地区育苗带来了可能。适宜容器育苗的树种主要是针叶树种、栽植较难成活的树种和种源欠缺的树种等。适宜采用容器育苗造林的地区主要在生长期较短的寒冷、干旱地区，以及瘠薄的石质山地和不便整地的地方。

2.容器育苗的技术要点

选择容器：根据树种特性和材料来源选择容器。容器制作所用的材料有黏土、泥炭、纸、纸浆、塑料等。容器规格常用高和直径表示，塑料容器可达20厘米×12厘米，要根据苗木种类、速生性、根系生长特点及培育时间加以选择，要适合苗木生长，又不要占地太多。即在保证苗木生长的前提下，尽量用较小的规格，一般用(8～20厘米)×(4～12厘米)。如培育针叶树苗木，2～3个月生长期选用10厘米×6厘米左右的容器，若培育阔叶树苗木则规格可适当加大，可用15厘米×10厘米左右的容器。

配制营养土与施肥：容器育苗一般以泥炭和蛭石的混合物配制营养土，高质量的营养土应具备保水、通气好、无病虫、不易板结和营养丰富等特点。培养基质以泥炭和蛭石的混合物为最好，也可以用珍珠岩、表土和堆肥等材料。蛭石和泥炭混合体积比为1∶1、2∶3或1∶3，再加适量腐熟堆肥和矿物质肥。也可以用表土、泥炭和蛭石按2∶1∶1的比例配制。

营养土的酸碱度标准，针叶树pH值一般为4.5～5.5，阔叶树一般为5.7～6.5。对于容器育苗，追肥量和氮、磷、钾配比对苗木的影响很大。

育苗前的准备工作：首先应当选择无病虫害、交通方便的地块进行育苗。营养土混匀后，堆放3～5天再装入容器中。容器摆放分上床和下床两种。上床：土地整平，铺2～3厘米粗沙，防止幼苗根系进入土中。适宜地势低洼、温度低的地方。下床：苗床为低床，整平后摆放容器，保墒效果好，适宜土壤干燥又不能引水灌溉的地方采用。

播种和扦插：容器灌水后，将经过适当处理和催芽的种子播入容器，一般每个容器3～8粒。播后覆细土，再盖一层细沙，覆土比一般苗圃要薄，不超过1厘米。若扦插育苗，应将处理后的插穗插入容器，将容器紧密排列在育苗地中。

容器苗的管理：播种后，可以用草或塑料薄膜覆盖，防止水分蒸发。容器育苗要经常灌溉，保持湿润。追肥常结合灌水同时进行，根外追肥效果较好。每隔15～20天喷0.2%的尿素或过磷酸钾、过磷酸钙等。每个容器只留一棵苗，将多余的幼苗间去。病虫害的防治同一般育苗。

近年育苗容器多用黑塑料袋、硬塑料容器。一般容器规格多为高12～20厘米，粗5～9厘米，育苗材料多用消毒腐殖土和有机肥。对付恶劣环境，容器苗规格应比常规苗大些，小苗造林容易失败。单株苗木干重应在500毫克以上，必须形成发达根系并完全木质化。

三、沙区防护林建设

(一)绿洲防护体系

1.固草固沙沉沙带

该部分为绿洲最外防线，它接壤沙漠戈壁，地表疏松，处于风蚀风积都很严重的生态脆弱带。为制止就地起沙和拦截外来流沙，需建立宽阔的抗风蚀、耐干旱的灌草带。其方法一是靠自然繁生；二是靠人工养；实际上常是二者兼而有之。某市利用冬闲水灌溉和人工补播栽植形成灌草带，莫索湾150团封禁了3000米被破坏的梭梭林地促其幼林恢复。灌草带必须占有一定空间范围，有一定的高度和盖度才能发挥固沙防蚀、削弱风速的作用。其必需一定的宽度，在有条件时，越宽越好，至少不应少于200米，防护需要与实际条件相结合。灌草带形成后，一般都有很好的生态效益及一定的经济效益，但利用时要格外慎重，不能影响防护作用及正常更新。

2. 防风阻沙带

它是第二道防线，位于灌草带和农田之间，其作用是继续削弱越过灌草带的风速，沉降风沙流中剩余沙粒，进一步减轻风沙危害。此带因条件不同差异很大，勿要强求统一模式。

在不需要灌溉的地方，当沙丘带与农田之间有广阔低洼荒滩地，可大面积造林时，应用乔灌结合，多树种混交，形成实际上的紧密结构。大沙漠边缘、低矮稀疏沙丘区以选用耐沙埋的灌木为主，其他地方以乔木为主。沙丘前移，林带难免遭受沙埋，因此要选用生长快、耐沙埋树种（小叶杨、旱柳、黄柳、柽柳等），生长慢的树种不宜采用。为防止背风坡脚造林受到过度沙埋，应留出一定宽度的安全距离。

营造多带式林带，带宽不必严格限制，带间应育草固沙。在必须灌溉时，因水分限制，林带都较窄，20 米左右即可，只有在外缘沙源丰富，风沙危害严重的地带才营造多带式窄带防沙林。其迎风面要选用枝叶茂盛、抗性强的树种。后面则高矮搭配。

如果第一道防线作用很强，第二道防线则以防风为主。第一道防线近期防护效果差，第二道防线则需有较大宽度，乔灌混交，紧密结构。如林内积沙，要清除出去铺撒在背风面。

3. 绿洲内部农田林网

它是干旱绿洲第三道防线，位于绿洲内部，在绿洲内部建成纵横交错的防护林网络。其目的是改善绿洲近地层小气候条件，形成有利于作物生长发育、提高作物产量质量的生态环境，这些和一般农田防护林的作用是相同的。不同的是它还要控制绿洲内部土地在大风时不会起沙。绿洲农田防护林的营造技术，详见风沙区农田防护林部分。

(二)沙区农田防护林网

沙地农田因干旱多风，土地易风蚀沙化，即使灌溉，也难以高产。营造农田林网对制止风蚀，保护农业生产有重要意义，是沙区农田建设的基本内容。

沙区护田林除一般护田林作用外，最重要的任务是控制土壤风蚀，保证地表不起沙。这主要取决于主林带间距，即有效防护距离。该范围内大风时风速应减到起沙风速以下。因自然条件和经营条件不同，主带距差异很大，根据不起沙的要求和实际观测，主带距大致为 15～20 米。林带结构对防护作用有重要影响。乔灌混交或密度大时，透风系数小，林网中农田会积沙，形成驴槽地，极不便于耕作。而没有下木和灌木，透风系数 0.6～0.7 的透风结构林带却无风蚀和积沙，为最适结构。

林带宽度影响林带结构，过宽必紧密。按透风结构要求不需过宽。小网格窄林带防护效果好，有3～6行乔木，5～15米宽就合适。常说的"一路两沟四行树"就是常用格式。半湿润地区降雨较多，条件较好，可以乔木为主，主带距300米左右。半干旱地区沙地农田分布广，条件差，以雨养旱作为主，本区南侧多农田，北侧多草原，中部为农牧交错区。东部地区条件稍好，西部地区为旱作边缘，条件很差，沙化最严重。沙质草原一般不风蚀，但大面积开垦旱作，风蚀发展，极需林带保护。因条件差，林带建设要困难得多。东部树木尚能生长，高可达10米，主带距150～200米；西部广大旱作区除条件较好地段可造乔木林，其他地区以耐旱灌木为主，主带距仅50米左右。

干旱地区农田林网多为半荒漠、荒漠绿洲，因条件更严酷，成为灌溉农区。由于此区有灌溉条件，林带营造技术较容易。但本区风沙危害多，采用小网格窄林带。北疆主带距170～250米，副带距1000米；南疆风沙大，用250米×500米网格；风沙前沿用(120～150)米×500米的网格，可选树种也多，以乔木为主。

(三)沙区牧场防护林体系

1.护牧林营造技术

树种选择可与农田林网一致，但要注意其饲用价值，东部以乔为主，西部以灌为主。主带距取决于风沙危害程度。不严重者可以25米为最大防护距离。严重者主带距可为15米，病幼母畜放牧地可为10米。副带距根据实际情况而定，一般400～800米，割草地不设副带。灌木带主带距50米左右。林带主带宽10～20米，副带7～10米，考虑草原地广林少，干旱多风，为形成森林环境，林带可宽些，东部林带6～8行，乔木4～6行，每边一行灌木。呈疏透结构，或无灌木的透风结构。生物围栏要呈紧密结构。造林密度取决于水分条件，条件好可密些，否则要稀些。西部干旱区林带不能郁闭。

2.造林技术

草原造林必须整地。为防风蚀可带状、穴状整地。整地带宽1.2～1.5米，保留带依行距而定。钙积层要打破。整地必须在雨季前，以便尽可能积蓄水分。造林在秋季或次年春季进行。开沟造林效果好，先用开沟犁开沟，沟底挖穴。用2～4年大苗造林，三年保护，旱时尽可能灌水，夏天除草、中耕蓄水。灌木要适时平茬复壮。在网眼条件好地方，可营造绿伞片林，既为饲料林，又作避寒暑风雪的场所。有流动沙丘存在时要造固沙林，以后为饲料林。在畜舍、饮水点、过夜处等沙化重点场所，应根据畜种、数量、遮阴系数营造乔木片林保护环境。饲料林可提高抗灾能力，提高生产稳定性，应特别重视。在家畜转场途中适当地点营造多种形式林带，提供保护与饲料补充。

牧区其他林种如薪炭林、用材林、苗圃、果园、居民点绿化等都应合理安排,纳入防护林体系之内。实际中常一林多用,但必须做好管护工作。

为根治草场沙化还应采取其他措施,如封育沙化草场,补播优良牧草,建设饲料基地。转变落后经营思想,确定合理载畜量,缩短存栏周期,提高商品率,实行划区轮牧,都是同样重要的。

(四)沙区道路防护林

1.风沙危害

风沙区的道路破坏主要表现在:一是风沙破坏道路路基;二是埋压道路,因而由于沙子堆积或沙丘不断移动,阻断交通,道路往往被迫改道。

2.无风沙危害地段防护林营造技术

无风沙危害地段主要位于草原沙区,该地区条件稍好,降雨 250~500 毫米,有植物生长条件,以植物固沙为主、机械固沙为辅。防护带宽度取决于风沙危害程度。防护重点在迎风面。一般以多带式组成防护体系。带宽在 20 米左右,带距 15 米左右。带内要除草,带间要育草,林带外缘留一定宽度育草固沙。林带要有专人保护,严防人畜破坏。树种,在东部应当乔灌结合,西部应选用耐旱灌木,条件差的立地,初期可设置平铺式、半隐蔽式、立式、立秆草把沙障保护苗木,以后不需再设沙障。

3.严重沙害地段防护林营造技术

严重沙害地段主要集中在半荒漠沙区和荒漠沙区,大部分沙区道路分布在这两个地区,年均降水量不足 200 毫米,蒸发量 3000 毫米以上,沙丘高大,地下水位深,条件严酷。该区造林多在春秋两季进行,秋季为主,方法多为植苗造林;黄柳、沙柳用扦插;油蒿可于雨季撒播。直播因限制因子太多,生产上很少采用。造林设置以下几个带:①灌溉造林带;②草障植物带;③前沿阻沙带;④封沙育草带。

4.线路防护措施

路基防护:路基的防护工作量大,面宽线长,采用哪种方法,要看沿线防护材料的供应情况,因地制宜、就地取材、因害设防。

路基两侧综合防治:为了保证道路路基免受沙埋,要在其两侧一定的范围内(如 100~200 米或更远范围内)进行防护。防护方法采取因地制宜、因害设防,铺设整平带,设浅槽与风力堤输沙,工程固沙和植物固沙相结合的措施。

在道路的两侧营造防护林带或片状固沙林,这是防治公路风沙危害的最根本的一种措施,也是改善道路穿过区环境的根本性手段。

(五)体系构成沿海防护林体系

1. 消浪林

消浪林是在潮间带式潮上带的盐渍滩涂上造林种草，以消浪、健淤、造陆和护堤为目的的一个特殊林种。适宜在盐渍滩涂上生长的耐盐、耐湿、耐瘠薄的树种或草木，可用于营造消浪林。消浪林的宽度一般均在数百米至千余米以上。具体宽度根据海岸线以下适宜造林植草的宽度和消浪护堤的需要而定。典型设计是自海堤向海营造 2 条以上，宽 50～150 米的柽柳林带，带间距 100～200 米，带间分布白茅、芦苇、芒、大穗结缕草等自生群落或人工导入大米草人工群落。

2. 沙质海岸防护林带

沙质海岸防护林带建设目的是防风固沙、防止海风长驱直入并阻隔沉沙移动。为防止风沙危害，营造成单条林带，宽度一般要求在 50 米以上。营造成 2 条以上林带，防护效果更佳，第一条林带要求 30 米以上，第二、三条林带宽 10～20 米，带间距 100～150 米较适宜。树种选择木麻黄、相思树等。

3. 淤泥海岸防护林带

淤泥海岸在其淡水资源较好的地区，通过人工围堤以及淋盐养淡，大多已垦殖利用，成为农耕区，海岸林带建设可以同农田防护林建设结合起来规划。海岸林带一般均沿海堤规划带宽 100 米左右便可。

第二节　沙地造林种草技术

一、沙地造林技术

(一)沙地乔木造林技术

1. 胡杨

(1)适栽范围

中国北方沙地、盐碱地。胡杨别名异叶杨，属杨柳科落叶乔木，胡杨耐盐，幼龄只能生长在土壤盐量为 0.10%～4.5%的弱、中性盐渍土上。随着年龄的增长，可生长在土壤含盐量 50%的特强盐渍化土上，抗风力强，耐沙埋，萌生根蘖力极强，水平根系特发达，单株即可延伸成片林。

(2)育苗、造林技术

育苗：胡杨 4～5 月花开，6～8 月果熟。种子千粒重 0.08～0.203 克。种子粒小，采种后最初 3～5 天发芽率在 90%以上，一个月后降至 10%以下，甚至完全丧失发芽力。胡杨扦插生根率低,常用种子繁殖,播种量0.5千克/亩。一般下种于河流水线附近及低湿地。胡杨采种后应抢播,3～5天即可出苗,晚播种种子成熟也晚,当年苗不过1厘米,越冬困难。为此,改冬播为翌年春播,进行隔年贮藏处理,胡杨种子与豌豆种子(占胡杨重量的14%)及氯化钙(占胡杨重量的2%)混合,瓶装密封,贮于两米深坑中或水井内,翌年5月可保持原发芽率的95%。胡杨春播育当年苗高1米,基径0.6～0.8厘米,即可出圃造林。胡杨育苗用排水良好的沙壤土条播或撒播,覆以沙土,深度以似见非见种子为宜,最深不过2厘米。播种10天内每天浅灌一次,保证湿润的床面以利于发芽。由于胡杨营养繁殖能力强,能从根部不定芽萌发根蘖形成新株,所以胡杨也可以采用根蘖法繁殖。采用断根的方法,促进根系产生根蘖苗。

造林技术:轻盐碱地,在水分充足的条件下,可采用直播造林。直播造林方法与垄床育苗方法相同。造林当年秋季落叶后或翌年春天萌芽前,按1米×1米的株行距选留壮苗。幼林生长3～5年后,进行间伐。干旱、盐碱和杂草多的造林地,多用植苗造林。常用沟植和穴植法春季造林,造林密度以株行距1米×(1.5～2)米为宜,造林后经常浇水是保证成活的关键。据新疆林业科学研究所的调查材料表明,胡杨、柽柳混交林,可以减轻土壤盐碱程度,增强胡杨的适应能力。

2.沙枣

(1)适栽范围

中国北方干旱区、荒漠和半荒漠地带。沙枣又名桂香柳、银柳,胡颓子科,胡颓子属落叶小灌木。高7米,幼枝银白色。果实椭圆形,黄色,约1厘米左右,外被黄色或银白色鳞斑。沙枣主要分布在我国西北地区和内蒙古,东北地区也有记载,河南、晋西北也引种栽培。垂直分布在海拔1500米的地带。

(2)育苗、造林技术

育苗:沙枣种子于9月中旬至10月中旬成熟。沙枣成熟后可碾去果肉,将种子洗净晒干,贮藏备用。种子在干燥通风的室内堆藏,堆层厚度不超过1米,贮藏良好的种子,5～6年后发芽率仍可达60%以上。沙枣种皮坚硬,发芽困难,播种前必须催芽,常用层积催芽法,如迫近播种期,可用70℃的温水浸种三昼夜,每日换水一次,然后与湿沙混合放于室内催芽。沙枣以种子繁殖为主,湿润地区亦可以扦插。沙枣种子千粒重250～380克,出芽率为46%～57%,种子应在干燥通风的室内贮藏。春季播种时,种子需要经催芽处理。育沙枣苗也可在秋季播种。秋季播种减少催芽工序,提高苗木质量,但种子在地里时间长,容易遭受鼠害,影响苗木质量。春季播种时间不宜过早,3月中旬至4月下旬播种。生产上多采用春播,不论秋播或春播,均采用宽幅条播,播幅8～10厘米,行距20厘米,覆土3～4厘米。

沙枣造林:造林方法多用植苗或插干。春秋季节造林均可,但以春季为好。在无灌溉地区,宜选择地下水位高、盐渍化轻的沙壤土,以生长芦苇、冰草、白草、甘草、野青茅、马绊肠、刺儿菜等的土壤最好。在风沙区的流沙地也可造林,重盐土、光板地、露沙地、黏土等不宜选择。沙枣造林时,可与小叶杨、白榆、洋槐、紫穗槐混交。为了提前郁闭,造林可用株行距皆为1米的密度,4~5年后隔行间伐,使行距增加为2米。在水分条件好的地方,可插干造林,成活率也高。沙枣侧枝横生,不宜形成直立主枝干,影响林分质量。因此,很多地方多用作防护林而不作用材林。但如加强修枝抚育,仍可培育为较好的木材。据资料记载,3年生幼林,在冬季修枝达高1/2的情况下,其增高生长达10%,胸径生长更为显著。

(二)沙地灌木造林技术

1.梭梭

(1)适栽范围

沙砾质戈壁、沙丘、黏土以及盐土等生境,在覆沙地和沙丘地生长较好。梭梭别名梭梭柴、琐琐。分布于沙漠、戈壁之中,总面积约有973万公顷,占我国沙漠总面积的15%左右。适应的土壤条件很广泛,适生于荒漠区地下水位较高,有一定含盐量的壤质或沙壤质土上,常发育成高大的郁密丛林。它耐寒、耐旱、抗盐碱,具有发达根系,可利用4~5米深的地下水。生长在沙砾质戈壁、沙丘、黏土以及盐土等恶劣生境中,在覆沙地和沙丘地生长较好。

(2)育苗、造林技术

可以育苗造林或直播造林。选择苗圃地时,要注意土壤含盐量不要超过1%,地下水位在1~3米的沙土或轻沙壤土最为适宜。造林地的立地类型宜为轻度盐渍化,地下水位较高,土层中含水量不低于2%的湖盆边缘沙地、沙壤地或固定半固定沙丘,丘间薄沙地较为适宜。

梭梭育苗,早春解冻可抢墒条播,未灌冻水的土壤在春季整地灌水,条距25厘米,覆土厚0.5厘米,每亩用种量2千克。为防止根腐病和白粉病,播种前用赛力散和六六六拌种,播后尽可能不灌水,经常松土,以防止根腐死亡,一年生苗达50厘米以上时就可起苗栽植,起苗在秋季落叶后早进行,栽植于翌年春季清明前后进行。在冬季风小有积雪的地区(如准噶尔盆地)直播造林,可在冬季1、2月融雪前播种,春播适宜时间为3月,趁风力弱,土壤含水量高时播种,较易成活。直播梭梭不必覆土,播后盖少量细沙,即可发芽。播种后梭梭死亡率较大,应适当增加播种量。经验为去翅种子每亩播0.14千克,未去翅种子播0.4千克较为适宜。

2. 白梭梭

(1)适栽范围

沙质荒漠,流沙和半固定沙丘。白梭梭别名波斯梭梭。干扭曲,多疣状突起。种子横生,直径约2.5毫米,花期5～6月,果期9～10月。在我国只分布于准噶尔盆地腹部及艾比湖盆地沙漠和伊犁谷地霍城沙漠,最近几年已引种至南疆吐鲁番市、英吉沙县、莎县,有些已开始结实。白梭梭叶为刺芒状,嫩枝细浅绿色,有苦味。白梭梭分布于沙质荒漠,生长在流沙和半固定沙丘上,靠雨水和沙层水分生活,为中亚细亚荒漠沙生植被的主要组成植物。

(2)育苗、造林技术

白梭梭风干去翅的种子千粒重4克左右,一般条件可以贮藏半年,9个月后,则完全丧失生命力。育苗圃地应为盐碱轻,地下水位低,便于排水,有林带和沙障庇护的沙土或沙质壤土作平床或高床,早春或秋季每公顷条播或撒播需去翅的种子37.5千克,播后覆土不宜过厚,应在0.5厘米左右,浇透水。种子发芽能力强,最适的发芽温度为20℃～25℃,播前不必催芽处理,播后水热条件适宜一昼夜即可发芽,2～3天大部分发芽出土。苗期耐干旱,忌过量灌溉而引起根腐病。

白梭梭造林可以植苗也可以直播。植苗造林以春季为宜。直播造林成活率很不稳定,直播在冬季及春季均可进行,每亩播种量以带翅种子400克,或去翅种子170克为宜,人工播种、畜力播种和飞机播种都需要进行提高保苗率的研究。白梭梭引种到民勤地区,在沙丘上植苗造林,能够生长,但不及梭梭柴稳定。

3. 柽柳

(1)适栽范围

是盐碱地造林和营造薪炭林的主要树种。柽柳是丛生,一般高3～5米,分枝多,枝纤细。每年开花2～3次,花期5～9月。柽柳枝丛繁茂,根系庞大,是重要的水土保持和固沙造林树种,又是盐碱地造林和营造薪炭林的主要树种。

柽柳广泛分布于我国西北、华北地区,在新疆、青海等地有大面积的柽柳天然林分布,在我国西北沙漠地区有十多种,主要有多枝柽柳、疏花柽柳、沙生柽柳。多枝柽柳在西北地区分布较为普遍;沙生柽柳尤为干旱,仅分布在塔克拉玛干沙漠河谷沙丘地带。

柽柳做为强阳性树种,耐盐碱。柽柳对土壤要求不严,喜生长在湖边、岸边等地,地下水位2～4米的潮湿地、弱盐渍化的沙质土或壤土上,土壤含盐量达20%～3%以上时生长不良。在地下水很深、表土黏质、下层沙质的中、重盐土、碱土的沙丘或丘间地上都能生长。柽柳萌芽力强,不怕沙埋,在积沙的柽柳堆上,柽柳最大可达30米。

(2)育苗、造林技术

柽柳以种子繁殖为主,开花盛,结实多,种子小,千粒重0.2克。种子遇到水湿1~2天即可萌芽扎根。人工造林可以采用直播、扦插繁殖,扦插可在春季和秋季,以秋季扦插的成活率高。

柽柳种子发芽率高,插穗萌芽率强,只要造林地选择适当,播种、扦插、栽植皆可成活。造林方法与沙柳类似。

4. 沙拐枣

(1)适栽范围

流动沙丘、半固定沙丘、沙地和在覆沙戈壁上,沙质荒漠区的主要建群种。

沙拐枣在我国荒漠及荒漠草原地带都有分布,多生于流动沙丘、半固定沙丘、沙地和在覆沙戈壁上,为沙质荒漠区的主要建群种。耐干旱、高温、抗风蚀、耐瘠薄。在准噶尔盆地有乔木状沙拐枣、褐杆沙拐枣、无叶沙拐枣,在阿拉善沙漠有蒙古沙拐枣。

沙拐枣可播种造林或插条及实生苗栽植,沙拐枣宜在秋季播种,春季播种必须经过沙藏或种子处理,乔木状沙拐枣因种皮坚硬,不经处理不易发芽,用浓硫酸处理6小时,出苗率较高。

(2)育苗、造林技术

大灌木状沙拐枣可以插条和实生苗栽植。在干旱地区沙丘采用长插条深栽能提高成活率。据报道,扦插沙拐枣经验证明,40~50厘米的插穗成活率为10%~20%,而长插穗80厘米的成活率达80%,在中卫沙坡头格状沙丘栽植试验表明,乔木状沙拐枣生长非常迅速,春季育苗当年生长高度1.0~1.7米,基径1.8厘米,翌春栽植在格状沙丘的沙障内成活率达73.5%,栽植第二年平均高1.6米,最高达3.1米,平均冠幅1.4米×1.1米,最大为3.7米×2.8米。在受到沙压的地方,生长尤为旺盛。

二、沙地牧草栽培技术

(一)豆科牧草

1. 沙打旺

豆科黄芪属直立草本,也叫直立黄芪、地丁、麻豆秧、薄地强、苦草、沙大王、斜茎黄芪。原产黄河故道,目前北方各省均有种植,栽培面积早已超过1200万亩。在草原风沙地和黄土丘陵沟壑地尤其受到重视。我国华北、东北、西北、西南均有野生种,前苏联、朝鲜、日本、蒙古也有分布。

沙打旺可以单种、混种、间作、套作，在贫瘠的退耕地、还牧田，一般单种、撒播、条播，条播时，行距30厘米，播量2千克左右，穴播用种1.5千克左右。覆土要浅，不超过1～2厘米，撒播可不覆土。在黄河地区，飞机播种要注意选择立地类型，在荒坡地上飞播应选择植被盖度在20%～40%的地类。坡度小于20%，种子易被雨水冲走。盖度大于40%，种子不易接触土壤，发芽后不能入土扎根而被晒死。在沙荒地上撒播(包括飞播)沙打旺，如植被稀少，则应整地、灭虫、松土，蓄水保墒；在有茅草的沙地上，必须彻底整地消灭茅草而后播种。

沙打旺发芽要求土壤水分不低于11%，最好在15%～20%之间，沙地上土壤水分不低于3%，土壤温度10℃，播后2～3天发芽，5～7天出苗。沙打旺种皮薄，吸水快，出芽迅速，但为保证土壤水分，必须正确选择播期。从早春到初秋均可播种，甚至可寄籽越冬，但不同地区可根据气候条件来决定。在风沙危害地区，春旱少雨，不易保苗，雨季和初秋播种为好。可春播的地区，春播要早，最好顶凌播种。

沙打旺苗期生长缓慢，应及时除草，封垄后形成庇荫环境，杂草被抑制。种植沙打旺的地区瘠薄少肥，为保证较高产量有条件的地区应注意施肥。每亩施过磷酸钙25千克，施钾肥和钼酸铵可以提高产量。干旱缺水时，如能灌溉则更好。在积温不足，种子不能成熟的地区，可以种植早熟沙打旺，生育期可缩短20～30天，且结实多。

2.草木犀

草木犀又名香苜蓿，原产于小亚细亚，广布于世界温带地区。我国内蒙古、东北、华北、西北均有栽培。

白花草木犀为一二年生草本植物，主根发达，入土150厘米以上。主根上部发育成根茎，主根、侧根均可着生根瘤。种子千粒重2～2.5克，1千克种子40～50万粒。

白花草木犀适应性很强，耐旱、抗寒、耐瘠薄、耐盐碱。它在年降雨量360毫米的地区生长良好。

白花草木犀适宜在干旱半干旱地区生长，它茎叶茂密，也是良好的水土保持植物。草木犀可在贫瘠土壤上播种，并适合与农作物轮作，间作，还适于与林木间作。白花草木犀春、夏、秋播均可，在干旱地区以夏、秋播最好，秋播不能晚于7月中旬，以利越冬，也可冬天寄籽播种。春播最好在早春解冻后抢墒播种，以提高当年产量。条播每亩用种0.75～1.25千克，穴种每亩0.5～1千克。播种深度2～3厘米，行距20～30厘米或45～60厘米。可条播、穴播、撒播，还可以飞播。苗期生长缓慢，要注意除草。白花草木犀和其他豆科牧草一样，应多施磷、钾肥，一般每亩施过磷酸钙15～25千克。白花草木犀刈割在株高50厘米即可，留茬高度10～13厘米，过低影响再生，雨天不能割草，以免造成根茎腐烂而死亡，最后一次刈割在初霜时进行，过晚影响越冬。亩产鲜草 1500～3000 千克。白花草木犀种子产量高，每亩可收种子 20～50 千克。

3.苜蓿

苜蓿是最早驯化的饲料作物之一，现在，我国苜蓿主要分布于西北、华北地区，大约有 66 万公顷，有 70 多个品种，对我国的畜牧业和农业有很大的促进作用。

苜蓿又名紫花苜蓿，为多年生草本植物，高 60～80 厘米，主根发达，入土深度达 2～6 米，侧根不发达，着生根瘤。每千克种子有 50～66 万粒。

苜蓿喜温暖和半湿润到半干旱的气候，能耐低温，有雪覆盖可耐－40℃以下的低温。紫花苜蓿喜土质疏松、排水良好富含钙质的土壤。成株苜蓿能耐 0.3%的含盐量，不耐水淹，生长期间 24～48 小时的水淹，会大量死亡，休眠期抗水淹能力比生长期强。在酸性土壤中，只要钙、磷、钾充足，也能获得较好产量。

苜蓿种子有约 20%的硬实，播种前应清洗，选择硬实度低的做播种材料，以保证苗的整齐度。播种深度为 1～2 厘米，沙性土壤可略深，春播深夏播则宜浅。飞机播种常用地面撒播，播后用镇压器镇压，条播用播种机，行距 20～40 厘米，播后镇压，播种量一般为 0.5～1 千克。在土壤瘠薄、干旱地方以及北方地区，以条播为好，出苗整齐且快。苜蓿为多年生植物，一年四季都可播种。土壤墒情好时，以春播为主好，当年即有收获，7～8 月份秋播，杂草少管理方便。春季播种，为控制杂草，可采用除草剂，当年即可收刈干草。

另外，燕麦和苜蓿可一起播种，燕麦可有效的控制杂草，同时可作干草或青贮，增加当年干草产量。选择与苜蓿伴生的品种很重要，竞争小是个重要的因素，干旱条件下，伴生作物以亚麻、豌豆、燕麦为主。我国北方也采用荠菜作为伴生作物。苜蓿可以和多种禾本科牧草混播形成多年生混播草场。苜蓿与无芒雀麦、苜蓿与鸭茅、苜蓿与苏丹草都能形成产量高品质好的优良草地。苜蓿可作为放牧场更新草地的补播材料，用除草剂清除植被后，在施以石灰和磷肥后，再播种苜蓿，建植快，可建立生产力高的新草场。

苜蓿产量我国每亩可达 1～1.5 吨，产量的形成要有一定的物质基础，要供给充足的肥料。苜蓿地每公顷施肥量应达到 136.5～455 千克的氮素，以利于株丛的增加。磷肥的施用，作基肥和有机肥混合施用效果最佳。一般随翻耕，将磷肥翻到表土下 20 厘米处，便于根吸收。做追肥，则用耙将磷肥耙入土层内。一般每亩施五氧化二磷 3.4 千克作基肥，以后追施减半。苜蓿对钾肥的需求量仅次于氮，而钾不足时草丛很快会退化。

4. 鹰嘴紫云英

鹰嘴紫云英又名鹰嘴黄芪，根由粗大的营养根和根茎两部分组成，主根和侧根上均可产生根瘤，种子黄色，千粒重 5 克左右。我国大多数省区已引种试验，表现良好。可与果树、茶、桑套种；与小麦、大麦、油菜、蚕豆间种，也可和油菜混种。

春播以日均气温 5℃以上较好，秋播以 25℃为宜。最早 8 月下旬，最晚到 11 月下旬。若种子硬实度高，播种前必须处理，也应与根瘤菌拌种。选择微盐碱、无盐碱、不积水的土地种植。苗期生长缓慢，播前应整地消灭杂草；结合整地施磷肥 20～25 千克。北方以冬季寄籽或春播为主，南方要求不严。为便于田间管理以条播、穴播为宜，撒播也可。播量每亩 0.3～0.4 千克，播深 2～3 厘米。用种子育苗、扦插或根茎移栽，每亩 2000～3000 株为宜，不宜少于 2000 株。苗期生长缓慢，易受杂草危害，应注意中耕除草。再生能力弱，为提高产草量，刈割收草留茬高度应在 10～15 厘米以上。种子易受籽实蜂类危害，严重时大大降低种子产量。蕾期至种子成熟每隔 10～15 天用乐果类内吸性药剂防治一次。

在其生长期间注意排水。留种田选择排水良好，肥力中等，非连作沙质土壤为宜。每公顷播量 22.5 千克，增施过磷酸钙 150 千克/公顷，草木灰 225～600 千克/公顷，可提高种子产量。荚果 80%变黑，即可收获。种子产量 600～750 千克/公顷。

5. 小冠花

小冠花又名多变小冠花，目前在我国栽培，在降雨在 400 毫米左右的黄土丘陵区，必须加强管理才能长好。

(二)禾本科牧草

1. 冰草属

冰草又称扁穗鹅观草、大麦草、小麦草、野麦草、麦穗草、山麦草、羽状小麦草、羊胡子草。为冰草属多年生草本。刈割应在抽穗或初花期，利用过迟，适口性或营养价值均大大降低。冰草根系发达，繁殖力强。为保持水土，固定沙丘及改良沙土的重要草种。该草春季萌发早，在 4 月中旬。牧草利用期长，采种较易。种子产量高，千粒重 2 克左右，分蘖能力强，更新容易，一般用种子直播繁殖，每亩播种量 1～1.5 千克，分根也极易繁殖。在新疆被哈族牧民称为“第一牧草”。春夏秋均可播种，主要取决于土壤墒情。需精细整地，每公顷播量 15～22.5 千克。一般条播行距 30 厘米。也可撒播。需要及时中耕、除草，也可以和苜蓿等混播。冰草应注意施肥，特别是单播的冰草要注意施氮肥。冰草种子成熟后，易脱落，采集种子要在蜡熟后期进行。播种当年叶量大，占总产量的70%，二年后叶量减少，叶加花序占45%。干草产量以第二年最高，达4.8吨/公顷，种子产量也以第二年最高，达1.605吨/公顷。冰草不同生长期产量，栽培以开花期最高，野生以抽穗期最高。

米氏冰草别名根茎冰草，为多年生草本，花果期7～9月。常生于草原区的沙地和荒漠草原区的河边沙地。产于内蒙古、河北、黑龙江等地。种子或根茎繁殖。根系发达，固沙效果良好。

沙生冰草为多年生草本:根系发达，根蘖萌生能力较强。7月结实，成熟期8～9月。耐旱耐寒，喜沙质土壤。产于内蒙古、山西等地。种子较大，千粒重2.5克左右，种子繁殖，每亩播种量1～1.5千克。出苗整齐。但幼苗生长慢，须注意除草，以免杂草欺负。播种当年一般不能用。利用它改良牧场，须注意载蓄量，勿使草场退化。

2. 披碱草

披碱草根系较发达，须根。茎直立，基部草质较硬，具3～5节。叶片扁平，两面粗糙。穗状花序，小穗绿色，成熟后变草黄色。花果期7～8月，一般4月返青，到8月种子成熟，种子千粒重4～5克，可保存2～3年。种子繁殖，每亩播种量2千克左右。

披碱草寿命长达10年以上，对土壤适应性广，抗寒力强，在－37℃可以安全越冬。耐旱力稍差。再生力或分蘖力强。披碱草营养丰富，是良好的牧草。

播前需秋翻土地，来春进行耙糖。最好能施入基肥。干旱地区进行镇压。有灌溉条件的地区应该在播前灌水，以保证播种时土壤墒情良好。种子播前须处理，其芒长，交错成团，不宜分开，致使播种不匀。在4～5月播种为宜，每亩播种量1.5千克左右，如籽好，播量可减少。以条播为好，行距30厘米左右，覆土3～5厘米。苗期生长慢，应注意消除杂草。有条件的地方可在分蘖和拔节期灌溉两次，能提高产量。如收籽，应在种子成熟达80%时刈割，如收草，应于抽穗期刈割。

3. 羊草

羊草别名碱草，为赖草属多年生具根茎的禾本科牧草。是分布较为广泛的一种优良牧草，我国主要分布在东北、华北、西北等地区。羊草在北方草原、草甸草原地区多为群落的优势种或建群种，我国以羊草为主构成的各类羊草草场面积约21万公顷。目前，随着人工草场建设的迅速发展，羊草人工草场的种植面积在不断扩大。两年后亩产干草可达200～500千克，籽实产量10～25千克/亩。

羊草耐寒、抗旱、耐盐碱、耐土壤瘠薄，适应范围很广。在年降雨量250毫米，冬季气温－40.5℃条件下仍能生存，对土壤条件要求不严格，羊草耐碱性强，在pH值

9.4 的土壤上仍能正常生长发育，故有“碱草”之称。

羊草寿命长达几十年，再生能力较强，一年可刈草两次。用种子和根茎繁殖均可，根茎发达，根茎芽是重要的无性繁殖器官。将根茎切断，每段保持两个以上根茎节，埋入沟内，可迅速生长发育，是建立草地的有效途径。对退化的天然草场进行翻耕，切断根茎，可迅速增加羊草的产量和质量。

4. 无芒雀麦

无芒雀麦又名无芒草、禾萱草、光雀麦、雀麦草，禾本科麦属多年生草本植物，在我国东北、华北、西北等地广为分布。

由于有根茎，再生力和耐牧性很强，是良好的水土保持草种，也是建立人工打草场和放牧场的优良草种之一。

播种地要求在前一年秋季深翻土地，最好能施入基肥，播前再耙糖。以春播为宜，一般在 4 月下旬至 5 月中旬播种。条播便于管理，行距 30～40 厘米。每亩播种量 1～2 千克，覆土 3～4 厘米。无芒雀麦初期生长慢，当年应松土除草。该草需氮素较多，分蘖期应追施氮素并灌水一次。以后每刈割一次，均应酌情施氮肥和灌水，增强再生力。其地下根茎大且发达，生长几年后，地表往往结成一层坚硬的“草皮”，使产草量降低，应用耙或步犁沿行间耕翻，改善土壤通透性，可提高产量和质量。如刈割过迟，则茎基部木质化，品质下降。

5. 苏丹草

一年生高大草本植物，热带地区亦有多年生品种。该草除直立型，还有披散型和矮生型，矮生型高 1～1.5 米左右，秆细叶多，萌枝多，且茎比大，营养价值高，适于密植。喜温暖湿润气候，要求雨水充沛，生长茂盛。营养丰富，含蛋白质和灰分较多，而粗纤维少。

栽培技术要点：适应性强，对土壤要求不严格，除强酸强碱地、涝池地不宜种植外，一般土地上都可种植。因其根系发达，播前应深耕，耙鞫平整。为获高产，应施足底肥。每公顷施农家肥 22.5～30 吨，或播种时每公顷施氮、磷复合肥 300～450 千克。苏丹草的种子发芽率高。在土壤温度稳定在 10℃ 时播种，每公顷播种量 30～37.5 千克。宜草地宜条播，行距 30～45 厘米，采种行距 60 厘米，每公顷播 15～22.5 千克，播种覆土 2～3 厘米，播后镇压。也可和豆科牧草野豌豆混播，提高蛋白质含量和消化率，改善饲料品质。播后注意育苗、拔节期除草、松土。

放牧利用在株高 30～40 厘米时。刈割制干草和青贮在抽穗期为好，作青饲可在孕穗初期，拔节后期刈割。每次刈割后要及时灌水施肥，每公顷施氮肥 150～195 千克为好，以促进分蘖和再生。

其种子收获，在主茎圆锥花絮成熟时进行。否则会落粒损失。如管理好，每公顷可收种子 1500 千克以上。在贫瘠土地上特别是沙质土地上种植苏丹草必须注意施肥与及时浇水，盛夏干旱时更要勤浇水。否则易凋萎，严重影响产草量，导致种子绝收。

6. 高丹草

高丹草是饲用高粱和苏丹草杂交育成的一年生暖季型禾本科牧草。高丹草结合了二者的优势，产量高，再生性好，分蘖能力强，分蘖数一般在 20～30 个，耐刈割，利用时间长，消化率高，杂交优势十分明显，有"养鱼青饲料之王"的美称。高丹草属喜温植物，不抗寒，怕霜冻，种子萌发的最低土壤温度为 15℃，最适合生长温度在 23℃～35℃，幼苗期对低温较敏感，播种期一般在春季 4 月初较为合适，对土壤要求不严格，pH 值在 5.5～7.5 的地区均能正常生长。须根多粗壮发达，对肥料利用率高，抗旱能力强，在年降雨 400 毫米的地区种植仍能获得高产，最适合生长在年降雨量 800～1000 毫米的地区。雨水过多，土壤排水不畅对生长有影响，容易造成病害。

栽培技术：高丹草是我国暖季型牧草中最主要的一种，在高温、高湿的夏季许多牧草处于停止生长或产量较低时，高丹草生长旺盛，可与紫花苜蓿宽箱套作、轮作或单播，以春播为主，时间大致在 3 月下旬到 4 月上旬。翻耕土地。与农业生产相同，将土地清理干净（杂草、砾石、树枝杂物），然后进行翻耕，在翻耕好的土地上把腐熟的厩肥散施于土表，将土地整细整平，同时也将厩肥覆盖于表土下，大田需开沟排水。厩肥的用量一般每亩施 1500～2500 千克即可。确定播种量。播种量一般每亩用 2.5～3.5 千克，适当加大播种量有利于提高产草量，但最好不要超过 3.5 千克，若密度过大，产草量反而减少。

播种：一般采用条播、箱播、撒播（满天星）。条播行距 40～50 厘米，箱播 200～250 厘米开箱为宜。高丹草种子细小，在播种时加草木灰拌种撒播均匀度较好，播深 2～3 厘米即可。

浇水：高丹草是早春 3～4 月播种，若土地干燥，种子吸水不均，影响发芽的整齐度，甚至长时间不发芽而造成种子霉烂。很多种植户在春播时由于对土壤湿度没有引起重视，而导致春播效果不好。

管理技术：管理技术主要是围绕间苗、除杂草、追肥、抗旱浇水等环节进行。

利用技术：高丹草产量高，品质好，饲用范围广，适合所有的家畜、草食性禽类及草食性鱼类，有"养鱼青饲料之王"的美称。利用期 6～7 个月，可以刈割 6～7 次，

25～30天可以刈割一次。

(三)其他科牧草

1.木地肤

木地肤又名伏地肤，分布于我国黑龙江、吉林、辽宁、山西、陕西、内蒙古、甘肃、宁夏、新疆、西藏等地。

木地肤抗寒、抗热、耐碱性较强，冬季在－35℃能安全越冬，夏季表土温度达65℃时也未见伤害灼伤。在30厘米土层中，含盐量在0.5%以内生长良好，在1%也能出苗生长。

木地肤种子小，顶土能力弱，发芽要求较好的墒情，以秋末或春初抢墒播种，效果较好，种子寿命短，存放3～5月后发芽率下降，应在收获当年播种。幼苗对遮阴敏感，要注意除草。选择地势下缓，土层厚的土壤，深耕25～30厘米，以备秋末或初春抢墒播种。在土壤水分为15%～20%时，出苗最好，播深不超过2厘米，1厘米最适宜。雨季播种易因雨后土壤板结出苗困难。可冬前寄籽播种。目前在内蒙古、新疆都进行了大面积的人工播种和飞机播种，取得较好效果。

2.优若藜

优若藜又名驼绒藜，在我国主要分布于内蒙古、甘肃、青海、西藏，现在北方已开始人工栽培。

驼绒藜种子细小、轻，覆土不宜过深。播种土地要平整，有一定墒情。种子为胞果，密生绒毛，籽粒之间常黏在一起，不易分开，播种前，要用碾子轻轻碾压，使种子分离或与稍潮湿的沙土拌匀，然后播种。条播时，行距30～45厘米，也可育苗移栽，第二年将苗移入大田。每亩用种子0.25～0.5千克，不超过2厘米。绒藜从开花到种子成熟时间长，种子成熟也不一致。种子成熟时刈割、晒干，但不宜过早。

生于荒漠区戈壁、石质山地。播种繁殖，可育苗移栽或直播。在荒漠草原区直播很难成功，应育苗移栽，先在水肥充足的土地上育苗，后移入大田培育。

3.籽粒苋

籽粒苋又名千穗谷、御谷、红苋菜等，是最古老的分布十分广泛的作物之一。籽粒苋自东海之滨到新疆塔城，从哈尔滨至长江流域，除内蒙古锡林郭勒盟和青海部分地区种子不能成熟外，几乎遍布全国各地且生长良好。

籽粒苋可春播，春旱严重刮夏播麦茬苋。可直播，也可育苗移栽。栽培技术环节如下：

选茬整地：因其种子非常小，必须精细整地，以利发芽出土。前茬最好是豆茬、麦茬、马铃薯及玉米茬以及排水良好，比较肥沃的前茬。新垦荒地更好。

适时播种：春播应稳定在14℃左右。河南4月中，河北4月末，东北5月中旬，北京4月20日前后；北方春天为抢墒也可适当早播。春早夏插(6月初)。

实际播量750克/平方厘米，育苗栽播量可减半。直播用人工、机械均可，又可分条播、穴播、撒播。出苗容易。收种子地块以行距60～70厘米、株距20厘米为宜；收草地块其行距减半、株距减半，覆土1～2厘米，不可过厚。育苗栽要提前15～20天，苗高10～15厘米可移栽。午后阴雨天进行或浇水。最好用地膜覆盖，可提高质量，提高产量20%左右。

田间管理：苗高8～10厘米可间苗，15～20厘米可定苗，密度大小要看用途和肥力，青饲密度要大，采种用要小。土壤肥则小，土壤贫瘠则大，最好垄作，1公顷保苗7.5～15万株，青饲地可留苗苗30万株。

中耕除草：幼苗生长慢，要注意除草，可结合间、定苗进行。进入生育中期，生长加快，形成稠密冠层，自行抑制杂草。

追肥：苋生长快，产量高，鲜重112.5吨/公顷以上，甚至超过150吨，干物质15吨以上。以每公顷产干物质11.25～15吨计，需从土壤中吸收氮素225～300千克/公顷，是吸肥很强的植物，必须补充土壤养分消耗。有条件施30吨/公顷农家肥作底肥，生育期追施尿素150～187.5千克/公顷，或施二铵150千克。

灌溉排水：苋耐旱不耐涝。苗期太旱应适当灌水保苗，以后可少灌或不灌。但要求排水良好，雨后过湿要注意排水。沙地栽培特别要注意水、肥的及时供应。

培土：株高达1～1.5米时，应结合中耕培土，培土不可过早，过早易引起根颈部发病腐烂。

适时采收：为无限花序，种子成熟不一致，适时采收很重要。刈割青饲最好在现蕾期到初花期，大致播后50天，高1米。第一次割后留茬30厘米，一个月后可第二次刈割，条件好还可割第三次。青贮多在鲜草产量最高时一次低茬刈割。

4.苦荬菜

苦荬菜又名苦麻菜、苦苣、良麻、山莴苣等，目前在两广、两湖、江浙等省区大量种植。现已北移至东北、华北地区栽培。种子小而轻，顶土力量小，故要求精细整地，水分适宜。水分不足应先浇水后播种。北方都是春播，3～6月均可播种，但宜早不宜晚。一般采用直播，多在土壤化冻后播种或顶凌播种，条播，行距30厘米，播深2～3厘米，播量11.25～15千克/公顷，播后镇压。也可寄籽越冬，春天出苗早。也可育苗移栽，育苗要提前一个月，用阳畦、塑料薄膜覆盖育苗。4～5片真叶可移栽，能提早

20～30天刈割利用。移栽时可穴栽，每穴2～4株苗，行距25厘米，行距15厘米，栽后浇水。南方也可秋播或夏季复种。为便于灌溉，适合畦作。一般畦面可宽2米，长5～10米。此草适于密植，适当密植易获高产，过稀则影响产量，易使茎秆老化，适口性差。直播通常不间苗，几株丛生一起也能生长良好，过密可适当疏苗。当株高达40～50厘米时，即可刈割后利用。在北京大约在5月下旬到6月上旬。以后每隔20～40天再刈割一次，刈割要及时，使其保持在生理幼龄阶段，生活力旺盛，伤口愈合快。过晚刈割，则粗纤维增加，茎基部老化，生活力降低，伤口愈合及再生都缓慢，影响产量质量。留茬高度也很重要，留茬太低（齐地面割）再生缓慢，留茬以4～5厘米为宜。最后一次应齐地面割。刈割以上午进行为好，刀口经日晒后很快愈合封闭，不会流汁液过多，有利于再生。

一次刈割不能太多，堆积存放易发热变质，甚至产生亚硝酸盐，毒害畜禽。收种植林不应一次刈割，应刈割到8月份让其抽薹开花结实，通常每公顷可收375～750千克种子。最适宜采种时间为果实变黄，种子冠毛露出时。

5.冷蒿

别名白蒿、小白蒿、刚蒿、兔毛蒿等。为菊科多年生草本植物，根状茎横走，不定根发达。种子极小，千粒重0.1克。瘦果，花果期5～10月。

主要生长于干旱阳坡及沙地，耐干旱和严寒，是良好的固沙植物。冷蒿的根系发达，侧根和不定根很多，萌蘖和生根能力很强，耐牲畜践踏。我国的东北、华北、西北各地均有分布。分株和种子繁殖均可。

第三节 工程防沙治沙技术

一、沙障治沙技术

（一）沙障的类型

沙障可分为两大类，即平铺式沙障和直立式沙障。平铺式沙障按设置方法不同又分为带状铺设式和全面铺设式。直立式沙障按地上高度又分为：高立式沙障，高出沙面50～100厘米；低立式沙障，高出沙面20～50厘米（此类也称半隐蔽式沙障）；隐蔽式沙障，几乎全部埋入与沙面平，或稍露障顶。直立式沙障按透风度分为透风式、紧密式、不透风式三种。

(二)沙障设计

沙障的设计要求根据立地条件和当地拥有的材料决定，平铺式沙障是固沙型的沙障，利用柴、草、卵石、黏土等物质铺盖在沙面上，隔绝风与沙层的接触，达到风虽过而沙不起，就地固定流沙的作用。但对过境风沙流中的沙粒截阻作用不大。

1. 立式沙障

立式沙障大多是积沙型沙障，风沙流碰到任何障碍物的阻挡，风速就会降低，携带沙子的一部分就会沉积在障碍物的周围，减少风沙流的输沙量，起到防治风沙危害的作用。

沙障设计的技术指标主要有以下几个方面的内容。

孔隙度：通常把沙障孔隙面积与沙障总面积之比，叫做沙障孔隙度。用它作为衡量沙障透风性能的指标。一般孔隙度在25%时，障前积沙范围约为障高的2倍，障后积沙范围为障高的7～8倍。而孔隙度达到50%时，障前没有积沙，障后积沙范围约为障高的12～13倍。孔隙度越小，沙障越紧密，积沙范围越窄，沙障很快被积沙所埋没，失去继续拦沙的作用。为了发挥沙障较大的防护效能，一般多采用25%～50%的透风孔隙度。风力大沙源少时，孔隙度应小，沙源充足，孔隙度应大。

高度：一般在沙地部位和沙障孔隙度相同时，积沙量与沙障高度的平方成正比。沙障高度一般设30～40厘米，最高有1米就够了。

方向：应与主风方向垂直，通常在沙丘迎风坡设置。

间距：沙障间距即相邻两条沙障之间的距离。距离过大，沙障易被风掏蚀损坏；距离过小浪费材料。因此，必须确定好沙障的行间距离。

沙障间距与沙障高度和沙面坡度有关，也与风力强弱有关。沙障高度大，障间距应大，反之亦然。沙面坡度大，障间距应小，沙面坡度小，障间距应大。风力弱处间距可大，风力强间距就要缩小。一般在坡度小于4°的平缓沙地上，障间距应为障高的15倍左右。坡度较大处应遵循顶底相照的原则，即下一排沙障顶部与上一排沙障底部相平或略高些。

配置形式：有行列式、格状式等。主要是行列式和格状式两种。

行列式配置：多用于单向起沙风为主的地区，在新月形沙丘迎风坡设置时，丘顶要留空一段，划出一道设沙障的最上范围线，然后自最上设置范围线起，按所需间距向两翼划出设置沙障的线道，微呈弧形。

格状式配置：在多向风较强的沙区或地段采用。根据风力大小采用正方格形、长方格形均可。

2. 平铺式沙障

平铺式沙障是固沙型的沙障，利用柴、草、卵石、黏土等物质铺盖在沙面上，隔绝风与沙层的接触，达到风虽过而沙不起，就地固定流沙的作用。但对过境风沙流中的沙粒截阻作用不大。

(三)沙障类型及材料的选用

不同类型的沙障有不同的作用，如以防风蚀固沙为主，应选用半隐蔽式沙障；以截持风沙流为主，应选用透风结构的高立式沙障。

沙障材料一般多采用麦草、稻草、芦苇、高草、枝条、土工布、板条、砾石、黏土等较易取得的材料为主。

(四)常用沙障施工

1. 高立式沙障

选用枝条、芨芨草、芦苇、板条和高秆作物等；把材料做成 70～130 厘米的高度，在沙丘上划好线，沿线开沟 20～30 厘米深。将材料基部插入沟底，下部加一些比较短的稍头，两侧培沙，扶正踏实，培沙要高出沙面 10 厘米。最好在降雨后设置。

2. 半隐蔽式草沙障

用麦秆、稻草、芦苇、软秆杂草；在沙丘上垂直主风划线，将材料(麦秆、稻草)均匀横铺在线道上，用平头锹沿划线压在平铺草条的中段用力下踩至沙层 15 厘米左右，然后从两侧培沙踩实。

3. 黏土沙障

黏土沙障在有黏土层分布的沙区，在固沙造林工作中已被广泛应用。由于可以就地取材，不花什么成本费，只花劳力费，所以比较经济合算，而且固沙时间长，设置方法可以行列式设置，也可以格状式设置，只要根据当地自然环境特点进行布置，效果都会是显著的，具体效果基本上与草方格沙障近似。如增加沙地水分含量，降低地表风速，另外黏土沙障还有一定的改良土壤的作用，特别是设置沙障后，在沙障的保护下栽植了固沙植物，沙障经过风吹雨淋，慢慢与沙掺和在一起，改变了沙地结构，增加土壤的肥力，更有利于植物的生长发育。

当然，黏土沙障的采用是受地区性的限制的，有的地方没有黏土或距离黏土的地方较远，材料来源比较困难，就不能运用这种沙障，硬要采用，可能会使它经济合算的优点，变成成本费用高昂的缺点。

4. 平铺式沙障

制作材料：因为平铺式沙障的主要目的是隔离风与松散沙面的接触，所以要求这一隔离层所采用的物质材料,应该有黏结性和质地较坚硬的块状体,一般的风力很难将其吹动,如黏土、砾石、砖头、瓦片以及化学固沙所采用的人工和天然合成的胶体物质,均可作为平铺式沙障的优良设障材料。

设置方法:将黏土或砾石块均匀地覆盖在沙丘表面,厚度可根据风害的严重程度,灵活掌握,一般5～10厘米,黏土不要打碎,以此来加大地表粗糙度,即避免细土粒被吹蚀,又可截留一定数量的外来流沙。砾石平铺沙障各块间要紧密地排均,不可留较大的空洞,以免掏蚀。全面平铺与带状平铺的具体铺设方式方法无大差异,所不同的是铺设带状平铺时,要按要求留出空流带,在空流带的沙面上保留原状不覆盖土块和砾石块或其他任何物质即可。具体采用哪种铺设方式则应以保护的目的及当地的自然条件来确定。如目的在于固定,不使沙粒有所移动,且该地区起沙风较多,就要采用全面平铺,否则可带状平铺。

5.其他沙障

其他沙障还有草绳沙障、网式沙障、隐蔽式沙障和塑料带沙障。

二、水力治沙

(一)水力拉沙的概念

水力治沙的内容主要指水力拉沙。水力拉沙是以水为动力,按照需要将沙子输移,是消除沙害及改造利用流沙的一种方法。其实质是利用水力定向控制蚀积搬运,达到除害兴利的目的。水力拉沙可以增加沙地水分,改变沙地的地形,改良土壤,改善沙区小气候,促进沙地综合利用,水力治沙为农、牧、渔等各项生产事业创造了有利条件。

(二)引水拉沙修渠

引水拉沙修渠是利用沙区河流、湖泊、水库等的水源,自流引水或机械抽水,按规划的路线,引水开渠,以水冲沙,边引水边开渠,逐步疏通和延伸引水渠道。它是水利治沙的具体措施。引水拉沙修渠的根本目的,是为了开发利用和改造治理沙丘地。修渠之前要搞好规划设计,根据水量、水位确定引水方式,水位较高,可修闸门直接开口,引水修渠;水位不高,可用木桩、柴草临时修坝壅水入渠;水位过低,可用机械抽水入渠。

选择渠线,利用地形图到现场确定渠线的位置、方向和距离,由于沙丘起伏不平,渠道可按沙丘变化,大弯就势,小弯取直。施工和养护施工过程是从水源开始,边修渠边引水,以水冲沙,引水开渠,由上而下,循序渐进。做法是在连接水源的地方,开挖冲沙壕,引水入壕,将冲沙壕经过的沙丘拉低,沙湾填高,变成平台,再引水拉沙开渠或人工开挖渠道。

渠道经过不同类型的沙丘和不同部位时，可采用不同的方法。沙区渠道修成之后，必须做好防风、防渗、防冲、防淤等防护措施，才能很好的发挥渠道的效益。

(三)引水拉沙造田

引水拉沙造田是利用水的冲力，把起伏不平、不断移动的沙丘，改变为地面平坦、风蚀较轻的固定农田。这是改造利用沙地的一种方法。

1.拉沙造田的规划设计

拉沙造田必须与拉沙修渠进行统一规划，造田地段应规划在沙区河流两岸、水库下游和渠道附近或有其他水源的地方。

2.拉沙造田的田间工程

包括水源、引水渠、蓄水池、冲沙壕、围埂、排水口等。这些田间工程的布设，既要便于造田施工，节约劳力，又要照顾造出的农田布局合理。

引水渠连接支渠或干渠，或直接从河流、海子开挖，引水渠上接水源，下接蓄水池。造田前引水拉沙，造田后大多成为固定性灌溉渠道。如果利用机械从水源直接抽水造田，可不挖或少挖引水渠。蓄水池是临时性的贮水设施，主要起抬高水位、积蓄水量、小聚大放的作用。蓄水池下连冲沙壕，凭借水的压力和冲力，冲移沙丘平地造田。在水量充足压力较大时，可直接开渠或用机械抽水拉沙，不必围筑蓄水池。

冲沙壕挖在要拉平的沙丘上，水通过冲沙壕拉平沙丘，填淤洼地造田块，冲沙壕比降要大，在沙丘的下方要陡，这样水流通畅，冲力强，拉沙快，效果好。冲沙壕一般底宽0.3～0.6米，放水后越冲越大，沙子被流水夹带到低洼的沙湾，削高填低，直至沙丘被拉平。

围埂是拦截冲沙壕拉下来的泥沙和排出余水，使沙湾地淤填抬高，与被冲拉的地段相平。围埂用沙或土培筑而成，拉沙造田后变成农田地埂，设计时最好有规格地按田块规划修筑成矩形。排水口要高于田面，低于田埂，起控制高差、拦蓄洪水、沉淀泥沙，排除清水的作用。排水口还要用柴草、砖石护砌，以防冲刷。

3.拉沙造田的具体方法

在设置好田间工程后，即可进行拉沙造田。由于沙丘形态、水量、高差等因素的不同，拉沙造田的方法也各有差异。一般按拉沙的冲沙壕开挖部位来划分，有顶部拉、腰部拉和底部拉三种基本方式，又因沙丘形态的变化形成下列具体方法：抓沙顶、野马分鬃、旋沙腰、劈沙畔、梅花瓣等。

三、风力治沙

风力治沙措施主要应用于公路防沙，也可利用风力拉沙造田，修渠筑堤，掺沙压碱，改良土壤，扩大土地资源。

(一)风力治沙的概念

风力治沙是以风为动力，人为地干扰控制风沙的蚀积搬运，因势利导，变害为利的一种治沙方法。

(二)风力治沙的技术措施

1. 以固促输，断源输沙

要防止某地段被沙埋压或清除其上的积沙，就在该地段上风区，采取措施固定流沙，切断沙源，使流经防护区的风沙流成为非饱和气流，使此处的积沙被气流带走，或以非堆积搬运形式越过防护区，使被保护物免受积沙危害。

2. 集流输导

集流输导是聚集风力，加大风速，输导防护区的积沙，消除沙埋危害的一种方法。集中风力的方法很多，最常见的有聚风板法。采用聚风板常用聚风下输法、水平输导法（即八字形输导法）。

3. 反折侧导

被保护物如果遭受流沙危害时，可以用促使近地表气流换向的措施，改变流沙的输移方向，避开被保护物。一般用不透风的机械沙障进行侧导，在设置前，首先要了解地形和输导方向，确定沙障的位置和角度，导走流沙的处理场所。地形是否有利于流沙的折向输走，采用 1 米左右高的不透风沙障或导沙板，排列成连续的沙障。

4. 改变地表状况

促进流沙输导被保护地段，要尽量清除障碍，筑成平滑坚实的下垫面，把陡坡变缓，筑成圆滑的弧形，使气流附面层不产生分离，达到输沙的目的。在防护区铺设一些砾石或碎石，增加跃移沙的反弹力，加大上升力，调节风沙流结构，减少较低层的沙量，造成防护区风蚀，起到输沙目的。由于地上风速随高度的增加而增加，所以在公路防沙时，路基要高出附近地表，以增大风速，便于输沙。

第四节 综合防沙治沙技术

一、水资源科学利用技术

(一)地表水开发利用和保护

1. 地表水开发的常见方式

①无坝引水：当水源（河、湖、库）水量充足，流量大，水位较高，能满足灌区需要

时，主要修建进水闸引水灌溉。②低坝引水：当水源(河、湖、库)水量充足，但水位较低时，需在河流上修建滚水坝，抬高水位，实现自流引水灌溉。③抽水取水：在河流水量丰富，但灌区位置高时，需采取抽水方式(建扬水站)引水灌溉。④建库蓄水：当河流流量不足、水位不高，不能满足灌溉需要时，则需选适当地点，建水库蓄水，调节径流，满足灌溉需要。⑤综合取水方式：指蓄水、引水、提水相结合的灌溉方式。

2. 地表水保护

针对目前自然河流的水质污染，首先需要制定一系列保护河流免受污染的政策，对于排污水严重的工厂坚决予以制裁，或通过经济上的惩罚，使其建立污水处理设施，让排出的水达到一定的标准，其二我们要通过积极的宣传，让人们意识到污染水环境的严重后果，培养人们自觉保护水资源的意识，通过社会监督和政府监督相互结合，可有效地保护我们的水资源。

(二)劣质水利用技术

1. 苦咸水淡化

在淡水缺乏而有苦咸水的地区，可通过咸水淡化方法解决饮用水和部分经济作物灌溉问题。淡化咸水主要用电解法、化学法，但因其成本高，设备较复杂，难于在贫困沙区推广，需寻找低成本、简单易行的咸水淡化方法：如用太阳能淡化咸水。可建一个蒸凝棚，在太阳辐射下，苦咸水蒸发变成水汽，沉淀盐分，饱和水汽在凝棚内表面遇冷凝结，沿内表面流下，顺集流槽进入收集器。此法能源足，装置简单，投入小，应用性强，易推广，每户都可用。

①蒸凝棚结构：先在地面修建一个长方形深20厘米的蓄水池，地底铺设黑色塑膜，以充分吸收太阳能，增温促蒸发，水池上方做一个框架，外覆透明材料(透明塑膜或玻璃)。在蒸凝棚内下部地面做一个有坡度的集水槽，凝结水流入集水槽汇入棚侧边的淡水收集器。研究表明，蒸凝棚的倾斜角以40°～50°为好，棚面材料为塑料和玻璃，前者成本低，后者耐久力强，施工方便，蒸凝水量大。顶角采用90°角为宜。②增加蒸凝水量措施：包括每天10:00～19:00时对棚外表面进行处理，可在棚上部做一喷冷水装置，使水均匀洒在棚外表面上，使其下流，使棚内外形成较大温差，冷凝水量可增加30%～40%。③蒸凝棚管理维护：在使用过程中，棚中池内水面会形成一层青苔，影响蒸发，需定期更换池中水。运行一段时间后，棚外表面会附着一层灰尘，影响阳光透入，要经常清洗外表面，保持清洁。棚内池水不要过深，以利于池水快速增温，增加蒸发量。注意保护棚面塑料、玻璃不要损坏，出了问题及时处理。

2. 污水灌溉技术

污水灌溉是利用经过处理的城镇生活污水，工业废水进行灌溉，合理利用有如下作用：①增加土壤肥力：通常生活污水中含氮、磷，还含有钙、镁、锰、铜、锌、钴等多种微量元素及丰富有机质，可增加作物产量。②保护环境：土壤含有多种无机、有机物质的多孔介质，生长着种类繁多的动物、植物、微生物，污水进入土体会发生一系列物理化学变化，使一些有毒物质失去活性或降解，但是污水未经处理或利用不当会导致作物质量产量下降，恶化土壤性状，造成荒漠化，疾病、寄生虫传染人畜。目前污水灌溉多用于城郊农区和干旱缺水区农灌。③污水灌溉水质指标：因污水含有害有毒物质，灌溉前必须进行检测，看是否达到灌溉水质要求，未达到时要进行必要的处理。污水分类及利用方式：污水因水质不同，处理方法也不同。生活污水有毒有害物质较少，处理较简单，经沉淀、拦污、稀释之后即可灌田。工业废水成分复杂，有毒物质较多，需经过复杂处理，如拦污、沉沙、沉淀，滤地生物氧化处理，曝气池氧气溶解于污水，回收有害金属和有害有机物，使水质达标，入渠灌溉。④灌溉时间与定额：污水灌溉需严格掌握时间与定额，防止出问题。一般小苗少灌，大苗多灌，生长期少灌或不灌，避免后期贪青倒伏或残毒积累。污水以灌溉大田作物为宜，青菜尤其生食瓜菜，块根作物不宜使用。沙土区地下水浅，靠近水源地方也不宜使用，防止污染地下水。

(三)节水灌溉技术

1. 改进地面灌溉技术

传统的地面灌溉主要是畦灌、沟灌、漫灌、淹灌四种灌溉方法，它们虽有操作方便，成本低，节能等优点，但是灌水定额大，均匀性差，深层渗漏严重，劳动强度大等缺点。为提高灌水质量，节约用水，广大群众和科技人员通过实践总结出不少先进实用的节水灌溉技术，取得了明显的节水灌溉效果。

2. 沙地果园塑料袋穴渗法

沙地果园灌水方法很多，但多数地方仍采用地面灌水方法，其中以沙地果园塑料袋穴渗法为主。具体方法如下：用直径 3 厘米，长 10～15 厘米塑料管，一端插入容量为 30～35 千克的塑料袋内 1.5～2.0 厘米，用细铁丝绑扎固定；另一端削成马蹄形，适当用火烤，留出直径 2 毫米小孔，控制其每小时出水量 2 千克左右(大约每分钟 110～120 滴)为度。在树冠投影的地面上挖 3～5 个深 20 厘米，倾角 25°角的浅坑。把塑料袋倾斜放入坑中。先把塑管埋入 30～40 厘米以下土壤中，使水或水肥混合液(如 0.03%尿素)从管中渗出灌溉果园，是一种省水、高效的好办法。

3. 低压管道技术

低压管道渗水灌溉技术是以管道输水进行地面灌溉的一种方法，管道系统工作压力一般不超过 0.2 兆帕(米 Pa)。低压管道灌溉通过低压波纹管、塑料管、水泥管等管道将水从水库、池塘等地直接引进田间，它是取代渠道的一种节水灌溉方式。普通的渠道灌溉沿等高线输水，受地势限制不能满足丘陵、山区等农田的灌溉需求，而且存在着渗水、漏水等问题。而低压管道灌溉技术很好地避免了这些问题，它沿低压管道直线行走，不受地势影响，适用于丘陵、山区农田灌溉，不仅节水，而且节约土地，是发展效益农业的有效灌溉方式。

安装低压管道进行灌溉，每亩需投资600～800元。由于成本高，除国家投资外，目前只有一些农场、农庄等零星地使用这种灌溉方式。目前，某市使用低压管道灌溉的农田面积达11.4万多亩。

4. 喷灌

喷灌是利用专用设备把水加压后使水通过管道达到一定距离安装在灌道上的喷头上，像下雨一样喷洒在地面上达到灌溉的目的，适用范围广，对土质、地形要求不严，但对林地、果树不太适宜，更适合秸秆植物。水中泥沙过多应经过处理后再用。

5. 滴灌

滴灌是将具有一定压力的水过滤后通过滴灌系统从滴头均匀而缓慢地一滴滴进入植物根层以上的局部浇溉方法。滴灌最合适沙地使用，尤其在沙漠地区有显著优越性。

6. 微喷

它是介于喷浇与滴灌之间的一种灌溉方法。

7. 地下滴灌（多孔管渗灌）

用塑料管打孔的地下滴灌投资少，简单可行，设计要考虑管径、管距、孔径、孔距，允许最大管道长度，供水压力等。

8. 浸灌

以上节水灌溉措施的具体细节可参考相关的书籍。

二、渠系建设与渠道防渗技术

在沙区，灌渠渗漏是水资源的重大损失。为减少渗漏，提高渠水利用系数，将各级渠道进行防渗处理是应用最广泛的措施之一。常用土料、石料、膜料、混凝土和沥青混凝土等材料建立渠道防渗层，也有时构成复合结构，达到防渗的目的。常用形式简介如下。

（一）土料防渗

将渠基土夯实，或在渠床表面铺一层夯实的土料防渗层。土料防渗具一定防渗效果，为0.07～0.17立方米，且可就地取材，造价低，技术简单，易掌握，但允许流速小，持久性差。适于气候温和和流速小的中小渠道，也限于当地有丰富土料资源若防渗要求高，又沙石料缺乏，可用土壤固化剂对土料进行固结处理。

（二）水泥土防渗

①特点与运用条件：本法分为干硬性水泥土（适于北方）和塑性水泥土（适于南

方),具较好防渗效果。能就地取材造价低,技术简单易掌握,水泥用量与低标号混凝土的水泥用量相当,但允许流速小,抗冻性差。适用温暖且就近有沙土沙壤而缺乏沙石料的渠道。②防渗结构和材料:本法分有无保护层两种。防渗层厚度宜采用8～10厘米,小渠不小于5厘米,大渠及工作条件差的明渠宜用塑性水泥土铺筑,表面用水泥砂浆,混凝土预制板,石板等作保护层,这种复合结构好处很多,很有实用价值。无保护层的水泥土水泥可适当减少,但水泥28天抗拉强度不应小于1.5兆帕,防渗层厚度4～6厘米。

(三)混凝土防渗

①特点与实用条件:混凝土防渗效果好,输水能力大,经久耐用,便于管理等特点。②防渗结构和材料:需要按照当地的土壤状况和气候条件而定。

(四)膜料防渗

①特点与实用条件:用塑料薄膜或沥青、玻璃纤维布、油毡或复合膜料做防渗层,其上设防护层。有防渗性能好,适应变形能力强,南北均适用,北方因冻胀变形大的地区更适合。

②防渗结构和材料:一般有膜料防渗层,上下过渡层和保护层组成,在刚性材料(岩石、砾石、混凝土等)与膜间设2～3厘米水泥沙浆或水泥土过渡层,膜料与土料之间不用过渡层。

(五)沥青混凝土防渗

①特点与运用条件:属于柔性结构,防渗能力强,适应变形能力好,适于冻害及附近有沥青料地区。②结构与材料:该法分有无正平胶结层两种,在岩石地基渠道才用正平胶结层。为提高效果,防老化,沥青混凝土表面涂刷沥青马蹄脂封闭后,涂刷时要注意高温下不流淌,低温下不脆裂,具较好的热稳定性和变形性能。

三、农业节水技术

(一)选用耐旱作物与品种

沙区旱地一般应选种耐旱品种,如谷子、糜子、马铃薯、荞麦、豆类等作物中的综合性状好的优良品种,同等条件下,良种一般可增产20%～30%。在干旱沙区应选用耐旱耐瘠的高产品种,它们能适应"艰苦"条件,这些品种抗旱力强,减产幅度小,比较稳定。

(二)增施有机肥与平衡施肥

有机肥与化肥配合,氮、磷、钾肥与微肥配合,可协调土壤速效和缓效养分供应,提高水分利用率。在生产中采用测土、配方、施肥,氮、磷、钾合理搭配,施肥适宜深度为15～20厘米。北方沙旱区水分不是直接限制作物产量提高的因素,但土壤肥力过低或不能施肥也是限制水分潜力发挥的主要因素。旱区水肥管理与高效利用技术就是根据水分条件合理施肥,促作物根系深扎,扩大吸水范围,利用深层水分,提高作物蒸腾与光合作用,减小土壤无效蒸发,增加降雨和浇水的利用率,达到以水保肥,以肥调水,增加产量的目的。

(三)强化田间管理

加强中耕,除草,病虫害防治等田间管理措施。应根据当地水文条件,量水施肥,高水高肥,低水低肥,最大限度发挥水肥综合增产效果。注意气候条件合理施肥,如高温季节和地区,多施有机肥,寒旱地区多施速效肥;沙区光照好,作物代谢强应多施肥料,还要考虑土壤肥力特点增施决定作物产量的相对含量最少的土壤养分,沙地多施氮肥,特别注意某些作物对个别元素的需求和禁忌,如豆科作物需钴,马铃薯喜钾等特点。沙土地还要注重有机肥和泥肥以改良土质,提高保水保肥能力。

还需注意作物水分、养分的临界期和最大效率期,及时供水肥,一般作物生长初期对氮肥敏感,中后期需磷、钾肥较多;最大效率期是指作物生长快,水肥需求绝对数量和吸收速度都最高,增产最显著时期,如玉米抽穗初期、小麦拔节到抽穗期应加大水肥供应。

四、沙地地表覆盖技术与化学控制技术

(一)覆盖技术

地面覆盖是有效的保墒措施,已得到广泛推广。它能抑制土壤水分蒸发,可蓄水保墒,保温增温调温,保护表土不受风水侵蚀,改善土壤物理性质,培肥地力,抑制杂草和病虫害,提高水分利用率,减轻干旱威胁,促进作物生长发育,获得稳产高产。大部分材料可就地取材。

1.地膜覆盖

把0.002～0.02毫米厚的聚乙烯塑料薄膜覆盖在田块地面上起抗旱保墒作用。覆膜方式很多,可根据播种与覆盖的先后、覆盖位置、栽培方式分为不同类型。

①按播种腹膜先后顺序分为:一是先覆膜后播种:先盖地膜,再在膜上打孔播种,它不用破膜放苗,不怕高温伤苗。作业尽量使用铺膜播种机以保证质量,加快速度。人工打孔播种费时且造成播深、压土不一致,出苗不齐,其保墒保湿效果不如先播种后覆膜等问题。二是先播种后覆膜:播种后盖膜,能保持播种时墒情有利于出全苗,作业省工,但放苗围土费工,放苗不及时会高温伤苗。②按覆膜位置分为:行间覆膜。其中又分为隔行行间覆膜和单行行间覆膜。隔行覆膜是播种时一膜盖两个播种行,

出苗时地膜被覆在一个行间,形成隔行覆盖;单行覆盖是播种时每个播行覆一幅地膜,出苗时将地膜移到行间,形成每个行间都覆盖地膜。③作业:一是试铺:正式作业前必须先进行试铺,调整机具达到正常状态,保证良好铺膜质量,方能进行正式作业。二是机具操作:机具进入地头后,先用拉展地膜一段,铺在畦面上,其端头两侧适量压土,压膜轮压到地膜两边,即可作业。作业中辅助人员要跟机随行监视作业情况,并隔一定距离在膜面上压一膜带,防风刮起。机具前进速度要尽量均衡,机组作业到地头,先在膜头压土,后切断地膜,以免膜下灌风。

2.秸秆覆盖

利用作物秸秆、干草、残茬、树叶等植物的有机物质覆盖土壤表面。通常主要是玉米秸,麦秸等。①增产作用:秸秆覆盖能有效抑制土壤水分蒸发,防止土壤板结,改善耕层的性状,促进微生物活动,增加土壤有机质,可以有效地增加单产。②覆盖方法:依覆盖时间、秸秆完整程度、耕作方式、覆盖程度可分为不同类型。当地居民可以根据自己的需要和本身的条件选择合适的覆盖方式。③秸秆覆盖技术要领:材料主要为麦糠、碎麦秸、碎玉米秸、碎豆秸等,以上茬秸秆作下茬覆盖材料较理想。作物残体以长30厘米以下为好。高秆作物整秆(玉米、高粱)用于冬闲地和中耕作物行间覆盖,省工省费,又不易为冬、春大风吹移。

用量多少都有一定覆盖效果。量多效果明显,麦草材料夏、冬闲地适宜用量300～400千克/亩,出苗期,越冬前用量250～300千克/亩。太多易压苗、烧苗,太少保墒效果差。高粱整株覆盖用量(冬闲地、中耕作物间)400～500千克/亩左右,盖严为准。覆盖时间不同,对作物产量影响不同。如以冬小麦增温保墒为例,应在播种后,越冬前盖;春玉米、高粱等中耕作物可于幼苗期行间覆盖;秋季作物以调节地温、灭草、减小水分蒸发量为目的,以营养生长期覆盖为好。覆盖秸秆终将深翻入土,为使秸秆易于腐解,应调整土壤碳氮比(C/N),在推荐配方施肥基础上,增施15%～20%氮肥。

覆盖秸秆要整齐规范,以利田间作业。有风地区每隔1～1.5米适量压土防风吹起。

(二)化学控制技术

化学控制保水节水技术是节水的重要途径。保水节水化学制剂以组成分为四类:无机化合物;有机小分子;有机高分子;植物生育调节剂。按用途及施用部位可分为:种子抗旱制剂,保水剂等。

1.种子抗旱制剂

播前对种子进行化学处理能增强幼苗的活力,实现苗全苗壮,促进根系发育,利于水分养分吸收,能提高作物的抗旱能力。应用较多者有:

①干湿循环法(双芽法):用水对种子干湿交替处理,可提高作物的抗旱能力。方

法：将种子用其干重30%的水分润湿后蒙上湿布，置15℃～20℃下24小时，再摊开晾干，如此反复2～3次，播种种子经过锻炼，代谢方式改变，可适应干旱。播种苗全苗壮，根系生长快，细胞原生质亲水性提高。渗透势增大，干旱后恢复正常生命活动快，显示较强的抗旱能力。②过磷酸钙—硼酸液拌种：先配制过磷酸钙溶液，称取粉碎过的过磷酸钙3千克，加水50千克，充分搅拌，静止后倒入一个容器，在过磷酸钙中加入硼酸50克，得到6%过磷酸钙和0.1硼酸混合液。将种子置于一大容器中，称取一定量种子。按种子和混合液的比例为10∶1量取混合液。将混合液一半逐步均匀洒在种子上，注意搅拌均匀，放置1～2个小时，待种子干后，再加另一半混合液拌匀，当种子松散不沾时可播。此法处理后，小麦有效分蘖增强1～2倍，苗干重增加20%，根量增加30%。千粒重增加3～4克，每亩增产10～15千克。也适于处理其他作物种子。③其他种子处理药剂：如用防腐酸(0.05%)、赤霉素(20毫克/升)、琥珀酸(0.03%)、硼酸(0.05%)、硫酸锌(0.3%)、磷酸二氢钠(5%～10%)、保水剂包膜等，种子处理后可促进萌芽成苗过程，减小种子在土壤中滞留时间，克服土壤环境对种子不利影响。

2. 保水剂

①特点与作用：进行种子包衣，种子吸水过程加快，增加抗旱能力；施入土壤，增加土壤吸水、持水能力，增加土壤含水量，减少灌溉次数而节水；增加土壤保肥力，肥随水走，增加土壤养分有效性，利于作物吸肥。②使用方法：种子包衣。保水剂与等量滑石粉混合均匀，按3∶100比例(3份制剂拌100份种子)均匀撒在事先用水湿润的种子上，制剂立即牢固黏附种子表面，稍晾后即可播。干种子喷水量以干种子重5%～7%为宜，种子排成薄层，用喷雾器喷洒为好。然后拌撒吸水剂。浸种时间较长的种子(油菜)，应在沙田地用吸水剂处理后播种。根部深层。要进行贮存移栽、运输的苗木、花卉，起苗后洗去泥土，将保水剂与木屑以1∶1的重量比混合，加适量水成混合液，苗木捆扎成束，放在底部有孔塑料袋内，苗袋浸在混合液中，充分吸水后栽植。与培养土混合。将占培养土重0.3%～0.5%的保水剂与干培养土混合均匀，即可浇水施肥播种。需要说明的是保水剂用量还应结合实际情况确定。

五、沙区生态经济、特色经济、科技经济多种经营

(一)沙区生态农牧业

1. 原理

沙区生态农业把农业生产、农村经济发展和生态环境治理与保护、资源培育和高

效利用融为一体的新型综合农业体系。它是以环境科学为基础理论，遵循生态学、生态经济学，运用系统工程的方法，通过经济与生态良性循环，实现农村经济高效、持续、稳定、协调发展的现代化农业生产体系。

在我国人口众多、资源短缺、环境严重破坏的国情条件下，如何实现农业持续发展，走出困境，必须作出科学的选择，走农、林、牧、副、渔各业多种经营，资源保护与合理利用，生态与经济协调发展的道路一生态农业的道路。可见选择生态农业有它的客观必然性。它解决了生产、经济与生态间的突出矛盾，成为我国农业可持续发展的具体体现形式。

2.主要技术措施

生态农业主要应用生态工程技术及传统农作技术，对农业生态系统进行设计和管理，并配合相应的配套技术，运用优化方法，设计多层次多级利用资源的生产系统。充分发挥资源的生产潜力，防止环境污染，达到经济与生态效益同步发挥。生态农业的主要技术有：立体种养技术，这是劳动密集型技术，是浓缩我国传统农业精华的技术模式。它与现代新技术、新材料结合，使这一技术得到更充分发挥。

立体种养技术通过协调作物与作物之间，作物与动物之间，以及生物与环境之间的复杂关系，充分利用互补机制并最大限度避免竞争，使各种作物、动物能适得其所，以提高资源利用率及生产率。这类模式在我国农区相当普遍，尤其是资源条件较好、生产水平较高的地区更是类型多样，成为解决人多地少、增产增收的主要途径；有机物质多层次利用技术：通过物质多层次、多途径循环利用，实现生产与生态的良性循环，提高资源利用率，是生态农业中最具代表性的技术手段。主要通过种植业、养殖业的动植物种群、食物链及生产加工链的组装优化加以实现。

3.科学施肥

在农牧业地区，首先考虑畜禽粪便的施肥利用，在科技不发达的地区，粪便未能有效利用，只能经过一段时间的发酵后，直接施到农地，以提高土地的肥力，增加农作物的产量。科技发达的地区，粪便经过一系列的利用，如作为沼气池发酵用的沼气，喂养鸡鸭后再用作有机肥料等；除此之外，还必须施加一些化学肥料，以增强植物抗病害的能力。施肥的另一种方式是利用农作物的秸秆，其产量巨大，秸秆的一部分直接还田外作为肥料，还有一部分作为饲料供牛、羊等草食动物食用。

4.合理间作与轮作

注意轮作倒茬，合理间作套种，同种农作物易发生相同病害，为防止病源的传播与蔓延，应有计划地进行轮作，尤其是瓜类与茄类蔬菜生产。实践证明，合理间作套种选择互利组合，进行立体种植，有利于减轻病虫草害发生。

20世纪80年代研究推广的具有我国特色的西瓜、甜瓜与粮棉及其他经济作物间作套种技术模式在发展西瓜甜瓜生产中也起重要作用，目前主要有两种方式，一种是将西瓜甜瓜套种在粮棉产量低、适合种瓜的沙区、滩地，增加经济收入；另一种是将西瓜甜瓜与小麦等越冬作物或棉花、玉米、花生等夏秋作物间作套种，获得瓜粮（棉、其他经济作物）双丰收。在长江中下游地区则实施瓜稻轮作，可使晚稻增产10%以上，同时增加了农民收入。

5.农林与林草复合系统、经典模式简介

草原牧场可开发成一个生态型综合性农工联合企业，如集约经营高产草场，为牛、羊（禽）提供饲料，建立肉、奶等产品综合加工厂实现增值，粪肥及加工剩余物制作肥料用于草场施肥，工厂的能源要充分利用太阳能、风能等，形成"种、养、加、能源一体化"生产，形成生产、生态良性循环，有很好的生态效益和经济效益，也是较为典型的生态农业模式。

把牧草加工或直接饲喂牛、羊等，肉、奶等送到食品加工厂和罐头厂，血、皮等送到饲料加工厂和皮革加工厂，畜粪进入沼气池，沼气一部分用于发电，一部分直接作为燃料。沼气池的残渣污泥先送到沉淀池分开固体和液体，污泥可作为提取维生素的原料或作肥料；沼液可作肥料或送到氧化塘，清洗畜舍的脏水也送到氧化塘，由于其营养丰富，可生产水藻用来养鱼；氧化塘水面的浮渣可作为鸭、鹅的部分饲料，塘泥又是草场的好肥料。这样一个良性循环，使牧场的有机废物得到充分综合利用，而动植物产品及加工产品又获得良好的经济效益。

（二）沙区特色经济农牧业

沙区群众可以根据当地的自然地理状况，发展具有特色经济的农牧业。呼伦贝尔市的奶牛和大豆，兴安盟的水稻，通辽、赤峰的玉米，锡林郭勒的牛羊肉，乌兰察布市的马铃薯，巴彦淖尔市的小麦，鄂尔多斯市、阿拉善盟的绒山羊等，各具特色，优势突出。可以在当地政府的扶助下走具有特色经济的沙区农牧产业，调整地区的经济结构。积极主动宣传绿色消费是一种新的消费时尚，农畜产品大多产于无污染的大草原，是天然的绿色产品，可以迎合市场需求，突出绿色品牌，发展当地的经济，发展特色经济和优势产业的同时，要避免结构雷同的重大举措。

（三）沙区科技经济农牧业

沙区科技农牧业是大力推广生态农业、立体种植、工厂化育苗等高新技术成果，引进推广农业新技术，用于对传统农业进行嫁接改造，提高农业新技术覆盖率、良种普及率。依靠技术创新,不断提高农业科技含量,注重硬件建设。比如修建道路,有条件灌溉的地方修建农渠,建立农产品批发市场,建立蔬菜养殖基地等;同时还要求高度重视生态治理关键技术的研究与推广,重点开展沙尘暴成因的研究;加强适宜性植物种研究,适宜种及苗木筛选、配置、处理技术研究;以草定畜、种草轮牧、舍饲和半舍饲模式的研究;生物与工程防治措施结合的研究;不同生态类型区高效节水集水技术研究;沙地综合治理技术与持续利用模式,困难立地造林技术研究等。

(四)沙区多种经营、综合经营

要积极探索生态治理的产业化与经营型模式。发展多种经营、综合经营,实现生态效益、社会效益与经济效益协调发展的统一。

沙区可开展农、林、牧、副、矿业综合经营的路子,努力发展沙区经济,提高人民的生活水平,增加农牧业的经济产出,从多方面考虑产生的经济效益,加大科技投入,引进各种人才。

第五节　沙区能源开发技术

根据当地条件,能源状况因地制宜,规划发展薪炭林。传统薪炭林经营粗放,功能单一。现代条件下要营造集约经营,多功能、多效益薪炭林。经营方针是:短轮伐期,高产,用途、结构合理,永续利用,不仅提供用材、饲料肥料之产品,同时起涵养水源、防治荒漠化、调节气候等生态作用。

一、薪炭林、节柴灶

(一)树种选择

要根据立地条件和树种生物生态学特性认真选择树种。选择原则:生长快,萌芽强,生物量大,热值高,燃烧性能好,抗逆性强,多功能乔灌本树种。且以乡土树种为主,要短期见效益。荒漠化地区适宜树种有旱柳、柽柳、灌木柳、蒙古柳、胡枝子、白榆、刺槐、麻栎、沙棘、山杏、山桃、黄栌、紫穗槐等;在不同的地区,选择适宜的树种进行营造。

(二)合理密度

一般要求高密度,短轮伐期 2～4 年,密度 5000～10000 株/公顷,但要因地而宜。

(三)搞好配置

采用混交方式种植,混交方式有乔灌混交,针阔混交,速生慢生混交,深根浅根混交，喜光耐阴混交，固氮非固氮植物混交等。灌木定期平茬，乔木逐年修剪，获取薪材。干旱区、草原区宜采用灌木混交。

(四)适时平茬更新

根据树种特点和立地条件，适时平茬更新，充分发挥生产潜力，争取最佳效益。一般3～5年开始采伐，合理确定采伐面积、时期、周期。

(五)发展薪炭林途径

利用荒沙、荒滩、荒地营造高效薪炭林，改造残次林，各种原因形成的残次林符合薪炭林条件的，通过平茬更新改造为薪炭林。疏林补植、补种，增加密度；针叶林内补种薪炭树种，补造树木长起后，伐除无望小老树，保留有望树木。长成小径材，成为新型薪炭林。普及节柴灶是节省薪柴，提高效率的有效措施，节柴灶应大力普及。

二、风能

风力机：风力机是以风力为能源，将风能转化为机械能、电能、热能等形式而做功的一种动力机械。它是风能开发必备的机械，通过它把风能转换成为生产生活所需要的能源形式。风力机可以用来发电、照明提水、粉碎机等。

风力发电：我国是从户用小型发电技术机起步的，近年来得到稳定发展，尤其在沿海及草原地区，可解决边远区用户发电。满足照明、看电视、通信等多方需要，受到牧民、渔民欢迎，尤其在荒漠化地区。

风力提水技术：风力提水在我国有悠久历史。这一内容在荒漠化地区显然是相当重要的，对农牧业生产有很大的实用意义。20世纪70年代以来，风力提水机械研制与改进已列入新能源开发项目，目前已有十多种不同形式的风力提水机开发成功并投入使用。

风力提水除灌溉外，在盐碱地可提水洗盐改土；还可与小电站配套，利用有利地形，构成蓄能电站，将水轮机流出的水送入水库，增加电站发电能力。风力提水节省电力、汽油、柴油，消除环境污染。

风力成水淡化技术：利用风力发电驱动淡化装置(电渗析器)，将苦咸水淡化为饮用水过程。水温9～19℃时，总脱盐率达70%，生产1吨淡水成本约为3.4元。

三、太阳能

在广大农村城镇居民中，最普遍、最大量的应用方式是太阳灶、太阳能热水器、太阳房等，这些利用对缓解荒漠化地区农村城镇缺柴少烧的困难，解决炊事、取暖、热水、生活用能，高效栽培，保护植被，防止生态恶化，改善和提高群众的生活质量与水平,加强文明建设,发展生态农业都具有重要意义。

太阳灶是利用多种反射镜面会聚阳光使所获得的热能直接用来煮饭、烧水的一种简易装置。在植被最缺乏、能源最紧张、而阳光充足、最需要太阳灶的干旱、半干旱、半湿润的荒漠化地区广大农村和城镇,太阳灶的普及率不高,目前急需要推广实用。

太阳能热水器太阳能热水器是在全国推广应用最普遍的加热水的太阳能装置。它更应在广大荒漠化地区农牧区基层广泛推广。充分利用该区丰富的太阳光资源,普及太阳能热水器,节省大量植物能源,提高群众生活水平。

四、沼气

(一)沼气的作用

有效地解决能源与照明,改善农民生活,改善环境;提高肥效,为农业高产稳产创造条件;有利于搞好环境卫生,除害灭病,提高农民健康水平;有利于发展畜牧业,增加收入,有利于促进当地工业发展,提高人民生活水平。用沼气煮饭、烧水、点灯必须有良好的输气设备和灯、灶具,输送设备有管道、接头、开关、喷嘴、水拉压力机等。

(二)沼肥施用

沼肥既有大量水分,也有大量速效养分,易于吸收。施用沼渣改良土壤,增加土壤有机质,氮、磷肥增加孔隙度,降低容重,增加活土层,提高抗旱能力。粪液可直接作追肥,结合灌水施,植物旁挖 6～10 厘米深穴、沟,深施覆土;冲水泼施;作基肥要用干土掺和,封闭保存,整地时施入;粪液稀释 2～4 倍,用于根外喷施效果好。

五、秸秆气化技术

秸秆气化技术是利用一套机械装置,将秸秆进行缺氧燃烧,并通过还原和裂解过程,将秸秆中的大部分有机质转换为可燃气体(H、CO、CH 等),经过除尘、冷却和净化等工序后送至储五、沙区能源开发技术气柜,再经由输气管道送到各户供炊事和取暖等用。

秸秆气化原料枝丫、稻壳、稻草、树皮等几乎所有生物质均可作为气化原料。气化品质汽化后得到的燃气主要成分是:CO(20%),H_2(9%),CH_4(12%),CO_2(12%),O_2(1%),N_2(52%)。气化率每千克干质原料产气约 2000 平方米,能源转化率超过 85%。成本综合各种因素,每立方米燃气的销售价不超过 0.2 元。

上述薪炭林、太阳能、风能、沼气等数项措施配合使用,多能互补,是解决荒漠化地区能源问题的可靠途径,也是保护生态环境,保护植被的有效措施。

第五章 森林植被的生态修复技术

大量研究表明，世界上绝大多数地区的退化生态系统都是人类对资源、环境过度利用或不合理经济活动过度干扰所致。当人类干扰排除或减轻之后，大部分退化的生态系统都会逐步趋于自然恢复。特别是一部分自然条件较好，或生态系统退化较轻的地区，这一恢复进程有时还很快。一些退化生态系统在消除人为干扰后，可以逐步自然恢复。而另一些退化生态系统，由于受损严重或自然条件恶劣，在消除人为干扰后，很难自然恢复，或自然恢复进程缓慢。这时，需要采取生态修复措施，但不是所有的生态修复措施都能够促进退化生态系统的恢复，只有那些遵循了自然发展规律，符合当地自然条件的生态修复治理措施，才能有效促进退化生态系统的恢复。而要掌握自然发展规律，采取有效措施，就要了解退化生态系统的生态修复的相关技术。

第一节 气候与植被修复

地球上任何地区的植被都是在一定的气候条件长期作用下的结果。因此，任何明显的气候变化都会对植被产生影响，改变着植被演替的方向或速度。对于退化植被来说，有利的气候条件更是其自然恢复的动力和机制。

一、植被分布与气候的关系

陆地植被的分布有水平地带性分布和垂直地带性分布。研究结果表明，植被的地带性分布规律既与气候的空间分布特征有关，又与植物的生态类型及其对环境响应能力有关。

(一)植被的地带性分布与气候的关系

气候的空间变化是有规律的。在地球表面上，太阳辐射随着地理纬度变化：低纬度的赤道地区，全年地面接收太阳总辐射量最大，季节分配较均匀，终年高温，长夏无冬；随着纬度的增高，地面受热逐渐减少，一年中季节差异明显；到了高纬度地区（如北极），地面受热最少，终年寒冷、长冬无夏。这样，从南到北就形成了各种热量带，赤道地区是地球上最热的地区，从赤道向两极沿纬度气温逐渐下降，形成了以温度划分的热带、亚热带、暖温带、温带冷温带、寒带等不同热量带。另外，由于地球上的大陆均被海洋所环绕，海洋上产生的大量水汽，通过大气环流和降水输送到陆地。由于海洋向陆地输送的水汽沿途不断形成降水而减少，同时受到大陆高山、高原阻隔，陆地上的降水量在同一纬度的不同地点，往往差异很大，呈现从沿海到内陆渐次减少的现象。因此，在同一个热量带内，沿海地区空气湿润，降水量大；距离海洋较远的地区，大气降水量减少，干旱季节长；到了大陆中心，大气降水量更少，气候极为干旱。例如，我国的大陆性气候明显，从沿海到内陆，按降水量多少依次分布着湿润、半湿润、半干旱、干旱和极端干旱气候区。而在我国北方内陆高山地区，随着海拔的升高，温度逐步降低，降水量逐步升高，温度和降水呈负相关。

地球表面植被的空间变化也是有规律的。地球表面植被的地带性分布规律包括水平地带性分布规律和垂直地带性分布规律，水平地带性分布规律分为径向和纬向地带性分布规律。植被的径向地带性分布规律在北半球的欧亚大陆区最为明显，它从沿海向内陆植被类型依次从森林、森林草原、典型草原变化到半荒漠、荒漠。例如，在我国北方地区从沿海到内陆植被类型径向变化规律为森林、森林草原、典型草原、草原化荒漠、荒漠。在北半球，从赤道热带地区到极地寒带地区，植被类型的纬向地带性变化规律依次是热带雨林、亚热带常绿阔叶林、温带落叶阔叶林、寒温带针叶林、极地苔原带。在我国，从南到北沿纬度也依次分布着热带雨林区、亚热带常绿阔叶林区、温带落叶阔叶林区和寒温带针叶林区，表现出明显的纬度地带性。植被的垂直地带性分布规律主要发生于高山地区，从山底平原到山顶，常可看到植被呈带状依次变化。例如，分布于我国内陆干旱区的祁连山山脉，从山麓到山顶依次分布有荒漠、荒漠草原、草原、森林高山草甸等植被。

大量研究结果表明，地球表面植被的空间变化规律与气候的空间变化规律是一致的。植被类型的纬度地带性分布与温度的纬度地带性分布是一致的，山地植被的垂直变化规律受温度、降水的垂直变化规律抑制；植被类型的径向变化与降水量的径向地带性变化一致。由于水、热、光照条件是一切植物生存和繁衍的必要、限制条件，光照强弱、气温高低、降水量多少直接影响植物的生存、生长发育和生物产量。因此，一定的气候条件下总是对应着一定的植被种类和植被类型，植被类型的空间变化总是随着气候的空间变化而变化。这说明，植被变化与气候变化存在着密切关系，植被变化取决于气候变化。

(二)植物的气候生态位

地球上的一切植物的生存和繁衍都需要一定的气候条件,特别是光照、水、热条件,所以地球上的植被随气候条件的空间变化而呈现地带性分布。达不到这样的气候条件,植物在自然状况下就不能正常生存或者说不能长期存活下去,这种植物所需要的气候条件,就是植物的气候生态位。由于一个地区的气候条件总是处于不断变化之中,植物经过了长期的自然选择,也逐步适应了气候条件的变化,能够在变化中的气候条件下生存。

但是,植物并不是对所有的气候变化都能够适应,它只是在一定的气候条件下生长发育最好,种群繁衍最为迅速。当气候条件发生轻微改变时,植物也能够适应,但生长发育、种群数量和生物产量可能会受到抑制。当气候变化超过了植物的适应能力的时候,植物往往会受到伤害,特别是极端气候事件的发生往往给植物造成致命的伤害。也就是说,每一种植物都有自己适宜的气候生态位,在这个生态位上,适合植物的生存和繁衍,在气候条件偏离这个植物生态位时,植物的生长就会受到影响,严重时会导致植物消亡。

不同植物生存和发展不仅所需要的气候条件有很大不同,而且所能适应的气候变幅也有很大区别。也就是说,不同植物有着不同的气候生态位,不同植物气候生态位的宽度也有很大差别。

(三)植被分布与气候的关系

根据气候条件对植物的作用及植物对气候变化的响应,我们将植物的气候生态位分为微气象生态位、基础气候生态位和功能气候生态位。植物的微气象生态位是植物需要的局部近地表微气象条件。这些微气象条件包括近地表温度湿度辐射、风沙活动等,这些微气象条件既打着区域气候背景条件的烙印,也受局部地形、土壤、水分等环境条件的影响。这些微气象条件对植物的生存和繁衍影响极大,它可能导致植物种组成、局部植物群落类型、优势种种类、群落的功能特征发生明显改变,产生与地带性植被完全不同的隐域或半隐域植被,产生偏离顶极气候群落的偏途顶极群落。基础气候生态位是指植物生存与繁衍所需要的气候背景条件。从植被的演替系列来看,基础气候生态位决定着地带性植被的类型、种类组成和顶极群落的基本功能特征。因此,对于一个顶极气候群落来说,没有人为干扰的情况下,大的气候背景稳定,其群落类型植物种组成及生物多样性一般也不会发生大的波动。功能气候生态位是指植物展现其功能特征所需要的气候条件。对于一个植物群落来说,其植被高度、盖度和生物产量等属于功能特征,这些功能特征往往是功能气候生态位所决定的。由于年际气候条件总是不断变化的，其植被盖度、高度和生物量也会随着降水的多少、温度的高低而变化。

二、气候对植被恢复的驱动机制

在退化植被恢复过程中，气候的驱动作用是显而易见的。其主要表现在三个方面：①在消除人为干扰后，群落的物种组成、丰富度、盖度、高度和生物量会自然增加，气候条件的改善可以加速这一过程。②大部分一年生植物或短命植物都在雨季萌发，较多的降水和较高的气温，有利于其萌发和存活，使土壤种子库的潜在植被转变为现实植被。③大多数退化植被恢复演替的方向都是地带性植被，终点为顶极群落，这是气候驱动机制的最根本体现。

在全球尺度上，人类对环境的干扰，如 CO_2 等温室气体排放量的增加，可能会引起世界性的气候变化。但在区域或更小尺度上，人类对植被的破坏，一般不会引起大尺度的气候变化，如区域年均降水和年均温度均很少受到局地植被破坏的影响。但是，局域植被的破坏可以引起局地小气候的明显恶化，如造成空气湿度的下降、裸露地表温度的升高、地面反射增强、无霜期的缩短、地表风沙流增强等。当局域人为干扰消除以后，大尺度的气候背景条件仍不会发生明显改变，降水和气温仍会随其发展规律而呈有规律的变化，只有那些对局部植被产生影响的微气象条件有可能发生明显变化。因此，气候对退化植被恢复的驱动作用和作用机理，在不同尺度和层面上有很大不同。下面我们主要从降水的短期、中期和长期变化三个尺度论述气候变化对植被恢复的驱动作用和机制。

(一)降水年际变化对退化植被恢复的驱动机制

一般来说，各种气候因子年际间都会发生变化，但年际变化最明显、对植被影响最大的还是降水的变化，包括降水量、强度、时间和频率。大多数情况下，降水条件的改善，包括有效降水量的增加、降水持续时间延长，都有利于退化植被的恢复。反之，如果降水不是限制条件时，降水量的增加、降水强度的增大，其对植被恢复的驱动作用可能会不明显，甚至反而对退化植被产生不良影响。

1. 降水年际条件改善对退化植被恢复的驱动作用

降水年际条件改善对退化植被恢复的驱动作用主要体现在以下三个方面：①降水量的增加和降水持续时间的延长，有利于植物种子萌发和幼苗生长，可提高植物种子萌发成活率，增加实生苗数量，增大种群密度。特别是在干旱荒漠地区，春、夏降水是植物种子的萌发和幼苗生长的决定因素。在降水多的年份，沙漠一年生植物大量萌生，而在干旱的年份，则可能极少有植物种子萌生。另外，降水量丰沛，也对幼苗的存活和生长有利，使幼苗的成活率明显提高。显然，降水增加对种子萌发和幼苗成活率的促进作用对于退化植被的恢复是有利的。②当年降水量的增加，植株生长大多数情况下会表现出生长旺盛，分枝分蘖增多，叶色光亮，植被高度、盖度和地上生物量都会明显增加。而植被高度、盖度和生物产量的增加，也意味着植被功能特征得到改善，说明退化植被的功能恢复。例如，在半干旱地区的科尔沁沙漠，和正常降水年份相比，降水多的年份草地植被高度和盖度可增加20%—30%，地上生物量增加10%—20%，而极端干旱年份其植被高度和盖度则可能下降30%—50%，地上生物量下降50%—80%。③降水量增加，植物的繁殖能力特别是无性繁殖能力明显增强，加快了种群蔓延和扩散速度。干旱区，对于大多数植物来说，降水增加使得植物在保证基本生存的条件下，有更多的水资源可以用于繁衍和种群扩散。这时，植物不仅会由单一繁殖方式向多种繁殖方式转变，而且繁殖率也会增高。干旱年份的科尔沁沙漠草类一般只进行营养繁殖，种子繁殖能力很差；而在丰雨年份，不仅营养繁殖和种子繁殖并举，而且营养繁殖和种子繁殖数量明显增加，从而使其种群数量增加，种群蔓延速度加快，种群覆盖度增大。

2. 降水年际条件改善对退化植被恢复的驱动机制

如上所述，降水年际条件的改善可以促进退化植被的恢复，其主要机制包括以下几个方面：

第一，降雨量增加带来降水持续时间的延长，为土壤种子的萌发提供了较为充裕的时间，使萌发的有效种子数量增加。种子萌发不仅需要适宜的土壤含水量，而且需要其持续一定的时间，否则即使种子萌发了，也很难出苗，或在苗期死亡。如果降水持续时间得到延长，就会使萌发的种子很快出苗和扎根，成活率升高。

第二，降水量的增加可以改善植物的土壤水肥条件。降水不但可以使植物得到更多的水分供给，保证植物恢复生长所需要的水分，而且在干旱条件下，土壤水分含量的增加，也可促进土壤养分的有效性，使更多的土壤养分能够被植物吸收，用于恢复生长。特别是在干旱地区，土壤水分含量一般较低，直接限制着植物的生存和繁衍，降水量的增加对土壤水分的补充很重要，可以提高植物生存和繁衍的概率。

第三，降水量的增加可以改善植物群落中的微气象条件，有利于植物的生长。一般情况下，降水量的增加可以增加空气湿度，降低夏季地表温度，减少地表反射，使植物体温下降、蒸腾耗水减少。特别是在多风的沙质土壤地区，降水还可以降低风沙活动强度，减弱风沙流活动对植物的危害。微气象条件的好坏与植物生长关系相当密切，因此降水增加对植物微气象条件的改善显然是退化植被恢复的重要机制。

由于降水存在着明显的年际变化，多雨年份有利于退化植被的恢复，但干旱年份退化植被的恢复也会受到抑制。那么，在消除人类干扰之后，退化植被在降水的年际变化间逐步走向恢复的过程是：植被在多雨年份的恢复，一般情况下是不会完全被干旱年份降水减少的影响所抵消的。因为对于乔木、灌木和多年生草本来说，在多雨年份可能会新生很多枝条或根茎苗，使地表覆盖增加，而在干旱年份这些枝条或根茎苗一般是不会死亡的。虽然，当年降水量也会引起一年生植物种的增加，但次年如果遇到干旱年份，新侵入的一年生植物种就会消亡。研究结果表明，一年生植物的物种数量会随着年际降水量的变化而波动，年度降水量的改善在群落恢复的早期不能成为群落植物种组成变化的驱动因素。

(二)中期降水变化对植物恢复的影响

如上所述，植被高度、盖度和生物量的恢复是和年际降水量变化密切相关的。群落的植物组成的饱和度、生物多样性也同样与年降水量有密切的关系。研究结果表明，一般情况下，无论是年降水量还是季节降水量的增加，都会引起群落的植物组成的饱和度和生物多样性的增加。因为降水的增加，使一些种子的萌发和侵入加快，导致植物种数量增加。但这些新增加的种对降水往往非常敏感，如果在生长后期，甚至是来年降水量减少，它们就会消失，使植物种的数量随降水的年际变化或季节变化而波动，而不像植被盖度高度和生物量那样存在明显的累积恢复效应。因此，群落植物组成和生物多样性，一般不会随着短期降水的增加而呈现增加的趋势，而只有中期降水量的增加，才有可能使植物种数量、生物多样性得以逐步增加。

1. 中期降水增加对退化植被恢复的驱动作用

连续几年的降水量增加称为中期降水量增加。连续几年降水的增加可以对退化植物群落的物种结构产生重要影响。中期降水量的增加对退化植被恢复的驱动作用主要表现在以下几个方面：①促进植物种群数量稳定增加。连续几年降水条件的改善，大部分植物种群的数量都会明显增加，特别是新侵入种一般能够形成具有维持种群稳定和发展的最小群体数量。对于这些新的侵入种，只有当其种群数量达到一定水平时，其种群才会形成一定的结构，才具有繁衍、竞争的能力，才能长期存活下去。因此，最小种群数量的形成，是保证群落植物种增加的必要条件。②使群落中植物种群的分布更加分散，均匀度增加。植物种群是否均匀分布，是群落生物多样性能否增加的一个重要决定因素。气候条件的连续改善，会减弱或消除退化植被或草地环境条件的空间异质性，使植物更容易从原有斑块中向外扩散，随机扩散的概率也会提高，导致均匀度增加。

2. 中期降水增加对退化植被恢复的驱动机制

气候条件的连续改善会形成良好群落微气象条件且持续存在，有利于更多植物种的侵入。例如，在半干旱地区，如果连续几年多雨少风，流动、半流动沙丘的地表则可能会形成物理或生物结皮，不仅风沙活动会明显减弱，而且地表温度会下降，在消除了春季风沙流的打磨和夏季地表高温灼伤的危害后，更多的植物种就会侵入，使群落植物种组成数量增加。

促进植被盖度的增加，使一些窄生态位植物在其他植物的庇护下得以生存。气候条件的连续改善，首先会使退化植被高度、盖度明显改善。而植被高度和盖度的连续改善，会对新侵入的植物种产生有效的庇护，使其得以稳定发展，从而使群落的植物种组成数量稳步增加。使多年生植物在侵入早期安全越冬。对于大多数多年生植物来说，都具有苗期生长缓慢，当年越冬能力差的特点。虽然，某个季节或年份降水量增加也会促进一些多年生植物的侵入，但如果下个季节或年份降水量减少，这些新侵入的多年生植物就难以抵御严冬低温和春季风沙干旱的胁迫，会造成其再次消亡。只有连续的气候条件改善，才能够保证更多的多年生草本植物的侵入并稳定存活，增加群落的植物种组成和生物多样性。

(三)长期气候变化对植物恢复的影响

长期气候变化，是指能够影响一个地区平均气温指标变化的，以十年为尺度的气候变化，也可以说是一个地区气候背景的变化。它一般受全球气候变化的影响，如温室气体排放量增加和全球气候变暖所引起的区域气温升高和降水量变化等。这种气候变化比较缓慢，具有一定的持续性，对植被的影响比较深远，不仅决定着植被演替的方向和速度，也影响着植被恢复的终点和气候顶极群落的特征。

不同时间尺度气候的变化对植被恢复的作用表现在空间尺度上。短期气候变化的作用空间应该主要在植物个体和种群上，中期气候变化的作用空间主要为植物群落，而长期气候变化的作用空间主要为地带性植被。而实际上，他们之间的作用范围并不是可以截然分开的，相互之间的界限也不是非常明显。特别是在湿润地区，或受隐域性气候条件，或其他环境条件影响的地区，不同时间尺度气候条件的交叉作用、重叠作用是显然易见的。但是，这并不妨碍我们了解退化植被恢复过程中不同时空尺度气候的作用。只要我们从宏观到微观逐步进行分析，分离各尺度气候变化对植被恢复的作用是完全有可能的。

三、植物的生态修复功能

植物是初级生产者。它通过光合作用利用太阳能将 CO_2 和 H_2O 转化为生物能有机质，在维持生态系统的物质循环和能量流动中发挥着重要作用。除此之外，植物还具有调节气候促进土壤发育、保持水土、净化空气、防风固沙、减轻环境污染等重要功能，在修复退化生态环境，维系生态系统健康等方面具有重要作用。

(一)促进生态系统的物质循环和能量流动

1.促进生态系统的物质循环

生态系统的物质循环(又称为生物地球化学循环)，是指地球上各种化学元素，从周围的环境到生物体，再从生物体回到周围环境的周期性循环过程。

植物为生态系统的物质循环提供了丰富的物质基础。据资料显示，各种生态系统的第一性生产量：河口海湾、冲积平原的植物区系和集约程度高的农田(如甘蔗田)生态系统的生产量最高，每昼夜为10—20克/平方米；森林、浅湖泊和灌溉农田生态系统的平均生产量每昼夜为3—10克/平方米；高山、海洋和深湖泊生态系统的生产量每昼夜为0.5—3克/平方米；海洋和沙漠生态系统的生产量最低，每昼夜为0.1—0.3克/平方米。因此，可以说没有植物的光合作用，在生态系统中就没有物质的生物地球化学循环。

植物对生态系统物质循环的贡献：既为消费者提供了食物，又为生态系统物质循环提供了物质基础，而且植物在水的地球物理循环中扮演着重要角色，因为植物每生产1克干物质需要蒸腾大约500克水。与此同时，植物还会分泌包括酶类在内的各种分泌物，这些分泌物对于土壤矿物质的分解起到了重要的促进作用。

生态系统物质的生物地球化学循环依赖于植物的光合作用，因此植物生长情况的好坏、生物产量的高低，都会影响到生态系统的物质循环。虽然生态系统的物质循环受到多种因素的影响，但从某种意义上讲，茂密的植被、较高的生物产量，对于生态系统的物质循环总是有利的，而衰退的植被、较低的生物产量，则使生态系统缺少物质循环的基础。

2.促进生态系统能量流动

在生态系统中，能量流动伴随物质循环同步发生。在植物利用太阳能将空气中的 CO_2、环境中的水和其他物质转化为有机物的同时，也将太阳能转化为化学能或生物能。植物可以通过各种方式转换能量，并储存于有机物中。生态系统中，能量是依靠食物链传递的。无论是消费者还是分解者，它们都是通过与生产者建立直接或间接的生物关系，并通过这种关系来完成物质的循环和能量流动。而在生态系统中，能量传递进程的长短，不仅取决于食物链的长短和能量的转化效率，而且与生态系统初级生产者储存的能量有关。在食物链长短和能量转化效率相同的情况下，初级生产者储存的能量越多，能够为消费者和分解者提供的能量就越多；在能量转化效率相同的情况下，初级生产者储存的能量越多，其食物链就可能延伸得越长。

(二)消费者食物和栖息地的提供者

1. 为食草动物提供食品

植物处于生态系统食物链的最底层，主要是为食草动物提供食物。在地球上并不是所有的植物都可作为动物的食物，绝大多数植物都存在一定的消费者。即使是对人类或家畜有毒的植物，在其周围也或多或少地存在一些草食消费者。食草动物通过采食植物获得所需要的蛋白质、脂肪、碳水化合物、维生素、矿物质等养分及水分。另外，很多植物都具有药用价值，可以为动物治疗疾病并起到保健作用。

地球上，陆生食草动物种群，主要生存于草原地区。草原是地球上分布最广、面积最大的一类生态系统，主要生长着草本植物和一些灌木，是牛、马、驴、羊、骆驼等大型草食动物聚集的地区。森林生态系统也是地球上分布很广、面积很大的一类生态系统，主要生长着一些草本植物、灌木和乔木，生活在森林地区的一般为中小型草食动物，如松鼠、考拉、猴子等，这些草食动物大多生活于树上。水体生态系统，如海洋、湖泊、水库等，主要生长水生植物，其草食动物主要为鱼类及蜗牛等软体动物。还有很多植食性动物，如各种昆虫、鼠类等。人们还通过种植多种饲草和饲料作物，如玉米、苏丹草、苜蓿等，为家畜、家禽提供食物。

对于食草动物来讲，植物种类的多少、生长的好坏、产量的高低，都直接影响着动物种群的种类和数量。茂盛高产的植被类型，往往可以孕育多种多样的动物类群和数量。对于退化动物类群和种群，如果能够获得充足的食物来源，对于其种群的恢复是极其有利的。因此，加强对退化植被的管理，既可促进退化植被的恢复，也可为退化食草动物种群提供更多的食物来源，从而加快其恢复。

2. 为动物提供栖息地

植物之所以能够为动物提供栖息地，与其生物学特性有关。稠密繁茂的叶片既可以遮风、避雨、挡光，又可以很好地遮挡猎食动物的视线，使之得到很好的保护，强劲的枝干可以支撑动物在其上行走、休息或搭建巢穴。因此，很多动物或长期生存于植物之上，或以植物作为隐蔽、休息、繁衍后代的场所。其中，乔木一般比较高大，树干明显，枝条硬实，叶片稠密，可为猴子等树栖动物提供良好的栖息条件，也是鸟类搭建巢穴的良好场所；灌木一般较乔木低矮，但枝叶更为稠密，对动物的遮蔽性更好；草本植物较为低矮，但很稠密，因此灌木和草本植物均是一些小型鸟类和一些小型动物搭建巢穴和栖息的场所。还有很多植食性昆虫，既以植物为食，又以植物为栖息地，常年生活于植物之上。

在植物物种极其丰富的热带雨林地区，从林冠上方到地面垂直距离最大可达到50米，光照条件越来越弱，温度依次降低且变幅越来越小，湿度依次增大且更少变化，风力降低。在这个纵深的空间范围内，许多有着不同生活方式的动物都能找到适合自己的生存环境，而退化生态系统的结构趋于简单，能够为动物提供栖息的环境种类也很有限，从而也成为退化生态系统中动物物种逐渐趋于单一的重要原因。

植物作为动物的栖息地，对于动物种群的生存和繁衍极为重要。当植物群落类型、结构发生改变或退化、丧失，最终都会导致依靠其为生的动物种群发生改变或丧失。维持植物群落的稳定，对于维持以其为生存环境的动物种群，特别是与其具有共生关系的动物种群，具有重要意义。

3. 为人类提供各种食品和其他生产生活用品

植物也是人类的主要食物来源。人类通过取食植物获得生存的大部分营养物质。可供人类使用的植物主要包括白菜、萝卜、马铃薯等蔬菜作物，苹果梨、橘子等水果作物，水稻、玉米、小麦等粮食作物，葵花、油菜胡麻等油料作物。这些作物均由人工种植，属于人工栽培作物。另外，还有很多野生植物及其果实，如野生桑葚、蕨菜、核桃、松子等，可供人类食用。这些植物为人类提供碳水化合物、维生素蛋白质、脂肪、矿物质等必需营养，关系着人类的健康与发展，因此建立可持续的植物性食物来源，丰富其种类，保证其质量，对于人类的健康发展具有重要意义。

人们利用植物的另一个用途是其药用价值。具有药用价值的植物，称为药用植物。世界上的很多植物具有药用价值，很多国家和地区的人们，特别是具有古老文明史的国家，如中国、印度、埃及等，都在使用药用植物进行疫病防治。如金莲花、香蒲、菖蒲、泽泻、慈姑等具有补血、化瘀、消炎功效；香蒲的蒲棒和花粉（蒲黄）具有消炎、止血作用；芦苇的根茎具有清热解毒、利尿、生津止渴、镇吐等作用；海莲所含的木榄碱可抑制肉瘤和肺癌。

很多植物还有很多其他用途。如植物是造纸的重要原材料；可为机械制造、仪器仪表、化工建筑、交通、通信、农业等行业提供生产所需木材；也可为生活所需家具生产和家居装潢提供原材料。

(三)涵养水源,保持水土

1.涵养水源,调节供水

植被通过时间上对降水吸收、释放的调控,空间上对降水的再分配,起到涵养水源、调节供水的作用。植被的这种作用,对于保持水土,减缓干旱和洪涝灾害起着重要作用。其机制主要表现在以下几个方面:

第一,植物可以拦截降水,使一部分降水截留于树叶和树干之上。这部分被植冠截留的降水,一部分通过蒸发返回大气中,可以调节小气候;一部分被植物茎、枝干、叶片吸收和利用,成为植物体水分的组成部分;最后还有一部分会落到地面,或顺着植物茎干,进入土壤中,但其时间明显滞后。研究表明,不同植物冠层截留降水的能力有很大差别。其中,以草本植物冠层截留降水的数量相对最少,灌木、半灌木居中,截留水量最大的是稠密的森林林冠。研究表明,林冠截留降水的能力与上层树种的生态特性有关,耐阴性树种由于枝叶茂密,截留的降水要比阳性树种多。同时,群落截留水量的大小,还取决于群落结构的复杂程度和降水的强度。群落的结构层次越多,截留的降水量越多;降水的强度越小,则群落截留降水的百分比就越高。

第二,植冠下的枯枝落叶层及活的地被物对水分的吸收,使大量水分蓄积在地被层中,既导致地表径流形成时间滞后,又减少了地表径流的形成,涵养了水源。据研究,枯落物吸水可达自重的40%—260%。这些蓄积在枯枝落叶层中的水量,一方面通过蒸发缓慢释放,维持冠层下的小气候;另一方面逐步下渗,缓慢补充土壤水分,从而起到涵养水源、调节供水的作用。

第三,植物根系对降水入渗具有促进作用,使降水较为迅速地渗入土壤之中,减少地表径流的形成,并在以后再缓慢地补充河川流量,从而起到蓄水、减洪和保持水土的作用。其机制为:①被植冠截留的水分可以沿着枝干向下流,到达地面后再顺着根系进入深层土壤。②由于植物根系的作用,森林、草地等植被土壤有许多孔隙、裂缝和孔洞,这些孔隙、孔洞和裂缝既是水的贮藏库,又是水从地表向地层深处移动的通道。据调查,草原和森林的土壤孔洞:在地下5—10厘米处,草原为4%,森林为27%;15—20厘米处,草原为4%,森林为16%;25—30厘米处,草原为零,森林为17%。

2.保护土壤,减少水土流失

植被枝叶可以形成对地表的覆盖,根系可以紧固土壤,因此植被能够减轻强风、水流、波浪对土壤的侵蚀,起到减少水土流失的作用。其作用主要表现在三个方面:

①减轻雨水对地表的直接冲击，减少地表径流的形成，从而减轻水土流失。②减轻海洋、湖泊、河流中水流或波浪对河堤、湖坝海岸的冲刷，防治毁岸、塌堤，减少水土流失。③防止或减轻强风对地表的作用，使表土免受风蚀。

植被具有降低风速，减少风能，防止土壤风蚀的作用。其机制有：①茎干、枝叶较为柔软，当风吹时，随其摆动，大量动能被消耗或向下传导，使风的动能降低。②枝叶较为稠密，相当于在地表形成一层屏障，使风无法直接作用于地表。③植被的存在增加了地面粗糙度，使土壤侵蚀的临界风速明显提高。

植被降低风速，防止土壤侵蚀的作用，受诸多因素影响，其中最主要的因素包括：①植被类型。一般情况下，乔木的防风能力大于灌木，灌木的防风能力大于草本，即高大植被的防风效果要好于低矮植被。②植被的盖度。盖度越大，防风效果越好，反之则越差，植被越茂密，其防风效果越好，植被越稀疏其防风效果越差。③植被配置格局。一般情况下，乔、灌、草组成的复合植被其防风效果要大于单一结构的乔木植被、灌木植被和草本植被。

植被防止水土流失的作用是极其显著的。植被之所以能够起到保持水土的作用，主要源于四种机制：①植物的枝叶可以起到拦截降水的作用，不但可以使部分降水储存于枝叶上或顺茎干流入地下，减少降水对地表的直接冲击，而且被植物枝叶拦截再落到地面的雨水其动能明显降低，冲击地表的动能减弱。②植被可以对地表径流起到拦截作用，使其流速降低，从而减轻对表土的冲刷。③地面枯落物既可以对地表形成覆盖，减轻降水对地表的直接冲击，又可蓄积一定数量的降水，减少地表径流量的形成。④稠密的植物根系可以有效固结，提高土壤抗风蚀和水蚀的能力。

影响植被防止水土流失的因素也有很多，主要包括：①植被类型。一般来说草本植被保持水土的能力要高于灌木植被，灌木植被保持水土的能力高于乔木。②植被的密程度。一般情况下植物越稠密其保持水土的能力越强，植被越稀疏其保持水土的能力越低。③植物的根系类型。一般情况下，稠密的须根系能够较好保护表土，而直根系保持表土的能力较差。④植被的凋落物厚度。凋落物层越厚则减少地表径流形成和保持水土能力越强，地表凋落物越少其保持水土能力越差。

植被保持水土的另一个重要方式是保护河岸、湖岸、海岸免受水流和波浪的冲刷。例如，当海洋暴风雨上岸时，沿海盐沼和红树林湿地可作为巨大的暴风雨缓冲器，处于第一位置，可以减轻它的狂暴袭击。植被保护堤岸的作用：第一，源于植物茎干、枝叶能够阻挡水流、波浪对堤岸的直接冲刷或冲击。第二，源于植物茎干、枝叶能够降低水流流速或消减波浪的动能，使水流或波浪冲刷堤岸的能力减弱。第三，植物强大的根系能够固着堤岸土壤，使其抗击冲刷或冲击的能力增强。

(四)改善小气候，提高环境质量

植被对小气候的调节作用非常明显。生活在大片森林地区的人们，夏季会感觉到降雨多，风力弱，气候凉爽，空气湿润，紫外辐射降低，而冬季则是降雪较多，风少且弱，气温高于周围地区。这些局部环境的变化，都是植被对小气候调节的结果。植被对小气候的调节机制主要表现在以下几个方面：

1. 降低光照强度和紫外线辐射

照射到植物群落的阳光，一部分被植物吸收，另一部分被反射，剩余一部分透过枝叶间隙而到达地面。由于冠层下直射阳光的减少和照射时间的缩短，使冠层下光照强度降低，紫外线辐射降低，从而减少阳光直射对人体或其他生物体造成的危害。

2. 降低风速，减少空气流动

植物的枝叶大多数比较柔嫩，可随风发生摆动。风作为携带动能的气流，在遇到植物时会将动能传送给植物，从而本身携带能量减少，致使风速下降。当植被较为高大、浓密时，可将风所携带的能量大幅消减，使风速明显降低。另外，在茂密的植物群落内部，由于枝叶的相互遮蔽，气流也是很难流动的。风速降低，空气流动缓慢，有利于保持植物群落内部的空气湿度和气温的稳定，从而控制小气候变化。

3. 改善植物群落内部的空气湿度

研究表明，一般情况下，群落内部的空气湿度要比空旷地明显高很多。其中，高原草地内部空气湿度较空旷地高 20%—80%；发育良好的森林植被其内部空气湿度比空旷地高 50%—150%。植被之所以能够提高空气湿度，主要原因是植被具有较为稠密的林冠层，它可以抑制空气向外扩散，使地面蒸发的水分被很好地控制在林冠之下。同时，冠层下的枯枝落叶层比土壤能够蓄积更多的水分，其水分的缓慢蒸发可以有效增加和保持林中空气的湿度。另外，夏季林中温度较低，也减少了空气干燥。

不仅如此，因为植物群落对外界环境是开放的，各种群落内的小气候势必会扩展到群落以外，影响一定范围的外界气候。

4. 减弱温度的波动

阳光进入植被冠层下照射强度和持续时间减少，群落内的温度会较空旷地发生明显变化。一般情况下，在森林群落内，白天和夏季的温度比空旷地要低，但是昼夜及全年的温差要小得多。同时，冠层上植物叶片相互遮盖，阻止空气流通，热量不易消失。群落地面还有枯枝落叶层，能缓和土壤表面的温度变化速度，也保证了群落内较小的温差。据研究，在我国北方发育良好的人工林中，由于生长季温度的提高，无霜期可以延长3—10天。

(五)减轻环境污染,保持空气清新

1.保持空气清新

植被可以净化空气,保持空气清新。其主要途径有三条:①绿色植物通过光合作用吸收CO_2,放出O_2,能有效维持大气中O_2和CO_2的比例平衡。据估计,陆地上绿色植物提供地球上60%以上的氧。②有些植物的叶片具有阻挡、滞留、吸附、过滤粉尘的作用,可以看作是"天然的吸尘器"。③某些植物叶子的挥发气体及根系的分泌物可以杀灭空气中的一些病源菌,对大气进行消毒,成为"天然的防疫员"。据测定,草坪上空的细菌含量仅为公共场所的三万分之一。因此,大面积植被的建立,特别是城镇绿地的建立,可以有效保持空气清新,改善生活环境。植物进行光合作用,有效地调节了空气的成分。

2.消除大气污染

植物可以吸收、固定、转化大气中的某些有害、有毒气体,从而起到消除大气污染的作用。植物消除大气污染物的作用主要通过两个途径:①通过叶片吸收,减少大气中的毒物含量。②植物可将某些毒物在体内分解,转化为无毒物质,自行解毒。例如,SO_2进入植物叶片内形成毒性很强的亚硫酸和亚硫酸根离子,亚硫酸根离子能被植物本身氧化并转变为硫酸根离子,硫酸根离子的毒性比亚硫酸根离子的毒性小30倍。这样,植物就能自行解毒,避免受害。

影响植物消除大气污染能力的因素有很多,归结起来主要有三点:①植物的种类。不同植物种类净化大气污染物的能力不同,而且能力也不同。例如,木槿和雀舌黄杨对氯气的净化作用就强于龙爪柳和夹竹桃。而一般情况下,阔叶树比针叶树吸收SO_2的能力强。②污染源的距离。一般情况下净化效果与污染源距离成反比,即离污染源越近,净化效果越好,离污染源越远,净化效果越差。③污染物的浓度。一般情况下,植被的净化效应与有毒气体的浓度成正比,即浓度越高净化效果越好,但其浓度不能超过植物的忍受程度,否则将对植物造成危害。

3.减少土壤和水体环境污染

植物具有固定、吸附、吸收分解土壤环境中污染物的能力,从而可以降低或消除土壤环境污染程度。其途径和机制主要包括五个方面:①植物对污染物的黏附和固定,即植物在新陈代谢的过程中,从体表和根系中分泌大量黏性物质,这些物质可以对污染物进行黏附和固定,从而减少污染物的毒害和影响。②对污染物的吸收同化,即植物在生长过程中大量吸收土壤、水体中过多的氮、磷等,减少土壤氮磷过多对地下水的污染或水体的富营养化。植物的干物质中，95%是碳、氮、磷等元素，植物每生产100克干物质，就要吸收利用1—3克氮、0.1—0.6克磷。③植物在水体中可以降低水的流速，使水流携带的污染物发生沉积，从而减轻水体的污染浓度。④对污染物的分解或降解。例如，裸麦可以降解脂肪烃，水牛草可以降解萘等。某些污染物经植物吸收后可以转化为气体物质，最后释放到大气中，这种解毒净化的方式称为植物挥发。例如，植物可以吸收 Hg^{2+}，在体内转化为 CH_3Hg，进而在微生物的辅助下将其还原为Hg，成为蒸汽从土壤中释放出来。除了汞之外，可以发生类似作用的还有硒。⑤对污染物的富集提取作用，即很多植物在污染环境中都能吸收一定量的污染物，有的植物对某些污染物具有很强的富集作用。被植物吸收或富集在植物体内的污染物，主要是重金属，可以通过枯萎凋落或收割利用等方式使之离开受污染土壤，从而减轻土壤的污染程度。因而，利用富集植物对污染物专性吸收的性能，将土壤和水体中的有害污染物转移和储藏到植物的茎叶中，通过收割茎叶搬运处理，从而达到净化污染物的目的。

4. 屏蔽环境噪声

森林具有减弱噪声的作用。据研究，宽度为50米的绿化地带，交通噪声可下降20—30分贝，为人类提供安宁、舒适的工作、学习环境。人们把森林比喻为“噪声隔音板”，是森林减弱噪声的形象表述。事实上，人类采用森林降低噪声强度已取得明显的效果。

汽车、建筑业等的发展，使城市噪声污染问题愈显突出。噪声污染的控制有多种措施，包括草地在内的植被作用也十分重要。据研究，草坪植物具有良好的吸音效果，能在一定程度上吸收和减弱125—8000分贝的噪声。乔、灌、草结合其效果更好，据北京市园林研究所测定，20米宽的草坪，可减噪声2分贝左右。在国外有一些飞机场，用草坪建设机场地面，既可减少飞机场的扬尘，又能减缓噪声。

影响植物减污能力的因素很多：①植物的种类，即不同植物消除污染物的种类、途径和能力有很大差别。例如，灯芯草等对酚的净化能力较强，香蒲和眼子菜对石油废水的有机污染物消污减污能力较强，眼子菜对DDT富集能力较强，山核桃比白栎消减镉污染的能力高五倍，紫云英富集硒的能力比滨梨高几十倍，等等。②污染物的种类，即有些污染容易被植物吸收、吸附、降解和转化，有些则不易受到植物的影响，或者说植物对其吸收、吸附和降解转化能力较弱。例如，大多数植物均可吸收利用土壤和水体中过量的氮、磷、钾，而只有少数专性富集植物能够对镉、铜、锰、锌等重金属污染物发挥作用，对于地膜等塑料污染物则几乎没有任何植物能够对其起到分解作用。③污染物的浓度，即污染程度低于植物的耐受能力时，植物能够较好地发挥净化作用，如果污染浓度超过了植物的耐受程度，植物不仅不能发挥其净化作用，反而还会受到伤害。④环境条件，如阳光照射强度、土壤水分含量、土壤酸碱度、阳离子代换量、土壤质地等，都会影响植物对污染物的净化能力。

值得注意的是，植物对污染物的吸收和同化作用，很多情况下还会导致某些污染物在植物体内的滞留和富集，如果这种植物被人类或其他生物作为食物利用，将引起新的污染和毒害，造成二次污染。因此，利用植物消除土壤环境污染时，除了应根据污染物种类选用最适合的植物外，避免其二次污染也十分重要。

(六)改良土壤，促进土壤发育

1. 土壤的形成和改良

土壤的形成和发育是生物与环境相互作用、共同发展的产物，并主要由生态系统中的生物作用维持更新。其过程是：①植物枯死、衰老以后都要回到土壤中去，经过分解者的分解后，成为土壤有机物质的重要来源。②根系的分泌作用改善了根际的微环境，为土壤微生物的活动创造了条件，微生物的氧化、还原、分解等作用成为土壤物理、化学性质改变和土壤结构改良的重要生物条件。

2. 促进土壤发育

草地植被在土壤表层下面具有稠密的根系并残遗大量的有机质。这些物质在土壤微生物的作用下，可以改善土壤的理化性状，并能促进土壤团粒结构的形成。

3. 生物固氮作用

草地中的豆科牧草，根系上生长大量的根瘤菌，具有固定空气中游离氮素的能力，可为草地生态系统提供大量的氮肥。因此，具有改良土壤的作用。以豆科牧草为主的草地，平均每公顷每年可固定空气中氮素 150—200 千克。例如，生长 3 年的紫花苜蓿草地可形成氮素 150 千克，相当于 330 千克的尿素。

第二节 生物自我修复

生物作为地球上的主要生命形式之一，在环境的长期自然选择下，大多对环境变化具有自适应和自调节能力。当环境条件不利于其生存和发展时，大多数生物会调整自身的生存和繁衍方法，以减少受害程度或增加生存的概率；而当环境有利于其生存和发展时，生物会对所受伤害进行自我修复，并采取一些新的生存和繁衍策略，以迅速扩大其种群数量并且占据有效资源。

一、植被自我修复的主要表现

虽然自然界的植物种类数以万计，但其生命形式多种多样，因此不同的植物群落对环境的适应方式和能力更是千差万别，但是大多数植物在受到自然和人为干扰的情况下，会表现出相同或类似的受害方式，在自然和人为干扰消除以后，又会展现相同或类似的修复途径，只是不同植物所表现出的受损程度或修复的起点、速度有所差别而已。在大多数情况下，退化植被的自我修复主要表现在以下几个方面：

（一）植物种群在流沙裸地中迅速蔓延，覆盖地表

严重的滥垦、滥牧和滥伐，会导致植被的严重破坏，甚至造成流沙和裸地。在外界干扰消除之前，这些流沙裸地一般植物种类和个体很少，地表裸露。但在外界干扰消除以后，无论气候条件是否改善，大部分流沙裸地都会逐步被植物占据，植物种类和种群数量明显增加，地表也会被植被覆盖。在流沙裸地上迅速出现的植物种中，一般都以一年生植物为主。

但是，土壤基质不同，其所出现的植物种类有很大差别。例如，在半干旱地区的科尔沁沙地，在沙质草甸土的裸地斑块中，最先出现的植物多为一年生的禾本科植物，如画眉草、虎尾草、狗尾草等，而在流动沙丘上，最先出现的植物种主要是藜科的一年生植物沙米，伴生种为狗尾草。其中，沙米属于沙地的先锋植物，无论是原生演替，还是次生演替，大部分流动沙丘植被恢复的起点都是沙米，而虎尾草、画眉草只是当地退化草地沙化前某一阶段的优势种。

（二）植物生长旺盛，个体增大

在放牧、樵采、砍伐等人为干扰下，大多数退化植物会出现枝叶稀疏、生长不良、生产力下降、无花少果的现象。而在外界干扰消除以后，退化植被中的大多数植物会表现出生长速度加快、分枝数量增加、个体增大、生长繁茂、枝叶稠密的迹象，整个群体显示出生机勃勃的景象。这种现象，无论气候条件是否会有所改善，都会出现。但是，如果在人为干扰排除的同时，气候条件又有所改善，这种现象将更加明显，如果气候条件没有改善，还略有恶化，这种现象依然会出现，只是表现程度会有所降低。

（三）植物种群中幼苗比例增加，年龄结构趋于合理

对于多年生植物来说，如果生态环境明显恶化或受到人类活动的强烈干扰，其繁殖能力都会减弱，群落中实生苗或新生根茎苗数量就会减少，一些乔木或灌木种甚至多年不会出现实生苗，植物种群年龄结构呈倒金字塔形，呈现衰退性。这时，群落中

以老龄植株为主，种群缺乏更新能力。在环境得到改善或人类干扰消除之后，植被在修复过程中多年生植物的繁殖更新状况会明显改善，群落中的实生苗或新生根茎苗就会增加，种群年龄结构发生逐步逆转，由倒金字塔形变为正金字塔形，群落中幼龄植株会逐步占据优势，呈现发展趋势。

影响植物更新的因素很多，除了自然因素外，植物种类、年龄结构、分布格局是最重要的因素。相比之下，在多年生植物当中，乔木的繁殖系数相对较低，繁殖周期较长；大多数灌木的繁殖系数较高，而且很多灌木也具有种子繁殖、根茎繁殖、劈蘖繁殖等多种繁殖方式；草本植物的自然更新能力较强，其繁殖周期短，繁殖率高，而且很多植物具有多种繁殖方式。因此，在退化植被修复过程中，一般情况下，乔木的修复进程较慢，草本植物的修复进程相对较快。植物的分布格局也对植物的更新和扩散有很大影响，因为很多植物的种子散播距离较近，一些靠营养繁殖的植物蔓延范围更是有限的，这时如果植物分布较为均匀，则有利于植物的扩散和植被修复，如果聚集分布则植被修复速度受到限制。

(四)种的丰富度增加，群落结构趋于复杂

对于大多数退化植被来说，消除外部干扰以后，无论气候条件是否会得到改善，在一定时期内群落中植物种的数量都会有增加的趋势，使群落结构趋于复杂化。这种物种多样性和群落结构的修复速度，不但会受气候变化的影响，而且随其所处退化阶段和环境条件的不同而有很大的差异。一般情况下，修复早期其物种丰富度相对增加较快，修复后期物种丰富度相对增加较慢，退化程度越严重，修复速度越慢，退化程度越轻，修复速度越快。另外，物种数量的增加一般先以一年生或越年生植物种为主，之后多年生植物逐步增加。

(五)群落处于修复演替阶段

在植被消除干扰后，随着环境的改善和植被修复过程中植物种间竞争的加剧，各种植物在群落中的地位就会发生改变。一些早期占优势的种，随着在群落中地位的减弱，而变为非优势种，甚至消亡，而另一些种则因在群落中作用的增强，而升为优势种。这时，群落就出现了修复演替。修复演替是植物群落自修复和自发展的明显标志，每一次修复演替的发生，均说明群落修复又递进了一步。如果植被始终处于没有外部干扰的情况下，在区域气候的控制下，退化植被修复演替的终点是区域气候顶极群落或偏途顶极群落。

二、退化植被的自我修复机理

在外部干扰消除以后，退化植被之所以能够显现自我修复作用主要是因为其具有如下机制：

（一）在土壤中储存了大量种子，为植被修复奠定了物质基础

不论是陆生植物，还是水生植物，大多数植物都具有种子繁殖能力。这些具有种子繁殖能力的植物，繁殖能力强弱不同，有些种子繁殖量较高，可以高达数万个，有些植物种子繁殖能力较低，只有几十个甚至几个。但无论其繁殖能力高低，绝大多数植物产生的种子都会落到地面，进入土壤，并被保留在土壤之中。因此，土壤成为植物种子的保存库，即成为人们常说的土壤种子库。由于不同植物的寿命有很大差别，如一些植物种子的寿命可长达几十年甚至几百年，而另一些植物的种子只能保存几年甚至几个月。因此，在土壤种子库中积累了不同年份形成的种子，数量极大。在退化植被的土壤中，甚至在流沙裸地中植物种子的数量仍然很大，表层土壤中的种子库数量也可达数百至上千个。这些土壤种子库中的种子被认为是一种潜在植被，是退化植被，特别是严重退化植被迅速修复的重要种源。一些研究结果已经表明，植物地上幼苗群落的密度与土壤种子库密度存在显著相关性。其中，在地上幼苗与土壤种子库的关系中，一年生植物和多年生草本植物表现更为密切。这说明，当外界人为干扰排除以后，或当环境有所改善时，土壤种子库中的植株种子就会迅速萌发，将潜在植被变为现实植被。土壤种子库的这种作用，是退化植被得以迅速修复的物质基础，也是决定退化植被修复进程和速度的主要内在因素之一。

（二）灌丛的保种作用及其种源特性

灌丛是一类没有主干或主干不明显，茎干矮小，树高一般低于 3 米、枝叶稠密的木本植物。无论是在湿润地区，还是在干旱地区，都存在大量灌丛。通过野外观察发现，退化植被，特别是退化草地或沙地植被中，虽然草本植物退化很严重，有些地方甚至接近流沙裸地，但有时还会残留灌丛，而且在灌丛下还有一些生长发育较好的草本植物。当外界干扰排除或外界条件改善后，不但灌丛本身会通过各种途径进行扩散，而且灌丛下的草本植物也会迅速从灌丛下向外扩散。此现象说明，在外部干扰较为强烈的情况下，这些灌丛具有明显的保种作用，而在外部环境得以改善时，其冠层下的草本植物就会向外蔓延，使之成为植被修复的重要种源。显然，灌丛的这种保种和“种源”作用不仅对于防治外界干扰对草本植物的彻底破坏起到一定的保护作用，而且对于退化植被的自我修复具有重要意义。

灌丛之所以在植被退化及修复过程中起到保种和种源作用，其机制主要有以下几点：①由于灌丛具有稠密枝叶，因而其林冠下的小气候较灌丛外要好，特别是在环境恶劣的干旱、半干旱风沙区，灌丛枝条既可以有效防止风沙流对林冠下草本植物的打磨，又可减轻地面高温对草本植物的灼伤，因而对草本植物的保护作用更为明显。②很多灌木种具有稠密枝条，而一些灌木枝条上长有尖刺，所以可以有效保护冠层下草本植物免受或少受家畜啃食。一般情况下，枝条越稠密，尖刺越多，对其林冠下草本植物的保护作用越强，反之则越差。③灌丛具有拦截凋落物、降风滞尘的作用，因而灌丛的冠层下面凋落物的数量、有机质含量以及土壤细顺粒含量往往较高。另外，灌丛的根系也具有一定的改土作用。因此，灌丛下的土壤较冠层外面具有更高的肥力，形成肥岛效应，促使草本植物的定居和生长。

(三)改变繁殖、生长方式，以促进自我修复

为了适应环境的变化和取得较好的生长效果和繁殖效率，大多数植物在不同环境条件下会采取不同的生长、繁殖方式。无论是多年生植物还是一年生植物，在受到环境胁迫时都会将更多的物质和能量用于营养生长，以增强存活概率，而环境改善时会将更多的物质和能量用于生殖生长，以增加繁殖效率。多年生植物，在恶劣环境中会更多地采取无性繁殖方式，以保证繁殖的有效性，而在环境条件改善时，则更多采取有性繁殖方式或有性无性相结合的繁殖方式，以提高繁殖效率。

此外，在恶劣环境下植物结的种子硬实率较高，其种子萌发具有分批性，以躲避环境多变造成种子和幼苗的损失，在良好环境下植物结的种子硬实率会有所下降，其种子萌发整齐性较高。研究结果表明，在环境胁迫中，大多数植物会加快根系生长，并将更多的物质和能量用于根系生长，以使在环境改善的情况下，植物会加快上部的生长，并将更多的物质能量分配于地上生长。

第三节　植被与微生物的修复机理

污染土壤的植物修复，是受污染生态系统人工修复的重要途径之一。而污染环境的植物修复与植物种类及其生理生态学特征密切相关。掌握植物对污染物质的吸收、固定、转化与积累功能的生理生态学理论，对于指导污染环境的植物修复具有重要意义。微生物是生态系统中的分解者，不仅在生态系统的物质循环和能量流动中扮演着重要的角色，而且对于净化环境，维持生态系统的健康发展具有重要意义。了解微生物的一些重要生态功能，对于在生态系统修复中有效发挥其作用是有益的。

一、植物修复的生理生态学原理

污染环境的植物修复是利用植物及其根际圈微生物体系的吸收、挥发和转化、降解的作用机制来清除环境中污染物质的一项新兴的污染环境治理技术。具体来说，就是利用植物本身特有的利用污染物、转化污染物的能力，通过氧化—还原或水解作用，使污染物得以降解和脱毒；利用植物根际圈特殊的生态条件加速土壤微生物的生长，显著提高根际圈微环境中微生物的生物量和潜能，从而提高对土壤有机污染物分解作用的能力以及利用某些植物特殊的积累与固定能力去除土壤中某些无机和有机污染物的能力，被称为植物修复。

(一)修复植物对污染土壤的治理

修复植物对污染土壤的治理是通过其自身的新陈代谢活动来实现的。植物为了维持正常的生命活动，必须不断地从周围环境中吸收水分和营养物质。根是植物吸收水分和营养物质最主要的器官，这是因为植物的水分和矿物质元素等主要来源于土壤。

植物对污染物质的吸收源于三种情形：①“躲避”作用，即在植物根际圈内污染物质浓度较低时，依靠自身的调节功能完成自我保护，也可能无论根际圈内污染物质浓度有多高，植物本身就具有这种“躲避”机制，可以免受污染物质的伤害，但这种情形可能很少。②植物通过适应性调节，对污染物质产生耐性，吸收污染物质。这时植物虽也能生长，但根、茎、叶等器官以及各种细胞器受到不同程度的伤害，生物量下降，此种情况可能是植物对污染物被动吸收的结果。③植物能够在土壤污染物质含量很高的情况下正常生长，而且生物量不下降，如重金属超积累植物及某些耐性植物等。

植物根系对污染物质的降解在污染土壤修复中起重要作用。植物的根系在从土壤中吸收水分、矿物质，合成多种氨基酸植物碱有机氮和有机磷等有机物的同时，也向根系周围土壤分泌大量的糖类物质、氨基酸、有机酸和维生素等有机物。这些物质既能不同程度地降低根际圈内污染物质的可移动性和生物有效性，减少污染物对植物的毒害，也能刺激某些土壤微生物土壤动物在根系周围大量地繁殖和生长，这使得根际圈内微生物和土壤动物数量远远大于根际圈外的数量。而微生物的生命活动如氮代谢、呼吸作用和发酵及土壤动物的活动等，对植物根也产生重要影响，它们之间形成了互生、共生、协同及寄生的关系。

生长于污染土壤中的植物通过根际圈与土壤中污染物质接触，通过植物根及其分泌物质和微生物、土壤动物的新陈代谢活动对污染物产生吸收、吸附等一系列行为，在污染土壤植物修复中起着重要作用。另外，植物根系的生长也能不同程度地打破土壤的物理化学结构，使土壤产生大小不等的裂缝和根槽，这可以使土壤通风，并为土壤中挥发和半挥发性污染物质的排出起到导管和运输作用。

进入植物体内的污染物质在植物的代谢过程中会通过分泌、挥发等途径排到体外。分泌的器官主要是植物的根系和茎、叶，分泌的物质主要有无机离子、糖类、植物碱、萜类、单宁、酶、树脂和激素等生理上有用或无用的有机化合物，以及一些不再参加细胞代谢活动而需要去除的物质，即排泄物。挥发性物质除随分泌器官的分泌活动排出体外以外，主要是随水分的蒸腾作用从气孔和角质层中间的孔腺扩散到大气中。进入植物体内的污染物质虽可经生物转化过程成为代谢产物，并经排泄途径排出体外，但大部分污染物质与蛋白质或多肽等物质具有较高的亲和性而长期存留在植物的组织或器官中，在一定的时期内不断积累增多而形成富集现象，还可在某些植物体内形成超富集，这是植物修复的理论基础之一。但是，当这些污染物质含量在植物体内超过临界值后，就会对植物组织、器官产生毒害作用，进而抑制植物生长，甚至导致其死亡。在这种情况下，植物为了生存，也常会分泌一些激素(如脱落酸)来促使其积累量高的污染物质的器官如老叶加快衰老而脱落，重新长出新叶用以生长，进而排出体内有害物质，这“去旧生新”方式也是植物排泄污染物质的一条途径。

(二)选择修复植物及强化修复作用

受损生态系统生物修复的重要途径是利用植物对污染环境进行的修复。而选择或培育修复植物，并采取有效措施强化其对污染物的吸收积累、降解、转移等作用，是人工修复污染的重要工作。

1.选择与培育修复植物

筛选修复植物是生物修复的首要工作。由于修复植物必须要能在特定的污染环境、特定的污染土壤上生长，因此应尽可能筛选与特定污染土壤条件相一致的修复植物或从污染现场去寻找在污染条件下可以生长的修复植物。如果满足不了这一要求，也应该尽可能地人为模拟，以便筛选出的修复植物更有实际应用的价值。当选定了修复植物的种类之后，可以通过人工培育的方法提高其修复性能。选育工作的效率和水平影响很大的是选育目标的确定，要根据植物修复的各种作用方式和修复植物的一些缺陷来确定选育目标。根在植物修复中的作用是至关重要的，根系吸收表面积大小、根系分布情况、根系分泌能力及特性等影像对污染物质的吸收降解及根际圈微生物区系的繁殖能力的因素，都会直接影响到植物吸收吸附污染物的性能，因而根系表面积、根系分布方式及根分泌特性等根部性状是重要的选育目标。叶片是植物重要的自发和排泄器官，同时较大的叶面积及较长的光合作用时间也利于植物的蒸腾作用和生物量增加，叶面积指数和功能叶片寿命长短也是重要的选育目标。茎主要起到水分和物质运输的作用，同时是多数植物保持整株直立的关键因素，因而发达的茎组织和抗倒伏能力是必不可少的选育目标。对于提取污染物的植物来说，生物量越高越能提高修复效果，而生物量通常与株高成正比，因而株高也是重要的选育目标。

植物提取需要有超量积累植物。根据美国能源部的标准，筛选超量积累植物用于植物修复应具有以下几个特征：①即使在污染物浓度很低时也有较高的积累速率。②能在体内积累高浓度的污染物。③能同时积累多种污染物。④具有抗虫和抗病能力。⑤生长快，生物量大。

2. 促进修复植物的早萌快发

修复植物大多数为野生植物。野生植物的种子一般较小，发芽率低，既不容易播种，也不容易保护全苗。在这种情况下，可应用种子包衣技术，在种子外部包上一层拌有一定数量微肥和农药的包衣剂，即使种子个体增大，便于播种，也有利于种子吸水萌发和苗期生长。为了提高修复植物的生物量，还可以适时适量进行灌溉和施肥，并进行必要的病虫害防治。

3. 修复植物的搭配种植

对于污染土壤来说，多数情况是几种污染物质混合在一起的复合污染，如果待一种污染物质治理后，再种植另一种修复植物去治理另一种污染物质，既费时又费力。因此，根据污染物的种类，将几种具有相应修复功能的植物进行搭配种植，可以同时对复合污染进行治理，不仅有利于提高修复效率，而且可以节约财力、物力和时间。

二、微生物的生态修复功能

(一)微生物的营养类型和营养需求

1. 微生物的营养类型

微生物的种类繁多，主要有细菌、真菌和原生动物几大类，各种微生物对营养的需求也有很大不同。根据微生物最初获得能源的方式不同，可分为光能菌和化能菌，前者利用光能，后者利用氧化无机物或有机物产生的化学能。从摄取碳源形式的不同，又可分为自养菌和异养菌。自养菌又称无机营养菌，它是利用空气中的 CO_2 或环境中的碳酸盐作为合成细胞中的唯一碳源。异养菌又称有机营养菌，主要利用有机形式的碳作为碳源。根据摄取碳源和最初获取能源方式的不同，微生物又可再分为光能自养菌，如蓝细菌、绿硫细菌、紫硫细菌、藻类等；化能自养菌，如硝化细菌、铁细菌、硫化细菌、氢细菌等；光能异养菌，如紫色非硫细菌等；化能异养菌，包括绝大多数细菌和全部真核微生物。在生态系统或污染环境中，担负有机物降解的微生物都是化能异养菌和光能异养菌。

2.微生物的营养需求

微生物的营养物主要包括碳、氮、生长因子、无机盐和水。碳主要来源于大气CO_2、无机碳和有机碳。对于异养微生物来说，其碳主要来源于有机物，而不同种类的微生物利用有机碳的能力也有所不同，如洋葱假单胞菌可从90多种有机物中摄取碳。在各种碳源中，单糖、双糖、淀粉、醇类、有机酸脂肪、纤维素较为容易被微生物利用和分解。

氮是微生物合成蛋白质和核酸必需的物质，而蛋白质是微生物细胞中主要的结构物质，核酸是细胞中重要的遗传信息物质。环境中的氮源主要来自铵盐、硝酸盐和蛋白质分解产生的氮。含氮有机化合物，如有机农药、有机染料也可为微生物提供氮源。在有机污染环境中，氮源经常是微生物种群生长的限制因子。人们经常用碳氮比来判断氮源供应是否充足。为了污染物安全迅速降解，一般要求碳氮比例为200∶1—10∶1。

生长因子是指那些需求量很少，但缺少它们微生物则不能生长和繁殖的物质，如氨基酸、嘌呤碱和嘧啶碱以及维生素等。在自然环境中，大多数微生物可以自己合成生长因子，但也有一些微生物需要其他微生物合成自己所需生长因子进行生长和繁殖，如乳酸菌就需要多种外源维生素供应。

微生物还需要氮素以外的其他矿物元素，如磷、硫、钾、钠、钙、镁、铁、锌、硒等。这些元素或构成细胞内的生物分子，或参与细胞的生理代谢。微生物需要的这些元素可从环境中的矿物盐中获得，也可从一些有机杀虫剂中获取。

水在微生物生长繁殖中具有重要作用，水分不足或水分过量对于微生物的生存繁衍或生物降解都是不利的。

(二)微生物对污染环境的修复作用

微生物能够从有机、无机物中获取所需养分，因而对某些污染物具有降解、去毒等作用，起到净化环境的效果。

1.微生物对污染物的降解作用

降解微生物种类繁多，如细菌、真菌和藻类都可以降解有机污染物。其中，细菌是降解有机污染物的主力军。由于不具有细胞核的一类微生物都归入细菌之列，所以细菌种类很多,能够降解污染物的细菌种类也很多。例如,埃希氏菌属、肠杆菌属、气单胞菌属的细菌可以降解林丹、DDT 和 PAHs;假单胞菌属、甲基球菌属、甲基单胞菌属的细菌能够对石油烃、苯甲酸、氯苯、有机磷农药、甲草胺等污染物起到降解作用;属于放线菌的棒杆菌属、节杆菌属、放线菌属、诺卡氏菌属的细菌可以降解 PCBs、氯代脂肪烃、烷基苯等。真菌和藻类也具有降解有机污染物的能力,在净化污染环境中发挥着重要作用。藻类主要生活在水中,主要利用 CO_2 合成有机物,但在黑暗时也会利用少量有机物,在自然界藻类和菌类共栖降解有机物。如假丝酵母属、丝胞酵母属的大部分酵母菌都可降解石油烃,小球藻对 33 种偶氮染料中的大部分都有一定的脱色作用。

2.微生物的去毒作用

微生物除了对污染物具有降解作用外,另一个重要作用是可以使污染物的毒性降低,使污染物在毒性上发生改变,即所谓去毒作用,去毒作用是指在微生物的作用下污染物的分子结构发生改变,从而降低或去除其对人、动物、植物和微生物等敏感物种的有害性。

促使活性分子转化为无毒产物的酶反应通常在细胞内进行,形成的产物通常有三种转归方式:①直接分泌到细胞外。②经过一步或几步特殊的酶反应,进入正常代谢途径,然后以有机废物的形式分泌到细胞外。③进入正常代谢途径后以 CO_2 的形式释放出来。

微生物对污染物的去毒作用可以通过多种途径实现:①水解作用,即在微生物的作用下,脂键或酰胺键水解,使毒物脱毒。例如,有机磷农药马拉硫磷在羧酯酶作用下,水解成一酸或二酸。②羧基化作用,即在微生物作用下,苯环上或脂肪链上发生羟基化,即由 OH 代替 H,使污染物失去毒性。③去甲基或去烷基作用,即许多杀虫剂含有甲基或其他烷基,这些烷基与氮、氧和硫相连,在微生物作用下会脱去这些基团变为无毒性的。④脱卤作用,即许多杀虫剂和有毒工业废物含有氯或其他卤素,去除卤族元素可以使有毒化合物转化为无毒产物。⑤甲基化,即对有毒的酚类加入甲基可以使酚类钝化。例如,广泛使用的杀菌剂五氯酚以及四氯酚,甲基化后形成无毒的物质。⑥其他途径,例如,将污染物的硝基还原为氨基,或通过脱氨基,使其毒性降低等。

但是,并不是所有的反应都有去毒作用,有一些反应的产物比前体化合物的毒性更强。而且毒性的含义是有范围、有条件的。对某一种物种是无毒的,但对另一种可能是有毒的,所以在使用之前要考虑周全,防止二次污染的发生。

(三)改良土壤,促进植物生长

1.固氮作用

氮素是植物正常生长发育所不可缺少的养料,因为没有氮素植物便不能合成生物细胞的蛋白质。植物对于氮素的需求量很大,农作物要想达到高产,土壤持续供应氮量非常重要。但由于岩石中基本上不含氮素,土壤的氮素成分不能从成土母质中得到,因而土壤中贮藏的可供植物利用的氮素非常有限。空气中约80%是氮气,相当于每公顷土壤上空的大气柱中含有分子态氮约80000吨,但是植物却不能从大气中直接利用。土壤中有一类微生物,能直接吸收空气中的氮气作为氮素养料,把氮转化为氮的化合物或蛋白质,在它们死亡和分解后,这些氮素就能被植物吸收利用。这是土壤氮素的主要来源,也是大多数植物合成有机蛋白质的氮素养料。能固氮的这类微生物被称之为固氮菌,其吸收利用空气中氮气的作用称为固氮作用。

固氮菌分两种,一类是单独生活在土壤里的能独自固定氮气的细菌,称为自生固氮菌或非共生固氮菌;另一类是生长在植物体内的与植物有共生关系的固氮菌,这种固氮菌只有在与植物共生情况下才能进行固氮,这种固氮菌称为共生固氮菌。

共生固氮菌与植物存在四种共生固氮关系:①形成菌根的根菌,如与兰科、杜鹃科植物形成菌根的甜菜茎点霉的固氮能力较显著,在100克无氮培养基中培养,能固氮10.52毫克。②与豆科植物共生的根瘤菌,它们生活在豆科植物的根瘤中,与豆科植物形成共生关系,并固氮。③与非豆科植物形成根瘤的微生物,如非豆科植物马桑和橙木也能形成根瘤并固氮。④形成叶瘤的固氮细菌,如茜草科和薯蓣科的个别热带植物种类能在叶上形成叶瘤,这些叶瘤也具有固氮作用,如茜木的叶瘤中含有和根瘤菌相类似的细菌,能固定氮素。非共生固氮菌包括多种细菌、放线菌、真菌、酵母菌等,如好氧型的固氮菌、厌氧型的梭菌能利用其呼吸作用中的能量,直接将空气中的氮合成蛋白质。微生物的固氮作用将使土壤中的含氮量明显增加,从而可以有效促进植物的生长。

2.改良土壤,增加土壤肥力

研究表明,土壤中的微生物长期作用于土壤,可改良土壤,增加土壤肥力。土壤微生物的这种作用源于三种机制:①土壤中的微生物数量极其巨大,在肥沃的土壤中每克有细菌54万个,最多时有1亿个细菌存在。微生物个体虽小,但其合成的生物量是不可忽视的。有人估算,在生长紫花苜蓿的黑钙土中,每公顷的细菌数量高达8000千克,而一般农田土壤平均也有500千克以上。这样巨大的微生物生物量对于增加土壤有机质,改善土壤肥力无疑起着重要的作用。②分解动物尸体、粪便、植物的凋落物和施入土壤中的有机肥料,释放出营养元素,供作物利用,并且形成腐殖质,同时对大量植物残体进行腐殖质化,促进土壤团粒结构的形成,改善土壤的理化性质,提高土壤蓄水力,增加土壤肥力。③分解矿物质。例如,磷细菌能分解出磷矿石中的磷,钾细菌能分解出钾矿石中的钾,以利于作物吸收利用。

3.促进植物生长,提高植物抗旱能力

大量研究表明,某些微生物对于植物生长具有明显的促进作用,提高植物的生产能力;有些微生物可以提高植物的抗逆性和竞争能力。例如,研究发现,内生真菌对布顿大麦草的侵染可以显著促进寄主植物的生长,与不带菌植株相比,其分蘖数增加136.8%,牧草产量增加33.3%,根干重增加30%。

微生物之所以能够促进植物的生长,提高植物的抗旱性和竞争力,其主要原因有:①某些微生物具有固氮作用,能够为植物生长提供更多的养分。例如,豆科植物根瘤菌的固氮作用不仅可以促进豆科植物本身的生长,还可促进其他共生植物的生长。②某些微生物,如丛枝菌根菌可以提高植物对水分的吸收,从而可以增强植物的抗旱性和竞争能力。③某些微生物可以促进植物对营养元素的吸收。例如,丛枝菌根菌对植物产量的促进作用就主要是由于丛枝菌根菌促进植物对磷元素的吸收。④某些微生物,如菌根菌的入侵,可以降低植物叶面气孔阻力,增强植物的蒸腾作用,提高植物水势,从而影响植物对水分的吸收和敏感性。

4.防治草地或农田毒害杂草

杂草生物防治的重要内容之一是利用微生物防治草地或农田毒害杂草。用来防治毒害杂草的病原微生物一般寄主范围狭窄或专一,以保证对其他植物无害。如澳大利亚利用锈菌防治灯芯草粉苞苣,该种锈菌在田间传播速度很快,很快就可控制该种杂草的危害。在我国北方的天然草原,已经发现防除醉马草的锈菌、白粉菌和黑粉病等专性寄生菌,从而使醉马草的生物防治成为可能。

(四)病虫害防治

1.植物虫害防治

植物虫害的防治方法很多,如挖沟填埋、机械捕捉、喷洒各种杀虫剂消灭宿主等。其中,最经济有效的方法是生物防治法,如利用其天敌或专杀微生物对其进行防控等。采用微生物进行植物虫害的防治,主要有四种途径:①利用某些微生物能在植物体内产生生物碱。这些生物碱对害虫具有一定毒害作用,因而使其植物的抗虫性明显提高。少量采食生物碱往往改变其肠道上皮细胞膜的渗透性,导致带菌植物的昆虫消化系统功能停止,最终导致害虫死亡。②利用内生病原菌侵袭植物害虫。侵染单位通常是一个在寄主体壁表面萌发的孢子。然后由于酶的作用和机械力,一种特殊的根状结构穿过体壁,并且一旦寄主组织被侵入,真菌能正常地完成其生活史。体壁被成功穿过之后,菌丝通常都分布到寄主的全身,直到侵染的昆虫几乎都被真菌充满。然后子实体壁产生释放到外界环境去的孢子。最常用的防虫真菌是白僵菌和绿僵菌,二者都是半知菌类,能导致美洲谷长蝽等很多害虫的消亡。③利用致病细菌直接感染植物害虫,使之发病死亡。人们发现日本甲虫芽孢杆菌可以有效防治土壤中的日本金龟子幼虫,从而生产出土壤接种用的孢子粉。不仅感染幼虫,使土壤附近的其他幼虫死亡,而且杆菌孢子可一直留在土壤中危害其后代幼虫。因此,幼虫群体大量减少,并且能够在几年之内稳定在比较满意的水平。④利用病毒进行植物虫害的防治。目前,普遍采用的是多角体病毒和颗粒病毒。根据在寄主细胞内病毒粒子的繁殖,多角体病毒可分成核和细胞质的形状,核多角体病毒大多在毛虫和叶蜂幼虫中发现,感染表皮、脂肪体和血细胞。病毒分子通过嘴或角质侵害寄主,或一代传一代,或在卵里传下去。核多角体病毒在寄主组织中繁殖时,幼虫就变迟钝,并且时常爬到高枝条尖端,在这里它们从它的腹部顶上开始吊死。在这个阶段幼虫皮肤变得虚弱,因而容易腐烂,病毒分子溅到叶下面。颗粒病毒限于鳞翅目的幼虫和蛹,其中脂肪体是主要的受害组织,病毒首先在核里繁殖,后来继续在细胞质中繁殖。这种病毒最后杀死昆虫时,虫体悬挂,很容易破碎,体内充满病毒,这种现象和核多角体危害造成的症状一样。

2.植物病害防治

微生物对植物病害具有防治作用早已为人所知,并在生产中被广泛利用。微生物对植物病害的防治作用,主要源于四种机制:①可以提高植物的抗病性。研究表明,很多微生物可以明显提高植物的抗病性。②通过抗生作用防治植物病害。很多微生物可以产生抗生素,对植物病害起到有效防治作用,如链霉菌、芽孢杆菌、假单胞菌、青霉菌、木霉菌及曲霉菌等,均为常见的合成抗生素的微生物,常可有效地防治病害。例如,木霉菌可以产生绿色霉素和胶霉素等多种抗生物质,可用来防治白三叶炭疽病等。多种抗生细菌对早熟禾夏季秃斑病具有明显的防治效果。③通过重寄生防治植物病害。在植物防治中应用最广的方法之一是利用重寄生真菌防治植物病害。其中,木霉是迄今为止应用最广的重寄生真菌,已被制成多种制剂来防治病害。④诱导植物抗性,防治植物病害。一些微生物,包括病原物、病原物的弱毒系、非病原物以及一些微生物的不同结构组分或代谢物,可以诱导植物体内产生一系列防御性物质及与抗病有关的酶类(PAL、SOD、POD 等),从而增强植物抵御病害的能力,减轻病害。

第四节 人工生态修复的物理、化学机理

受损生态系统的人工修复除应用生物修复外，更多的是采用机械修复和化学修复的方法。了解生态修复的物理、化学原理，对于科学选用相关方法，提高应用成效是有益的。

一、人工生态修复的物理学原理

在生态修复中，应用物理和机械方法的事例很多，如水土保持中的土谷坊、沟壑土坝等工程的建设，沙漠化防治中黏土覆盖、污染土壤治理中物理固化与分离技术的应用、草方格等机械措施的应用等。下面介绍几项森林植被生态修复中的物理学原理。

(一)森林植被风沙治理中的力学原理

1.力学原理

森林土地沙漠化的主要特征之一是土壤风蚀和风沙流活动。沙是土壤风蚀和风沙流形成和运动的物质基础，风是风沙流形成和运动的自然动力。当达到一定风速(不小于 5 米/秒)的风作用于裸露沙地表面时，就会引起风蚀和风沙流运动。大范围的土壤风蚀和风沙流活动，就会造成土地沙漠化和风沙环境。

土壤风蚀和风沙流活动是以风作为动力的。当风速不小于 5 米/秒时，随着风力的增强，土壤风蚀和风沙流活动加剧。但是，土壤风蚀和风沙流活动不仅取决于土壤质地和风速，更取决于地面植被状况，即地面的粗糙度。地面越粗糙，粗糙度越大，摩擦力越大，风速越小。

实验观测表明，风沙流活动主要发生于近地面层，尤其是近地面 20 厘米以内。其原因是：①沙质土壤以粒径 0.05—0.5 毫米颗粒为主，而这种小的土壤颗粒主要以跃移方式运动，不可能距地面很高。近地面层运动的风沙流对环境危害极大。当风速增加时它会引起新的风蚀，而且风蚀力要强于净风几倍至几十倍。当风速下降或遇到障碍物时，风沙流携带的沙就会沉积，形成积沙，危害道路和屋舍等。但风沙流近地面运动，对于风沙防治来说相对也比较容易。②如果没有特别强劲的风力，沙粒因重力作用而不可能飞得很高，即使风力很大，因风沙流强度很大而使沙粒相互碰撞机会增加，导致能量消耗而不能飞得很高，飞得很高的只能是粒径不大于 0.001 毫米

的土壤黏粒。

2. 力学原理的应用

风沙力学的原理告诉我们，增加地表覆盖，提高地面粗糙度，不仅可以有效地降低风速，减少土壤风蚀，而且可以阻止风沙流运动，减轻风沙流危害。在风沙环境治理中，建立人工植被，设置各种沙障、农田覆草等措施，其主要作用就是降低风速，减轻风对地面的直接作用或阻止风沙流动，固沙阻沙，减少风沙流动的危害。

(1)机械阻沙

机械阻沙主要指高立式沙障，包括高立式阻沙墙、高立式栅栏和高立式阻沙板等。其中栅栏作为一种高立式沙障，是采用高秆植物或作物，如灌木枝条、玉米秸、芦苇等，直接栽植于沙面上，埋入深度30—50厘米，外露高度1米以上。或将这些材料编制成笆块，钉在木框上，制成防沙栅栏。目前，也有用尼龙网制成栅栏用于防风阻沙的。

栅栏的防风阻沙效果与其结构密切相关，其中栅栏的孔腺度(栅栏孔隙面积与总面积之比)是影响其防护效果最重要的因素。从风洞流场测定结果来看，紧密性栅栏(孔隙度为0)的背风区有一个大的涡流区，在栅栏上方有一个高速区，它们之间形成了一个很大的速度梯度，动量向下传输很强，这样导致背风区域风速恢复很快，防护范围降低。疏透性栅栏(孔隙度为0.5)背风面不形成离开地表的等直线闭合区，且变化也缓慢得多。在栅栏上方的高速区，其范围也小得多，因而防护范围也明显较大。孔隙度为0.5—0.6的栅栏防护效果最好。

(2)机械固沙

这里所说的机械固沙，是用惰性材料如沙砾石、黏土和麦秸、稻草等覆盖流沙表面，或喷洒沥青乳剂等化学胶结物质固定流沙表面，在流沙表面形成切断层或阻断层，把气流与松散沙面隔离开来，流沙与风力作用接触面积减少，或在流沙表面形成胶结层，在风力作用下，由于沙面胶结而不会受到侵蚀，从而阻止了沙子的流动。

目前机械固沙最常用的方法是草方格沙障。风洞试验表明，设置草方格沙障后，改变了下垫面的性质，增加了地面粗糙度，增大了对风的阻力。当风沙流流经沙障时，障前、障后出现一个阻滞及涡旋减速区，加速了能量的损耗，从而达到固沙、阻沙的目的。

(3)输导沙工程

输导沙工程包括下导风、输沙断面和羽毛排等类型。它是通过一定的工程设计改变下垫面性质，或借助修筑的物体加速风沙流流速或改变其运动方向，从而达到减少风沙流沿程阻力，阻止气流分离发生，促进与加速风沙流，使沙子以非堆积搬运的形式进行疏导，顺利通过所保护的区域。

下导风工程又称聚风板工程，是由栅栏工程发展而来的，主要用于防治公路积沙或积雪。它由立柱、横撑木和栅板组成。栅板可由木板、芦苇、柳条制成。羽毛排导沙工程是我国风沙防治工作者于20世纪50—60年代发明的。它是根据道路、河流为防止洪水冲刷所设倒流堤的原理，采用“羽毛苇排”来导走风沙流，以保护路堑和隧道口不被风沙侵蚀。

(二)污染土壤的物理修复原理及应用

污染土壤的物理修复方法包括物理分离修复、固化低温冰冻修复、蒸汽浸提修复和电动力学修复等。它作为污染土壤修复的一类新方法，近年来得到了迅速发展。这里只介绍其中几项常用方法及其原理。

1.土壤污染物的物理分离原理与应用

土壤污染物的物理分离主要是基于土壤介质及污染物的物理特征不同而采用不同的操作方法使之发生机械分离。如依据分布、密度大小的不同，采用沉淀或离心分离；依据粒径大小，采用过滤或微过滤的方法进行分离；依据磁性有无或大小的不同，采用磁性分离；根据表面特性，采用浮选法进行分离。

物理分离技术主要用在污染土壤中无机污染物，特别是重金属的修复处理上。通过物理分离，从土壤、沉积物废渣中提取出重金属，清洁土壤，恢复土壤正常功能。其中，对于分散于土壤中的重金属颗粒，可以根据它们的颗粒直径、密度或其他物理特性，用筛分或其他重力手段去除铅，用重力分离法去除汞，用膜过滤法去除金和银。对于被土壤黏粒和粉粒所吸附的单质态或盐离子态重金属，物理分离技术能够将沙和沙砾从黏粒和粉粒中分离出来，将待处理土壤的体积缩小，使土壤中存在的污染物浓度浓集到一个高的水平，然后再采用高温修复技术或化学淋洗技术修复污染土壤。物理分离技术工艺简单，费用低，但需要挖掘土壤，因此修复工作所耗费的时间取决于设备的处理速度和待处理土壤的体积。

2.土壤固化或稳定化修复技术及其原理

固化或稳定化技术中，固化的技术原理是机械地将污染物包被起来，固定约束在结构完整的固态物质中，通过密封隔离含有污染物的土壤，或者大幅降低污染物暴露的易泄漏、释放的表面积，从而达到控制污染物迁移的目的。稳定化是利用稳定剂来处理，如磷酸盐硫化物和碳酸盐等都可以作为污染物稳定化处理的反应剂，将污染物转化为不易溶解、迁移能力或毒性变小的状态和形式，即通过降低污染物的生物有效性，实现其无害化或者降低其对生态系统危害性的风险。固化或稳定化技术是防止或者降低污染土壤释放有害化学物质过程的一组修复技术，通常用于重金属和放射性物质污染土壤的无害化处理。稳定化不一定改变污染物及其污染土壤的物理、化学性质，它只是降低土壤中污染物的泄漏风险。但二者也紧密相关，常列在一起进行讨论。

固化或稳定化技术一般常采用的方法为：先利用吸附质如黏土树脂和活性炭等吸附污染物，浇上沥青，然后添加某种凝固剂或黏土合剂，使混合物成为一种凝胶，最后固化为硬块。凝固剂或黏合剂可以用水泥、消石灰、硅土、石膏或碳酸钙。凝固后的整块固体组成类似矿石结构，金属离子的迁移性大大降低，从而降低了重金属和放射性物质对地下水环境污染的威胁。固化/稳定化技术一般需要将污染土壤挖出来，在地面混合后，放到适当形状的模具中或放置到空地上进行稳定化处理，也可以在污染土地原位稳定处理。相比较而言，现场原位稳定处理比较经济，并且能够处理深度达到30米处的污染物。

3. 土壤蒸汽浸提修复技术及其原理

土壤蒸汽浸提技术是利用物理方法将不饱和土壤中挥发性有机组分（VOCs）去除的一种修复技术，它通过降低土壤孔隙的蒸汽压，把土壤中的污染物转化为蒸汽形式，主要适用于高挥发性化学污染土壤的修复，如汽油、苯和四氯乙烯等污染的土壤。土壤蒸汽浸提技术的基本原理是在污染土壤内引入清洁空气产生驱动力，利用土壤固相、液相和气相之间的浓度梯度，在气压降低的情况下，将污染物转化为气态后排出土壤。它利用真空泵产生负压，驱使空气流过污染的土壤孔隙而解吸并夹带有机组分流向抽取井，并最终于地上进行处理。为增加压力梯度和空气流速，很多情况下在污染土壤中也安装若干空气注射井。该项技术可操作性强，处理污染物的范围宽，可由标准设备操作，不破坏土壤结构以及对回收利用废物有潜在价值等优点，因其具有巨大的潜在价值已被应用于商业实践。

4. 电动力学修复技术及其原理

电动力学修复技术是从饱和土壤层、不饱和土壤层、污泥沉积物中分离提取重金属、有机污染物的过程。其基本原理是利用插入土壤中的两个电极在污染土壤两端加上低压直流电场，在低强度直流电的作用下，水溶的或者吸附在土壤颗粒表层的污染物根据各自所带电荷的不同而向不同的电极方向运动，土壤中的带电颗粒在电场内定向移动，土壤中污染物在电极附近聚集，这样就将溶解到土壤溶液中的污染物吸收到一起而去除。这项技术可修复的金属离子包括铬、汞、镉、铅、锌、锰、钼、铜、镍、铀等，有机物包括苯酚、乙酸、六氯苯、三氯乙烯以及一些石油类污染物，最高去除效率可达 90%。

二、人工生态修复的化学原理

虽然引起森林植被退化的人为原因很多，但大致还是可以分为两类，即不合理土地利用引起的退化和污染引起的土壤退化。

(一)退化、沙化土壤的化学修复原理

1. 退化、沙化土壤的生物化学修复机制

人类的不合理利用容易引起土壤的退化、沙化。土壤退化的主要特征是土壤质地变差，肥力降低，生产力下降。沙化土壤是退化土壤中比较严重的一种形式，主要表现为：①土壤内聚力差、松散，易流动。②在风力作用下更容易发生风蚀，而且易干燥。③土壤粗化和贫瘠化。④生产力极其低下。

最好的修复退化、沙化土壤的生物化学方法是大量施用有机肥料。各种有机肥料包括生物体排泄物(如动物粪便、厩肥)和泥炭类物质和污泥等。

有机肥料培肥改土的机理有：①有机肥料生物体排泄物含有一定量的微生物，可加速植物残体的矿化过程，丰富土壤的微生物群落。②有机肥料含有有机酸，如乳酸、酒石酸等，可与重金属形成稳定性的络合物，改善重金属污染土壤状况，泥炭类有机物能够增加土壤的吸附容量和持水能力。③厩肥含有多量胡敏酸胶体，它能与黏粒结合，形成团粒，在酸性或石灰性土壤中，均能促进团粒结构的形成。有研究表明，以泥炭为垫料的猪厩肥用来改造有毒土壤，效果很好。④施用有机肥料，可以直接增加土壤有机质和养分含量，而土壤有机质含量和养分含量的高低，既关系到土壤的发育，又影响作物的生长。

实践证明，在农田中大量施用有机肥可明显改善土壤的理化性质和肥力状况。在风沙环境治理过程中，通过发展畜牧业的规模养殖来增加沙质土壤的有机肥施用量，不仅可大幅度提高产量和降低成本，还可有效防止土壤风蚀。

2. 酸性土壤的化学修复

由于燃煤形成的酸雨现象在我国广泛存在，受酸雨污染影响的土壤和受其他重金属或有机物轻度污染的土壤，可采用施用有机物质、改良剂、黏土矿物等的方法，使退化土壤性能得以改善，或使污染物变成难迁移态或使其从土壤中去除。

石灰性物质是一种成本较低、使用方便的土壤化学改良剂。经常采用的石灰性物质有熟石灰、硅酸钙、硅酸锌钙和碳酸钙等。石灰性物质能够通过与钙的共沉淀反

应促进金属氢氧化物的形成,以中和酸性土壤,使土壤酸性达到植物生长能够接受的范围。使用时,要将石灰磨细成粒径很小的粉状,以提高颗粒的比表面积,使石灰性物质与金属离子充分接触和反应。

(二)污染土壤的化学修复原理及应用

由于工业化的进行,土壤中被排放了大量废水、废渣等污染物,这造成了土壤污染。污染土壤的化学修复,主要包括化学氧化、化学还原、化学淋洗和溶剂浸提等。这些人工修复技术,在对不同类型污染土壤的化学修复中发挥着重要作用。

1.污染土壤的化学氧化修复

化学氧化修复是一项污染土壤人工修复技术。其基本原理是将化学氧化剂掺进污染土壤中,使之与污染物产生氧化反应,使污染物降解或转化为低毒、低移动性产物。该技术主要用来修复被油类、有机溶剂、多环芳烃(如萘)、PCP、农药以及非水溶态氯化物(如三氯乙烯 TCE)等污染物污染的土壤,对饱和脂肪烃则不适用。最常用的氧化剂是 K_2MnO_4 和 H_2O_2,以液体形式泵入地下污染区。通过氧化剂与污染物的混合、反应使污染物降解或导致形态的变化。为了更快捷地达到修复的目的,通常用一个井注入氧化剂,另一个井将废液抽提出来,并且含有氧化剂的废液可以循环再利用。

2.污染土壤的化学还原与还原脱氯修复

对地下水构成污染的污染物经常在地面以下较深范围内,在很大的区域内呈斑块状扩散,这使常规的修复技术往往难以奏效。一个较好的方法是创建一个化学活性反应区或反应墙,当污染物通过这个特殊区域的时候被降解或固定,这就是原位化学还原与还原脱氯修复技术。其基本原理就是利用化学还原剂将污染物还原为难溶态,从而使污染物在土壤环境中的迁移性和生物可利用性降低。通过注射井,向土壤下层中注射的还原剂有亚硫酸盐、硫代硫酸盐、羟胺、FeO、SO_2 等,并给予一定压力使其在治理目标区内扩散。其中,最常用的是 SO_2 气体,适用于高渗碱性土壤中铬、铀、钍等对还原敏感的元素以及散布范围较大的氯化溶剂的污染修复。

3.污染土壤的化学淋洗修复原理

土壤化学淋洗修复原理是借助能促进土壤环境中污染物溶解或迁移作用的溶剂,通过水力压头推动清洗液,将其注入被污染土层,然后再把包含有污染物的液体从土层中抽提出来,进行分离和污水处理。清洗液可以是清水,也可以是包含冲洗助剂的溶液。清洗液可以循环再生或多次注入地下水来活化剩余的污染物。通常受到低辛烷或水分配系数的化合物、羟基类化合物、低分子量醇类和羧基酸类污染物污染的土壤比较适合采用这种技术进行清除。

4. 污染土壤的溶剂浸提修复原理

溶剂浸提技术通常也被称为化学浸提技术。其原理是利用溶剂将那些不溶于水，吸附或粘贴在土壤、沉积物或污泥上的有害化学物质，如 PCBs、油脂类、氯代碳氢化合物、多环芳烃(PAHs)，从污染土壤中提取出来或去除。该项技术一般不用于去除重金属和无机污染物，适合采用溶剂浸提技术的最佳土壤条件是黏粒含量低于15%、湿度低于20%的土壤。

第六章　森林植被重建技术

森林植被重建是在天然林生态系统经历了各种退化阶段，或者超越了一个或多个不可逆阈值时所采取的一种恢复途径。与恢复相比，重建要求持久的人为经营管理与连续不断的能量、物质和水分、养分供给。对于退化较严重的生态系统，尤其是自然植被已不复存在或林下土壤条件也发生根本改变的地区，应该采取重建的途径。重建的生态系统可以与原来的自然植被有很大差别，可以从追求经济效益的目的出发，发展生长快、效益高、集约强度大的生态系统。必须选择新的植被类型以适应新的变化了的环境条件，重新构筑与现实生态状况相协调的生态系统结构，而不一定追求与原生状态相一致的恢复方式。

第一节　树种选择

无论是植被恢复还是重建都离不开植物材料的选择，这是能否恢复到或新建成稳定的森林生态系统的根本。选择造林树种是一件重要的事情，必须谨慎、认真对待，遵循生物和经济兼顾的原则，否则就会招致造林失败，造成人力、物力、财力和种苗的严重浪费，不能很好发挥经济效益和生态效益。

历史上由于造林树种选择不当有过沉痛的教训，这其中原因很多，主要责任在于决策的失误，盲目使用在本地没有经过区域试验的树种，不了解树种的生态习性或者不清楚树种之间相互作用的规律。因此，在造林工作进行之前，首先要对所选树种深入调查、研究，只有这样才能做出科学的造林方案。

一、树种选择的基本原则

坚持造林地立地条件与树种的生物学和生态学特性的一致性，做到适地、适树、适种源。因地制宜地确定针叶树种和阔叶树种、乔木和灌木的合理比例，选择多树种造林，防止树种单一化。充分利用优良乡土树种，积极推广、引进取得成效的优良树种。选择具有较好的稳定性、抗病虫害能力强的树种。防护林应根据防护对象选择适宜树种，一般应具有生长快、防护性能好、抗逆性强、生长稳定等优良性状。严重风蚀、干旱地区，要注意选择根系发达、耐风蚀、干旱、沙压的树种。

二、抗逆性树种选择

在造林绿化的树种选择中，了解树木的生态习性是至关重要的。在光照、水分、空气质量等环境因子的差异下，根据植物所表现出不同的生长状况，我们归纳了几种绿化中常见的类型，以供参考。

(一)阳性树种

要求较强的光照，不耐蔽荫，一般需光度为全日照70%以上的光强。例如，华北落叶松、油松、白皮松、雪松、圆柏、广玉兰、悬铃木(法桐)、侧柏、花椒、黄连木、杜仲、白榆、桑树、毛白杨、加拿大杨、银白杨、旱柳、垂柳、月季、栾树、合欢、皂荚、刺槐、槐树、臭椿、楝树、香椿、白蜡、泡桐、柿、梨、苹果、杏、桃、枣、紫薇、橘等。

(二)阴性树种

在较弱的光照条件下，比在强光下生长良好，一般需光度为全日照的5%—20%，不能忍受过强的光照。例如，迎春、爪子黄杨、中华常春藤、地锦等。

(三)耐荫树种

一般需光度在阳性和阴性植物之间，对光的适应幅度较大。在全日照下生长良好，也能忍受适当的庇荫，大多数植物属于此类。例如，云杉、女贞、小蜡、小叶女贞、麻栎、小檗、榆叶梅、紫藤、龙爪槐、珍珠梅、丁香、石榴、柽柳、红叶李、贴梗海棠、垂丝海棠、西府海棠、卫矛、樱花、碧桃、玫瑰、胡子枝、猕猴桃、爬山虎、凌霄、金银花、胡颓子、文冠果。

(四)防风固沙树种

在风沙较大的环境中，应选择抗风力强、生长快且生长期长而寿命亦长、能适应当地气候土壤条件的乡土树种，其树冠最好是尖塔形或柱形。在华北地区，主要的防风树种有樟子松、油松、侧柏、杜松、杨、柳、榆、白蜡、桑、柴穗槐、柽柳、柠条、沙枣、沙棘、臭椿、杞柳等。

(五)耐水淹树种

在地形低凹、宜积水的地段，宜选择耐水湿、耐淹性能较强的树种，现把常见的耐淹树种分五例来区分：①耐淹力最强的树种能耐长期(3个月以上)的深水浸淹，当水退后生长正常或略见衰弱，树叶有黄落现象，有时枝梢枯萎。本类有垂柳、旱柳、龙爪柳、樟河柳、榔榆、桑、杜梨、柽柳、紫穗槐等。

②耐淹力较强的树种能耐较长期(2个月以上)深水浸淹,水退后生长衰弱,树叶常见黄落,新枝、幼茎也常枯萎,但有萌芽力,以后仍能萌发恢复生长。本类有麻栎、枫杨、榉树、悬铃木、紫藤、楝树、柿、葡萄、白蜡、凌霄等。

③耐淹力中等的树种能耐较短时期(1—2个月)的水淹,水退后必衰弱,时期一久即趋枯萎,即使有一定萌芽力也难恢复生势。本类有侧柏、千头柏、圆柏、龙柏、水杉、杨树类、李树、苹果、槐树、臭椿、香椿、卫矛、紫薇、石榴、迎春、枸杞等。

④耐淹力较弱的树种仅能忍耐2—3周短期水淹,超过时间即趋枯萎,一般经短期水淹后生长也显然衰弱。本类有黑松、刺柏、花椒、冬青、小蜡、黄杨、板栗、白榆、杏、合欢、皂荚、连翘等。

⑤耐淹力最弱的树种,水仅浸淹地表或根系一部分时,经过不到1周的时期即趋枯萎而无恢复生长的可能。本类有大叶黄杨、女贞、玉兰、杜仲、桃、刺槐、栾树、木槿、梧桐、泡桐、月季等。

(六)耐干旱瘠薄树种

黄土丘陵干旱、半干旱地区,特别是石灰岩干瘠立地,近几年春季旱情又趋严重,因此我们掌握树种的耐旱耐瘠薄能力,对于造林绿化建设至关重要。根据树种耐旱性能分以下五级:①耐旱力最强树种,包括樟子松、侧柏、杜松、垂柳、旱柳、杞柳、合作杨、群众杨、刺槐、紫穗槐、臭椿、杜梨、沙枣、枣、酸枣、黄刺玫、山杏、杏树、连翘、柠条。

②耐旱力较强树种,包括油松、圆柏、毛白杨、元宝枫、五角枫、白榆、黄栌、丁香、沙梨、皂荚、槐树、杭子梢、香椿、栾树、胡颓子、紫薇、迎春、醉鱼草、枸杞、金银花、六道木、香忍冬、红花忍冬、短柄忍冬等。

③耐旱力中等的树种,经受两个月以上的干旱和高温不死,但有较重的落叶和枯梢现象者,有核桃楸、山核桃、水榆花楸、桦木、栎类、悬铃木、樱桃、樱花、海棠、绣线菊、紫荆、龙爪槐、朝鲜黄杨、柿树、葡萄、白蜡、小蜡、水蜡、地锦、泡桐、接骨木、绣球花等。

④耐旱力较弱的树种,干旱高温期在一个月以内不致死亡,但有严重落叶和枯梢现象,生长几乎停止,如旱期再延长而不采取抗旱措施就会逐渐枯萎死亡者有雪松、华山松、黑松、水杉、银杏、玉兰、大叶黄杨、柑橘、李树、梧桐、木槿、水曲柳、杜仲、椴树、女贞等。

⑤绝大多数植物喜生于深厚肥沃而适当湿润的土壤,但从绿化来考虑需选择出耐瘠薄土地的树种。比如,油松、樟子松、侧柏、杜松、酸枣、小檗、小叶鼠李、锦鸡儿、卫矛、黄刺梅、胡枝子、柠条、臭椿、刺槐、杜梨、山桃、旱柳、垂柳、新疆杨、合作杨、群众

杨、火炬树、合欢、连翘、桑树、沙枣、山楂、沙棘、沙地柏等。

(七)耐盐碱树种

有些造林地属盐碱土地区,为此应选择耐盐耐碱树种提高造林质量。目前,国内较常用的耐盐碱树种有柽柳、白榆、加杨、小叶杨、桑、杞柳、旱柳、枸杞、楝树、臭椿、刺槐、紫穗槐、皂荚、槐树、美国白蜡、白蜡、杜梨、合欢、枣、杏、钻天杨、胡杨、君迁子、侧柏、黑松等。

(八)抗污染树种

随着工业的发展,工厂排积的有毒气体无论在种类和数量上都越来越多,对人类健康和植物生长都带来了严重影响。下面介绍几种污染源及抗污染的树种。

1. 二氧化硫(SO_2)

SO_2 气体进入植物叶片后,遇水成亚硫酸和亚硫酸离子,然后再逐渐氧化为硫酸离子。当亚硫酸离子增加到一定量时,叶片失绿,严重的会逐渐枯焦死亡,当空气中含量达五万分之一至二百万分之一时,就可对某些植物起毒害作用。

目前,我国区域内抗性强的树种有臭椿、槐树、榆树、加杨、垂柳、旱柳、馒头柳、栾树、小叶白蜡、杜梨、山桃、君迁子、北京丁香、核桃、紫穗槐、野蔷薇、木槿、珍珠梅、黄栌、丁香、泡桐、柿树、小叶黄杨、云杉、连翘、山楂、火炬树、紫薇、胡颓子、五叶地锦、大叶黄杨、地锦等。抗性中等的有北京杨、合作杨、钻天杨、桑树、金银木、西府海棠、金星海棠、榆叶梅、板栗、合欢、元宝枫、枫杨、悬铃木、接骨木、银杏、华山松、侧柏、白皮松。抗性弱的树种有五角枫、紫薇、桃、山杏、美国凌霄、油松、黄刺玫等。

2. 氟化氢(HF)

氟化氢进入叶片后,常在叶片先端和边缘积累,到足够深度时,使叶肉各细胞产生质壁分离而死亡。故氟化氢所引起的伤斑等集中在叶片的先端和边缘,或环带状分布,然后逐渐向内发展,严重时叶片枯焦脱落。抗氟化氢强的树种有白皮松、圆柏、侧柏、银杏、胡颓子、悬铃木、槐、臭椿、垂柳、泡桐、紫薇、紫穗槐、连翘、忍冬、金银花、小檗、丁香、大叶黄杨、小叶女贞、地锦等。

3. 氯气(Cl_2)

氯气对叶肉细胞有很强的杀伤力,会很快破坏叶绿素,产生褪色伤斑,严重时全叶漂白脱落。其伤斑与健康组织之间没有明显界限。抗氯气强的树种有皂荚、榆、白蜡、沙枣、柳树、臭椿、侧柏、杜松、枣、地锦、紫薇、梧桐、槐、合欢、板栗、刺槐、银杏、华北卫矛、圆柏、云杉等。

4. 阻滞尘埃树种

树木的枝叶可以阻滞空气中的尘埃，相当于一个滤尘器，可以使空气较清洁，有些地区矿企业较多，尤其是烧煤，会产生大量的粉尘，因此掌握植物的阻滞尘埃能力对绿色通道的建设有重要的意义。

常见的阻滞尘埃的树种有榆树、木槿、大叶黄杨、广玉兰、女贞、刺槐、楝树、桑树、悬铃木、臭椿、紫薇、五角枫、加杨等。

5. 分泌杀菌素树种

有很多树木能分泌杀菌素，可以想象，我们若在森林中走上一趟就相当于进行一次免费的杀菌、消毒、保健，这将对人们的身心健康有很大益处。常见能分泌杀菌素的植物有侧柏、圆柏、雪松、黄栌、大叶黄檗、合欢、刺槐、紫薇、木槿、女贞、悬铃木、石榴、枣、钻天杨、垂柳、栾树、臭椿等。

三、不同立地类型区的树种选择

根据各地区不同立地类型区的气候、土壤、植被状况归纳出适宜本区栽培的乔木及灌木树种。

四、常见造林绿化树种

根据各地区的气候、土壤条件立地，总结出适宜栽培的乔、灌树种及其生态习性、生物学特性，以便在生产实践中适地适树、科学利用，使森林植被发挥其最大的生态、经济、社会三大效益，目前主要的造林绿化树种特性如下所述：

(一)针叶树

针叶树主要包含油松、云杉、侧柏、圆柏、白皮松、樟子松、华山松、落叶松、塔桧、雪松、杜松、毛白杨、新疆杨。

树种特征如下：

①油松。深根性，生长中速，寿命长，喜光，适于凉爽气候，耐寒，耐干旱瘠薄，不耐水湿盐碱。

②云杉。根系浅，侧根发达，耐荫性较强，喜微酸性深厚土壤，生长较快。

③侧柏。浅根性，侧根、须根发达，生长较慢，寿命长，喜光，稍耐荫，耐寒，耐干瘠，抗盐碱，抗病虫。

④圆柏。深根性，侧根发达，生长较慢，寿命长，喜光，耐干旱瘠薄。

⑤白皮松。深根性，寿命长，生长较慢，喜光，较耐寒，抗污染，不耐积水。

⑥樟子松。浅根性,侧须根发达,生长快,耐寒,不耐积水,不耐盐碱。

⑦华山松。喜光,生长快,不耐寒,不耐积水,不耐盐碱。

⑧落叶松。根系发达,生长快,寿命长,喜光性强,耐寒,抗风力较强。

⑨塔桧。深根性,侧根也发达,生长中速,耐寒,耐热、耐荫,寿命极长,抗空气污染极强。

⑩雪松。浅根性,喜光,耐瘠薄,生长快,不耐寒,不耐积水、抗烟差。

⑪杜松。深根性,主侧根发达,喜光,耐干旱,抗寒冷,适应多种气候条件。可生于干燥、瘠薄的山地阳坡、陡壁、石隙等。枝条萌芽力强,耐修剪。

⑫毛白杨。深根性,根系发达,速生,寿命较长,抗风。

⑬新疆杨。深根性,根系较发达,生长中速,抗逆性强。

(二)阔叶乔木

阔叶乔木主要包括辽东栎、蒙古栎、栓皮栎、北京杨、漳河柳、垂柳、金丝垂柳、槐树、刺槐、五角枫、元宝枫、合欢、栾树、白蜡。

树种特征如下:

①辽东栎。主根性明显,深根,具有强大的抗风力,喜光,阳性树种,耐干旱耐瘠薄。

②蒙古栎。阳性喜光树种,幼树耐庇荫。耐寒,喜凉爽气候,根系发达,主根明显。

③栓皮栎。强阳性树种根系发达,主根明显。

④北京杨。早期速生,喜温凉爽气候,较耐寒,是农田四旁绿化优良树种。

⑤漳河柳。深根性,生长迅速,寿命50—70年,喜光,耐寒喜湿润,可耐短期积水,也较耐旱,稍耐盐碱。

⑥垂柳。初期生长快,喜光,不耐荫,耐水淹。

⑦金丝垂柳。适应性强,生长快,抗寒,抗旱,枝叶繁茂下垂,耐湿性强。

⑧槐树。深根性,生长中速,萌芽力强,寿命长,较喜光,耐湿热盐碱,抗空气污染能力强。

⑨刺槐。浅根性,侧根发达,速生,萌蘖力强,喜光,耐干瘠及轻盐碱,抗烟尘。

⑩五角枫。深根性,生长先快后慢,喜温凉气候及较湿润肥厚的山地褐土。

⑪元宝枫。深根性,萌蘖力强,寿命长,较耐寒耐旱,较抗烟尘,庇荫性能好。

⑫合欢。喜光,耐干燥,瘠薄,不耐水涝,生长迅速。

⑬栾树。深根性,速生,萌芽力较强,寿命长,喜光,耐干瘠和盐碱,优良的庭院绿

化树种。

⑭白蜡。喜光，稍耐荫，喜温湿气候，颇耐寒，耐涝、耐旱，抗空气污染。

(三)灌木

灌木主要包括海棠、小檗、丁香、连翘、紫薇、大叶黄杨、小叶黄杨、珍珠梅、榆叶梅、月季、玫瑰、水蜡、黄刺玫、牡丹、绣线菊、女贞、忍冬、紫叶李、木槿、蔷薇。

树种特征如下：

①海棠。喜光，耐寒，耐干旱，忌水湿。

②小檗。喜光，稍耐荫，耐寒，适应性强，萌芽力强。

③丁香。喜半荫、冷凉、湿润，耐寒。

④连翘。喜光，较耐荫，耐寒，耐干旱瘠薄，怕涝，不择土壤，抗病虫害能力强。

⑤紫薇。喜光，喜肥沃，耐旱，怕涝，不耐严寒，萌蘖性强，生长慢，寿命长。

⑥大叶黄杨。喜半荫，生长缓慢，耐修剪，不太耐寒，对多种有毒气体抗性强，寿命长，耐干旱瘠薄。

⑦小叶黄杨。喜光，亦耐荫，喜温暖湿润气候，萌蘖力强，生长极慢。

⑧珍珠梅。喜光又耐荫，耐寒，不择土壤，萌蘖性强，耐修剪，生长迅速。

⑨榆叶梅。喜光，耐寒，耐旱，对轻碱土也能适应，不耐水涝。

⑩月季。喜光，忌阴湿，不耐严寒，适应性强。

⑪玫瑰。喜光，耐寒、耐旱、耐碱，不耐积水，萌蘖力强，生长快。

⑫水蜡。喜光，耐寒，耐修剪。

⑬黄刺玫。深根性，喜光，抗寒，耐干瘠，耐盐碱。

⑭牡丹。不耐严寒，深根性，较耐碱。

⑮绣线菊。耐寒、耐旱，喜光而耐荫，耐碱，怕涝。

⑯女贞。喜光，稍荫，不耐严寒，抗氟化氢、二氧化硫等气体。

⑰忍冬。耐寒、耐旱，喜光也耐荫。

⑱紫叶李。喜光，喜温暖湿润气候。

⑲木槿。喜光，耐半荫，颇耐寒，耐干旱及瘠薄土壤，不耐积水，萌蘖强，耐修剪抗二氧化硫、氯气等气体。

⑳蔷薇。喜光，耐寒，对土壤要求不严。

(四)经济树种

经济树种主要包括：杏、李、柿子、猕猴桃、油橄榄、樱桃、枣、核桃、板栗、枸杞、榛子、翅果油树、桑树、沙枣、沙棘、山楂、杜仲、君迁子、文冠果。树种特征如下：

①杏。喜光,耐寒,又能耐高温,耐旱,耐瘠薄。

②李。喜光,能耐半荫,耐寒,不耐干旱瘠薄,不宜积水,浅根性。

③柿子。深根性,喜光,喜温暖湿润气候,也耐旱,寿命长。

④猕猴桃。喜光,略耐荫,喜温暖湿润气候,喜排水良好而肥沃的土壤。

⑤油橄榄。浅根性,侧根发达,耐盐,不耐积水。

⑥樱桃。喜日照充足、温暖而略湿润的气候,萌蘖力强,生长快。

⑦枣。较耐寒,耐干旱瘠薄,深根性,根系发达,根萌蘖力强,抗风沙,寿命长。

⑧核桃。耐寒性能较强,深根性,喜光,根萌芽力强,喜深厚、湿润、肥沃的沙壤土,寿命极长。

⑨板栗。喜光,深根性,根萌蘖力量,寿命长,抗二氧化硫等气体。

⑩枸杞。稍耐荫,较耐寒,耐干旱,耐碱,忌黏土及低湿。

⑪榛子。喜光,耐旱,耐寒,抗火性强,喜肥沃的酸性土壤,萌芽力强。

⑫翅果油树。喜温暖湿润气候,喜深厚、肥沃沙壤土,耐瘠薄,不耐水湿,萌芽力强。

⑬桑树。喜光,耐干旱瘠薄和水湿,深根性,根系发达,萌芽力强,耐修剪,寿命中等,抗二氧化硫、二氧化氮气体。

⑭沙枣。喜光,耐寒,耐干旱也耐水湿又耐盐碱,耐瘠薄,根系发达,以水平根系为主。

⑮沙棘。浅极性,萌蘖性强,生长迅速,喜光,附严寒,耐干旱和瘠薄,耐热,耐盐碱。

⑯山楂。根系发达,萌芽性强,喜光,稍耐荫,耐寒,耐干燥、贫瘠土壤。

⑰杜仲。根系较浅,侧根发达,萌芽力强,喜光,不耐庇荫,较耐盐碱。

⑱君迁子。喜光,深根性,侧根发达,耐瘠薄,耐微碱,不耐水湿。

⑲文冠果。喜光,深根性,根萌蘖力强,耐寒,抗旱,抗病虫。

(五)藤本植物

藤本植物主要包括美国地锦(爬山虎)、山荞麦、紫藤、常春藤、扶芳藤、葛藤、爬墙月季、凌霄。树种特征如下:

①美国地锦(爬山虎)。喜温暖气候,耐寒,耐荫,生长旺盛。

②山荞麦。喜光,耐干旱,寒冷,生长快。

③紫藤。喜光,略耐荫,较耐寒,主根深,侧根少,生长快,寿命长。

④常春藤。耐荫,较耐寒,对土壤水分要求不严。

⑤扶芳藤。喜光,耐瘠薄,耐寒。

⑥葛藤。生长快,蔓延力强,不择土壤。

⑦爬墙月季。喜光,喜温暖湿润气候。

⑧凌霄。喜光,喜温暖湿润,耐寒性较差,耐旱,忌积水,萌芽力强。

第二节 人工植被重建技术

人工植被重建技术的重点内容之一就是人工造林,主要包括造林规划设计、整地技术、树种配置与混交林设计、密度控制、造林方法、幼林地抚育管理等作业内容。

一、造林规划设计

(一)野外调查

野外调查的任务是为造林规划设计准备图面材料,掌握调查设计地区的自然条件中各环境因素的一般特征和分布规律,以及根据区划进行造林小班的地形、土壤、植被等调查,确定造林小班的立地类型和可供采用的主要造林树种。小班是调查设计的最小单位,也是组织生产的基本单位。小班区划得合理,造林树种适当,整地方法就容易确定,施工作业也方便易行。区划小班首先是在造林地块、边界线测量完毕的基础上进行。测量边界线时,要详细记录立地条件(坡向、坡度、坡位、土壤)、山脉、道路、河流、地类、伐后林地清理情况等,将了解的全面情况描绘在平面图上,然后根据地形、土壤变化等情况,初步确定小班线所在位置,再去现场进行实测。区划小班的原则是:①以自然区划为主,自然区划与人工区划相结合的方法。②根据立地条件,本着适地适树,便于作业和管理的原则,小班可采用顺山画号、横山画号、斜山画号等方法。③一个小班不能跨两个林班、两个坡向,设计两种造林树种。④小班面积以5—7平方千米为宜,最大不超过10平方千米。还可在小班内区划若干个小号,小号面积2—3平方千米为宜,最小为1平方千米。⑤凡林中空地、岩石裸露等无林地,面积超过0.2平方千米以上时,应实测扣除。

(二)内业设计

造林设计的内业工作主要内容包括资料整理、面积计算、造林技术设计、绘制图表以及编写造林说明书。

1.资料整理

主要是对外业调查的土壤、植被、立地条件类型和小班调查等材料进行整理,为下一步造林设计打下基础。

2.清绘基本图

基本图是调查设计的主要图面材料,为用来计算面积、绘制现状图和造林设计图的基础资料。一般以地形图为底图进行编绘,用符号、数字或分子式反映各级行政单位或林场的自然地理要素、社会经济要素和林业调查测绘成果。利用地形图制图时,可直接清绘,描出各级区划界线,以符号、数字或分子式进行注记;而利用航片制图时,则可按规定转绘到地形图上。

3.面积计算

以经过清绘的地形图为底图制成基本图,作为进行小班面积计算的依据。常用的计算方法有以下几种:①图解法。将小班不规则的图形,视为若干几何图形,分别求出面积后相加。②求积仪法。每一图形用求积仪按顺时针方向循小班界线绕行两次取平均值。③网格法。目前多用"网点板"查数图形内的格数,网点代表一定面积,可测定闭合图形面积。用此法测定面积,至少将网点板的位置变换两次,取平均值。为保证面积计算的精度,一般以地形图的图幅面积控制,然后在图幅内按各级区划,从大到小逐级求算。林班、小班计算面积,可用上一级区划单位平差后的面积作为控制面积,根据1∶100的精度要求,在误差限度内按面积比重平差,计算出小班面积后,应将其转抄到小班外业调查表的相应栏内。

4.造林技术设计

造林技术设计是在根据自然和社会经济条件进行林种规划和确定其布局后,采用典型设计的方法,汲取现有科研成果和生产经验,针对每一立地条件类型,设计出系统的造林技术措施,主要包括树种组成、造林密度、种植点配置、整地、栽植、幼林抚育方法、时间等项目。造林典型设计成表格形式,有时可加绘造林类型图式。每一立地条件类型应尽量多设计几种造林类型,以供生产上选用。调查设计地区面积不大的地方,也可以小班为单位按立地条件直接设计造林类型。有林地小班应提出抚育或改造的经营意见。造林技术设计完成后,应组织有关人员认真讨论,提出意见,并进行修改,最后将全部材料汇总装订成册。

典型设计应注意以下几个方面:①设计方法。按立地条件类型分别进行典型设计,每个立地条件类型可以分别设计几套方案,便于经营者选择最优方案。②典型设计内容。应包括造林类型、造林树种、造林密度、配置方法、造林图式;造林技术,包括整地方法,整地规格、整地时间、造林方法、造林季节、造林技术要求、施肥种类及每亩(株)施肥量等;每亩需种苗量和施肥量;幼林抚育(抚育项目、年限、时间次数等);等等。③选择合适的树种。关系到造林的成败，不仅要选择树种的生态学特性，必须与立地条件类型相适应，而且要注意重视经济效益，达到因地制宜选择造林类型，适地适树选择造林树种。

5. 图表材料

除基本图外，应绘制调查设计地区的现状图、造林设计图。现状图可用经过清绘的基本图氨熏晒图制作，或以调查所用地形图绘成的基本图为底图透制。图上除描绘主要地形、地物外，应对调查设计地区（如林场）的森林要素分别着色和注记，有林地小班可按优势树种和龄级的不同，以不同颜色或深浅着色和注记；造林地小班可以不同立地条件类型进行着色和注记；其他地类也应注记以便于应用，现状图多以林场、乡为单位成图。图幅大小以 160 厘米×120 厘米为宜。造林设计图是利用数字、符号、颜色等形式在复制的现状图或晒蓝（氨熏）现状图上标出设计的重点内容，其中主要是行政界线和各级经营区划界线；乡、村名称及林班、小班编号；小班注记，形式可以分子式表示。

在造林地区可按实际需要统计制表。一般可制成造林地面积统计表，造林地立地条件类型面积统计表，造林规划表，年度造林任务表，年度种子、种条、苗木需要量核算表，年度育苗面积规划表，年度用工概算表和年度投资概算表等。此外，还应附上有关专业、专项调查研究材料和论证材料等造林调查设计方案及其说明书、图表等，并上报主管部门审查，经批准后执行。

6. 编制说明书

说明书的内容应包括：前言，简述造林调查设计的意义、依据和工作概况；调查设计地区的地理位置、面积、自然条件和社会经济条件；区划的原则和方法；立地条件类型的划分；造林技术设计的科学依据，造林总工作量及年度施工量安排；种苗需要量及年度育苗量；各生产工序的用工量及总用工量；投资概算；造林预期效益分析；等等。仅作造林规划的地区，除介绍该地区的自然地理、社会经济和林业资源等基本情况外，应阐明规划的依据、原则、方法和步骤，确定规划年限内实现的总指标、林种布局和实施进度，提出种苗规划和现有林经营规划，分析投资概算和经济、社会效益以及实施规划的措施等，同时还应附上各种图表资料。

（三）造林地立地条件

1. 造林地的立地条件

立地条件是影响森林植物生长发育的各环境因子的综合。根据这个定义进一步分析可以看出：①立地条件是由多个环境因子组成的。②这些立地因子对森林植物的影响方式有直接的或间接的,单独的或综合的。③这些环境因子中存在着起决定性作用的主导因子。④直接对森林植物生长发育产生影响的因子有光照、温度、水分、养分和空气,它们被称为生活因子。⑤作用的对象是森林植物。在一定的造林地区内,大气候、大地貌基本一致,但不同造林地之间仍存在着小地形、小气候及土壤、植被等条件的差别。相对地说,这些差异对林木生长的影响更为直接,所以估量造林地各立地因子的作用及其综合影响,可以了解不同造林地宜林性质的区别,为制定相应的造林营林技术措施,并预估未来可能获得的效益提供依据。

研究造林地的立地条件有以下重要意义:①判定造林地对不同树种的适宜性和未来形成的林分的稳定性。②了解造林地的生产潜力和林木生长发育可能达到的水平。③为制定各项林业生产技术措施打下基础。

分析造林地的立地条件,主要是分析环境因子及其对生活因子产生的影响。

(1)地形

在原来一定范围内,在水平空间上基本一致的生态因子,由于地形的变化可以引起垂直空间上的再分配。海拔、坡向、坡度、坡位、坡形的变化,不可避免地要导致生活因子出现梯度变化,如在一定的区域范围内海拔的升高,可使光照时间延长,强度增大,温度降低,无霜期缩短,大气、土壤湿度增加,植被生长茂密,肥力提高等。

(2)土壤

土壤主要是成土母岩、腐殖质含量、土层厚度、质地、酸碱度以及石砾含量等因素,从容量和质量两方面决定造林地的立地质量。

(3)植被

植被主要是植物的组成、覆盖度等。植被状况既是立地质量的反映,又是制约立地的因素,特别是某些生态适应幅度窄的指标植物,更可以较清楚地揭示造林地的小气候、土壤肥沃状况等规律,帮助人们深化对立地条件的认识。

(4)水文

水文包括地下水深度、季节性变化、浸润深度、矿化度等。这些因素不仅反映某些造林地的水分特点,而且说明与其相关土壤的通透性、有机质分解水平,传递该造林地的宜林程度的信息。

(5)人为因素

不合理的人为活动,可以引起立地条件的劣变,降低造林地的生产能力;建设性的措施,可以导致立地条件的优化,提高造林地的生产性能。

2.造林地的立地条件类型

立地条件类型是具有相同或相似宜林性质,即相同或相似土壤、气候条件的造林地段的综合体。但从应用的观点看，不可能也不必要把千差万别的立地条件都单独对待，而应该进行适当的归类。通过这种归类达到以下目的：①为贯彻适地适树原则打下基础。②为制定造林技术措施提供依据。③为简化造林设计及提高设计质量创造条件。立地条件类型的划分，从目前发展趋势看，是从单纯的定性分类向定量分类过渡，从单因素对比分类向多因素复合分类过渡，从局部地区的分类向更大的范围，甚至全国的分类过渡。进行造林地立地条件类型的划分，可以采用直接方法，也可以采用间接方法。直接方法是利用林木的平均生长指标作为依据，但这种方法在大面积无林地区应用有一定困难。间接方法是利用对林木生长发育有影响的环境因子作为分类依据，在实践中应用较多。

二、整地技术

造林地的整地是指造林前通过人工措施对造林地的环境条件进行改善，以使其适合林木生长。造林整地，是提高造林成活率，改善林木生长条件的重要环节。整地的好坏，往往成为造林成败的决定性因素。特别在水土流失严重、气候特别干旱的黄土高原地区，细致整地的作用就显得更为重要。通过整地，可拦截地表径流，蓄水保墒，提高土壤的抗旱能力；改善立地条件，调节造林地的光照、热量、水分和空气状况，以满足不同树苗、幼树的需要；保持水土，减免土壤侵蚀，增加了活土层，提高土壤肥力，促进苗木生长。

(一)造林整地的作用

造林整地具有改善立地条件、保持水土、便于造林施工、提高造林成活率四个方面的作用。它是通过清除植被，改变局部小地形和改善土壤物理性质实现的。

1. 整地能改善立地条件

首先是改善气候条件，造林地上一般都长着灌木杂草等自然植被。整地后，由于植被被清除，光线可直达地面，近地表层气温和地温升高，相对湿度降低。因此，通过不同程度的清除植被，可以创造出不同光照和温度条件，满足不同树种的需要。

2. 便于造林施工

整地是造林前的一个工序，主要是为造林抚育创造条件。造林地经过认真和细致的整地，可以排除造林施工的障碍，便于进行播种栽植，提高作业速度和质量，如目前造林中存在的植苗窝根问题，主要是因为栽植穴根本没有达到规定的深度，所以要提高造林质量，就应抓好整地质量。

3.保持水土

整地是坡面治理工程的重要组成部分;切断了径流线,改变了坡面径流状况;增加了土壤入渗能力和土壤持水能力;径流得到了就地拦蓄。

4.提高造林成活率,促进幼林生长

种子发芽、苗木根系愈合生长的环境条件得到了改善;整地后植物的物候期改变;整地后苗木的根系发达,吸收根增加;立地条件越差整地的效果越明显。

(二)造林地的清理

1.全面清理

全部清除天然植被和采伐剩余物。火烧清除(炼山):炼山可以提高地温,增加土壤灰分,消灭病虫害,清理造林地彻底,便于造林施工,但易引起水土流失。化学药剂清除:清理效果显著,根据植物生长特性、生长发育状况、气候条件选用合适的药剂。

2.带状清理

以种植行为中心清除其两侧植被,或将采伐剩余物堆成条状。割除时间:灌木、杂草营养生长旺盛期,尚未结实或种子尚未成熟,地下积累的养分少,茎干容易干燥的季节。

3.割除

时间:夏末秋初、冬季或春季。方向:山地与等高线平行或与种植行一致;平原南北向。带宽:1—3米,相当于保留宽度的0.5—1.5倍。

4.化学药剂处理

将药剂喷洒成带,留下一定宽度的保留带。

5.块状清理

以种植穴为中心清除其四周植被,或将采伐剩余物归拢成堆的清理方式。块状地的面积可根据植物的高度确定,面积小虽比较省工,但过于分散,不便施工,易压抑栽植的幼树,面积大接近带状清理,块状清理生产上一般应用较少。

(三)整地时间

整地时间是保证整地效果的重要环节,尤其是在干旱地区。一般应做到提前整地,只有提前整地,才能改良土壤,充分发挥整地的蓄水保墒作用。据调查,在早春造林经过提前整地的土壤含水量达13%—15%,未提前整地的土壤含水量只有7%—8%。提前整地,最好能使整地和造林之间有一个降雨较多的季节。如秋季造林可选择在6—7月或者前一年的秋季。总体说来,提前整地以伏天为最好。因为伏天整地不仅能使整地翻出的生土熟化,使土壤疏松多孔,透气性增强,还可以消灭杂草,较多地储蓄水分，减少水分蒸发，利用蓄水保墒。

(四)整地深度

考虑整地深度时应考虑以下条件：首先是气候特点，干旱地区整地深度应比湿润地区大。其次是立地条件，低海拔地区的阳坡整地深度应比高海拔地区阴坡稍深。土层薄或岩石风化差的地方，深度浅，反之应当适当加深。一般整地深度应超过苗木根长度(20—25厘米)，故整地深度不能低于20—25厘米。因树木吸收根系多集中在40厘米以上的土层内，故整地深度上限为40厘米。阔叶树造林整地深度应大于40厘米。

(五)整地方法

整地的方法应根据造林的地形、土壤、植被和气候等条件的不同，通常采用全面整地与局部整地两种。

1.全面整地

全面整地是翻垦造林的整地方法，全面整地可用于平原地区，主要是草原、草地、盐碱地及无风蚀危险的固定沙地。全面整地也可在限定的条件下用于石质山地和黄土高原地区。还应注意，山地全面整地不宜连成大片，坡面过长时，山顶、山腰、山脚应适当保留原有植被。在以下条件下可应用全面整地：①地势较平坦。②便于实行机械作业。③实行林农间作业。④坡度在25°以下、灌草茂密、不全面整地不便于营林生产。全面整地的连片面积不能过大，山地、丘陵要尽量保留原有天然植被。

2.局部整地

局部整地是目前生产上采用最多的一种整地方式。局部整地方法较多，结合立地条件、气候条件总结出水平阶整地法、水平沟整地法、鱼鳞坑整地法、反坡梯田整地法、大坑整地法、隔坡梯田与隔坡复式梯田、汇集径流整地法、爆破整地法、翼式鱼鳞坑法、隔坡水平沟整地法等10种整地方法。

(1)水平阶整地法

多用于干旱山地，土壤薄或较薄的中缓草坡或黄土地区的缓坡或中坡。施工时，自坡下沿等高线开始修第一阶，然后第二阶，依此类推，最后一阶可就近取表土盖于阶面，阶面外缘培修土埂或不修土埂，阶面宽度0.5—1.5米，长度一般为1—6米，相邻阶距1米左右，阶间距1.5—2米。一般适应25°以下的宜林荒山。

(2)水平沟整地法

水平沟整地是沿等高线挖沟的一种整地方法，水平沟的断面以挖成梯形为好，上口宽约0.6—1.0米，沟底宽0.3—0.6米，沟深0.4—0.6米，外侧斜面坡度约<60°，

沟内成水平状，沟长4—6米；两水平沟顶端间距1.0—2.0米，沟间距2.0—3.0米，水平沟按品字形排列。

同时，整地的关键必须用生土打埂，熟土回填。为了增强保持水土效果，当水平沟过长时，沟内可留几道横埂，但要求在同一水平沟内达到基本水平。一般用于坡度25°以上的退耕地或荒山整地造林。

挖沟时先将表土堆放在上方，用底土培埂，然后再将表土填盖在植树斜坡上。水平沟整地由于沟深，容积大，能够拦蓄较多的地表径流，沟壁有一定的遮光作用，改变了沟内土壤的光照条件，可以降低沟内的土壤水分蒸发。

(3)鱼鳞坑整地法

鱼鳞坑整地的具体方法是：在山坡上按造林设计，挖近似半月形的坑穴，坑穴间呈品字形排列，坑的大小常因小地形和栽植树种的不同而变化，一般坑宽（横）0.8—1.5米，坑长（纵）0.6—1.0米，坑距2.0—3.0米。挖坑时先把表土堆放在坑的上方，把生土堆放在坑的下方，围成高20—25厘米的半环状土埂。按要求规格挖好坑后，再把熟土回垫入坑内，外沿要踩实拍光，在坑的上方左右两角各斜开一道小沟，以便引蓄更多的雨水。适应于坡度30°以上，地形破碎的宜林荒山。

(4)反坡梯田整地法

反坡梯田整地是黄土高原干旱丘陵的一种行之有效的整地方法。断面呈三角形的沟，又叫三角形水平沟，田面向内倾斜成反坡。反坡梯田蓄水保土，抗旱保墒能力强，改善立地条件作用大，造林成活高，幼林生长好，适用于黄土高原地形平缓坡面完整、土层深厚的造林地。适应于干旱、水土流失严重，并且坡度在30°以下的宜林荒山，沿等高线开挖反坡梯田，台面宽1—2米，里切外垫，梯田向内倾斜成5°—10°的反坡，上下台阶中心距必须保持在2—3米，台面深翻25厘米，拣除草根、石块等杂质，反坡外沿拍实并保持平整光滑。

(5)大坑整地法

此法适宜在以下两种条件下采用：第一，坡度在30°以下的阳坡或半阳坡，草本植被块状分布，选此处的空闲荒坡进行大坑整地，一定要注意保护好原有的植被。第二，坡度在15°以下干旱多风地区的荒地或撂荒地。大坑整地的规格：坑长1.5—2米，深1米，宽1米，形状为长方形、品字形排列，此法能有效地截水，蓄水保墒，坑内适合栽植乔木树种，坑沿进行播种造林。

(6)隔坡梯田、隔坡复式梯田整地法

隔坡复式梯田是由主体梯田和辅助梯田构成的，辅助梯田位于主体梯田下侧，两者结合起来构成复式梯田。上一个复式梯田与下一个复式梯田之间间隔一定距离。主体梯田石坎高 1—1.5 米，田面宽一般为 1.5—2.5 米。辅助梯田石坎高 0.3—0.5 米，田面宽一般为 1 米左右。隔坡长度为 4—6 米。隔坡复式梯田优点在于利用隔坡地段的径流富足了主体梯田的土壤水分，在辅助梯田种植牧草，提高土壤肥力，较好地解决了山地水肥补给问题。隔坡地段扩大修筑主体梯田的土壤来源，为土层较薄的山地种植经济林提供了可能。

(7)汇集径流整地法

适宜 25°以下，并且坡面比较平整和平缓的宜林荒山。规格是先挖坑，从山坡顶部开始品字形排列，坑长 1.5—2 米，宽 0.6—1 米，深 0.5—1 米，株距 4 米，行距 3 米(横为株距，纵为行距)，坑的上部左、右角处修筑八字形、高 0.14 米的拦水墙，集水面以扇性为宜，既好看，集水面也比较大，同时护除集水面上的杂草，铲平筑实，使有限的降雨基本上都流入植树坑内。

(8)爆破整地法

低山丘陵区经济林爆破整地法，一般整地深度应在 0.8—1 米，最小整地宽度应为 1.5—2 米，最大整地宽度随坡面坡度而定，坡面下切深度不应超过 1 米，当坡面坡度超过 15°时，爆破整地上下两行之间就应该设有隔坡，隔坡宽度一般不超过 3 米。爆破后将土地按等高线初步整平，在水平条田的田面上垫 15 厘米厚的黏土或重壤土，然后进行全田面二次爆破整地，或深翻 40 厘米将黏土与沙土混匀，再将水平条田精细整平、打埂，修成标准的水平条田或水平梯田。

(9)翼式鱼鳞坑

翼式鱼鳞坑是水平集水沟(槽)和大鱼鳞坑复合而成。鱼鳞坑两侧有集水沟，在干旱、半干旱地区，为提高土壤的蓄水能力，增加土壤蓄水量，深度宜大，集水沟长 1—1.5 米，宽 0.2—0.3 米，深度一般为 0.3—0.5 厘米。一般坡面坡度在 20°左右，鱼鳞坑面宽度为 0.5 米，长度一般为 0.8—1 米。为更多地积蓄径流，减少蒸发，破土面低于原地面，并呈一定角度，构成蓄水容积。

(10)隔坡水平沟整地法

隔坡水平沟的规格设计为长 10—20 米，宽 1 米，深 1 米，其容纳径流量为 20 立方米。以此确定不同坡度的沟距。施工隔坡水平沟要求沿坡面等高线施工，沟底和地埂保证水平。以设计的沟距定规划线，划两条与规划线平行的线，把平行线之间 2 米宽、0.3 米深的活土层全部内翻，然后由规划线向上 1 米深挖 0.7 米，挖出生土外翻打埂，埂基宽 1 米，埂顶宽 0.5 米，里直外斜。注意沟底和埂都必须与等高线水平，否则就要打埂做横档,以保持局部水平。

三、混交林营造技术

人工造林中,模拟天然林结构模式实行乔灌草复层混交,能够更充分地利用空间,防止地力减退,利于林分稳定,培育出优质木材。可以提高林分的生态、经济效益和稳定性,而且也是快速建设植被的有效途径。目前,地带性植被优势种尚未被利用,现成功的人工乔灌草混交类型还不多。

合理的树种混交,无论是从生物学观点或是从林业生产的观点看,都具有十分广泛的意义。混交林能够更充分地利用环境条件(包括光照、温度、土壤、水分及养分),它往往比纯林具有更高的木材收获量;能够更有效地改善环境条件,维持和增进地力,比纯林具有更高的防护性能;混交林比较稳定,对各种自然灾害(如霜冻、风、火、病、虫灾害)的抵抗能力强;混交林常能培育出优质木材。

(一)混交比例

混交林中各树种所占的百分比,简称混交比例。通常指造林初期各树种株数所占的百分比。它是营造混交林、调节种间关系的主要技术环节,也是决定混交效果和人工林产量的关键之一。在自然状态下,竞争力强的树种,常随时间的推移,其所占比例越来越大,而另一些竞争弱的树种则相反,灌木在成林后一般不再计入组成中。在确定混交比例中,既要保证主要树种在林分中始终占优势,又要使混交树种能够在发展中保留足够的数量。一般用材林主要树种所占比例应达50%以上,混交比例,因树种、混交类型和立地条件等不同而异,竞争力强的树种或立地条件优越的地方,混交树种所占比例都不宜过大,反之可适当增加其比例。一般来说,在造林初期混交树种的比例控制在25%—50%。

(二)混交树种的选配

1. 主要树种

人们栽培的目的树种,经济价值高,防护效能好,林分中数量最多的是优势树种,一般为高大乔木,林分生长中后期居于林冠上层,有1—3个树种。

2. 伴生树种、次要树种

在一定时期与主树种相伴而生并为其生长创造有利条件的乔木树种经济价值较低,在林内数量上不占优势的多为中心乔木,林分生长中后期占据第二层作用——辅佐、护土和改良土壤作用(辅佐:给主要树种造成侧方遮光,使树干长得通直,自然整枝较好；护土：以自身树冠、根系遮蔽地表，固持土壤，减少水分蒸发，防止杂草丛生；改土：森林枯落物回归土壤，或利用某些树种的生物固氮能力，提高土壤肥力，改善理化性质）。

3. 灌木树种、次要树种

在一定时期内与主树种生长，并为其生长创造有利条件的灌木树种，经济价值不高，在林内数量依立地条件不同不占优势或稍占优势，林分生长中后期往往自行消失或处于林冠最底层。作用是护土改土，其分枝多、树冠大、叶量丰富、根系密集，耐干旱瘠薄，因而覆盖地表，抑制杂草丛生，增加土壤有机质和固氮含量，分散径流，防止土壤侵蚀。

(三)树种的混交类型

1. 主栽树种与主栽树种混交

主栽树种与主栽树种混交主要是乔木混交类型，反映两种或两种以上的目的树种混交时的种间关系，可充分利用地力，同时获得多种木材并发挥其他有益效能。

(1)针阔混交

针叶树种：材质好、含脂高、酸性物质高，容易形成粗地被物，酸性腐殖质土壤理化性质恶化，地力衰退。阔叶树种：落叶量大，灰分元素多，可改善理化性质，提高林地肥力。

(2)常绿与落叶混交

阳性树种间混交模式，常构成单层林，种间矛盾早日尖锐化，不宜鼓励。阳性树种与阴性树种混交模式，常形成复层林，种间有利关系持续时间长，矛盾迟缓。

2. 主栽树种与伴生树种混交

林分的生产率高，防护效能较好，稳定性较强，林相为复层林，主栽树种居第一林层，伴生树种位于其下，为第二林层。第二林层能调节气温，增加大气湿度，创造对光合作用有利的水、空气状况，林分稳定性高，防护也好。主与伴的矛盾比较缓和，因为伴生树种大多为较耐荫的中小乔木，主要适用于立地条件较好的用材林、水源涵养林营造。

3. 主栽树种与灌木混交

树种种间关系缓和，林分稳定混交初期，灌木可给主树种的生长创造各种有利的条件。郁闭后，林冠下光照不足，灌木渐渐衰老、死亡。灌木、刺槐（杨、松类）主要用于立地条件较差的地方，且条件越差越应适当增加灌木比重。

4.主栽树种、伴生树种与灌木混交

兼有上述三种混交类型的特点，形成多层次结构林分，较适用于农田防护林、水土保持林的营造。不管何种类型都要求主、伴树种之间在生物学特性方面有合理搭配，种间有利关系多、斗争不突出或较易调节。

(四)混交林的营造方法

1.株间混交

株间混交就是在行内隔株混交其他树种的一种方法。由于这种方法两个树种的种植点靠得很近，所以种间关系最密切。如果树种选择适当，就能充分发挥种间的有利关系，否则种间关系的矛盾便相当激烈，调节困难，难以形成相对稳定的混交林，同时这种方法在施工上很麻烦，不便于机械化。

2.行间混交

行间混交是行内树种相同，邻行树种不同，而不同树种成单行间隔种植的一种混交方法。这种方法种间矛盾也较激烈，如果树种选择不当，伴生树种生长特快，使能造成相邻行的主要树种被压，从而使混交失败，在树种选择恰当情况下，经过及时抚育，完全能够形成稳定的混交林。

3.带状混交

带状混交是每一树种以若干行(通常在三行以上)组成一个带状相互混交的方法，其中主要树种的行数可多些，伴生树种行数宜少些，带状混交适用于很多树种，特别是营造种间关系比较尖锐的树种更适用，因为带状混交可以缓冲种间竞争，即使在两带邻接行上出现尖锐矛盾，也可以通过抚育采伐来调节，并在伐去一树种边行后，混交图式仍可保持相对稳定。带的宽度应视具体情况而定，带越宽越接近纯林，混交意义越小。

4.块状混交

块状混交分规则与不规则两种，规则的块状混交是将林地划分成若干正方形或长方形小块，相邻地块栽不同树种，地的边长一般为5—10米，或更大些，但如过大则失去混交意义。在小地形变化明显的造林地上，可采用不规则的块状混交，即随同小地形的变化，种植不同的树种。块状混交种间竞争较弱，成林后各自成为一个组，在块状地交界处，如竞争激烈可用抚育采伐来调节，这种方法既符合造林适地适树要求，又能发挥混交林的效应。

四、造林密度

林分密度是指单位面积林地上的林木的数量。林分密度是形成一定林分水平结构的数量基础,对林产品的质量、数量和林分的稳定性都有深刻的影响,探索合理密度是森林培育研究及生产的中心课题之一。由于密度在森林一生中不断变化,因此将森林起源时形成的密度称为“初始密度”,它是森林生长发育各个时期密度变化的基础,而将其他时期的密度称为“经营密度”。

造林技术因不同立地条件和树种而异,但造林密度永远是造林技术中的一个重要因素,它一直是众多林业工作者研究的主要问题之一,在一定立地条件下,密度是影响林分产量和质量的主要因子。林分密度的人工控制手段是间伐。林分在整个生长过程中,由于自然稀疏或人工间伐,各个阶段都有一个最佳密度相对应,但它对整个生长过程却未必是最佳状态。这里我们关心的问题是最终收获目标最大的各个生长阶段的最适间伐强度,而同时又要使总蓄积密度保持在最优水平上,因此密度问题是个最优控制问题。

初植密度应以林木能适时郁闭,幼树生长良好为标准;其合理的密度应根据立地条件、树种生物学特性、生态学特性、造林目的、作业方式和中间利用的经济价值等的不同,因地、因林、因树制宜地确定,过稀过密都是不妥当的。在立地条件较好的地方种植生长较快的树种,而又不计划间伐小径材的,造林密度宜小;种植生长速度中等或较慢的树种,以及计划间伐小径材的,造林密度宜大。在半干旱、干旱地区造林密度应以维持水分平衡为准。

五、人工造林方法

(一)人工播种造林

播种造林法又称直播造林,是将林木种子播种在造林地进行造林的方法。这种方法省去了育苗过程,而且施工容易,便于在大面积造林地进行造林。但是这种方法造林对造林立地条件要求较严格,对造林后的幼林抚育管理措施要求也较高。播种造林的适用条件:适合于种粒较大、发芽容易、种源充足的树种,如辽东栎、核桃和山杏等大粒种子。要求造林地水分充足,各种灾害性因素较轻,对于边远且人烟稀少地区的造林更为适宜。播种造林的方法有:块状播种、穴播、缝插、条播和撒播等。播种前的种子处理包括消毒、浸种和催芽等措施,对保证春播、早出芽、增强幼苗抗旱能力、减少鸟兽等危害极为重要。

(二)植苗造林

1. 裸根苗栽植

(1)栽前浸根处理

在荒山造林过程中,栽前用 ABT3 号生根粉浸根 0.5 小时,成活率平均比对照提高12.7%,在立地条件较差的地方,ABT生根粉提高造林成活率的效果更明显。另外,栽前用ABT生根粉处理后对苗木地上、地下部分生长也能起到明显促进作用,通过相关调查结果表明:经ABT浸根造林的油松两年生苗木,当年新梢生长及萌发的侧梢数均较对照有显著差异,新梢生长量增加128%,当年萌发的侧梢数平均为2.4条,而对照仅为0.4条。此外,利用ABT生根粉浸根造林,7年生油松根鲜重比对照增加19.1克,经ABT处理过的苗木根系相当发达。

(2)植苗方法

采用直壁栽植,每穴两株,间距0.5—0.8米,栽植技术采用"三埋两踩一提苗",植后要及时浇水。

2.容器苗栽植技术

容器苗具有完整的根系,有基质的保护,苗木的抗逆性强,用容器苗造林成活率、保存率高,无明显的缓苗现象。

(1)栽植季节

容器苗造林季节较长,春、夏、秋三季均可造林。夏季造林,春季高生长树种,如松类、白蜡、臭椿、板栗、栓皮栎等,在形成顶芽以后可进行。其他树种,如侧柏高生长停止以后造林。目前,容器苗的规格上大多是选用大规格容器袋(高18—20厘米,直径10厘米或更大),两年生苗。

(2)起苗

起苗要使基质保持湿润,其作用主要有两个方面,一是增强抗旱能力,造林后遇短期的干旱,幼苗可以利用基质中的水分维持生理需要,延长抗御干旱的时间。二是在起苗、运苗、栽植过程中,容器底部的基质不易脱落散掉。一般在起苗前采用喷水、灌水的办法增加基质的湿度,1—2天后利于操作时,即可起苗。

起苗、运苗时要注意保护根系、顶芽。起苗时,要用铁锹或铲子沿容器下部将延伸到容器外的苗木根系水平铲断,把苗子起出。不可用手拔苗,以免扯断容器内的根系,破坏根系的完整性。不论是起苗还是运苗,都要使容器内的基质保持原状,避免松散,尽量避免对项芽的伤害。

远距离调苗,若是北苗南调的,可以在产地未解冻时起苗、运输,这样会使基质保持相当完整,甚至冰土直接栽植会效果更好。首先长途运苗,容器袋可避免抖土;其次减少了灌水这一项烦琐的工序,造林成活率在95%以上。

(3)栽植方法

将容器苗完整地植于坑内,把容器四周的土壤捣实。忌从上面按踏容器内的基质,以保护根系。容器下端的基质部分散落的,栽植前要用湿土填补,防止栽植后容器向内折卷造成封底。栽植的容器上端与穴面相平为好，不要使容器上端向内折卷，以免影响降水的渗入及影响容器基质的透气状况。

(4)苗木栽植中应注意的问题

苗木栽植中应注意的问题包括：①选择大苗、壮苗，大苗、壮苗对于提高造林成活率非常重要，在选择苗木时一定要按照国家制定的苗木生产技术标准，选择根系完整、无病虫的一二级苗。②认真细致栽植，栽植过程中要注意做到，苗木根部舒展；土壤与苗木根部要密接；有条件的栽后及时浇水，并封土保墒。截杆造林也要注意封土，尽量减少苗木水分散失。③栽后管理，造林地管理主要是防止蒸发和人畜进入造林地践踏苗木。同时，注意松土除草，防止草荒，为苗木创造一个良好的生长环境。

在林业生产实践中，虽然总结出了许多旱地造林的方法和技术，但以上所述生产技术，在实际造林生产中尤为重要，要大幅度提高旱地造林的成活率就必须在生产中综合地运用各种林业措施，灵活掌握各种造林方法和技术，不断总结出适合本地区立地条件，而且行之有效的生产技术，可更好地为林业生产服务。

(三)飞播造林

飞机播种造林，简称飞播造林或飞播，是利用飞机把林木种子直接播种在造林地上的造林方法。飞播造林具有活动范围大、造林速度快、投资少、成本低、节省劳力、造林效果好、不受地形限制等优点。几十年来，中国的飞机播种造林从无到有，从小面积试验成功到大面积推广和持续发展，取得了举世瞩目的成绩，对于优化和改善我国的生态环境、推动和促进农村经济发展、加速林业建设、调整农村产业结构都起到了积极推动的作用。飞机播种随着技术难点的突破和先进技术成果的推广，适用范围不断扩大，优越性越来越显示出来，特别是在人力难及的高山、远山和广袤的沙区植树种草，进行生态环境建设中肩负着特殊的使命和责任，有着不可替代的作用。

1. 飞机播种造林的特点

与人工造林相比，飞机播种造林有下列特点：

(1)速度快，效率高

根据测定，一架运 5 飞机一个飞行日可播种 667—1333 公顷，一架运 12 飞机一个飞行日可播种 1333—2667 公顷，分别相当于 2000—5000 个劳动日的造林面积。随着飞机播种造林技术的日益成熟，在营造林生产中的比重逐步加大，飞机播种造林的造林速度会进一步加快。

(2)投入少，成本低

据统计，目前我国飞机播种造林的直接成本为每公顷 125 元，加上后期管护费平均每公顷 150—300 元，仅为人工造林的 1/5—1/4。在国家财力有限，林业生态工程建设投入总体上不足，而造林任务又非常繁重的实际情况下，节约造林成本是根本措施。

(3)不受地形限制，能深入人力难及的地区造林

我国地域辽阔，地形复杂，丘陵、山地和高原占国土面积的69%，沙区面积占15.9%，这些地区是生态环境建设的重要地区，也是造林难度较大的地区。目前，全国宜林地比较集中地分布在大江大河的中上游的人迹罕至的高山、远山和沙地，仅三北地区就有425万公顷适宜飞播的造林地，其中沙区面积258万公顷。这些地区交通不便，人口稀少，经济贫困，是飞机播种造林的广阔天地。

(4)掌握好播种季节和播种时机

飞机播种造林有很强的季节性。播种过早，种子因水热条件不够而不能萌发，易受鸟鼠危害，造成种子的大量损失，影响后期成苗；播种太晚，苗木生长期短，难以度过夏伏和冬寒；适当的播种季节，种子能得到适宜的水热条件，迅速发芽出苗，在地表的滞留时间短，鸟鼠危害轻，保证苗木有较长的生长过程，增强了幼苗对干旱、日灼和低温的抵抗能力。一般情况下，飞播要在雨季到来之前完成。

飞机播种造林是飞机按照造林设计把种子撒播在造林地的作业，影响飞机起飞的主要气象因子是能见度、云量和云高、风向和风速、气温等。当这些因子达到起飞的最低条件后才能播种造林。全球卫星导航系统成功地应用于飞播造林，使天气对飞播的影响程度降到了最低。

(5)社会参与性强

飞机播种造林是一项多部门参与、多学科配合的造林系统工程。需要林业、民航、空军、气象、电信、交通等部门的协调配合，需要森林培育、病虫鼠害防治、通信、气象、遥感等学科的交叉渗透才能完成。在播种后的数年连续出苗，10年乃至更长时间的管护工作，需要社会有关部门和群众的参与和配合。

2. 飞机播种造林技术

(1)规划设计

规划设计是做好飞机播种造林的前提。规划设计要严格按照飞机播种造林的技术规程进行。

第一，总体设计。首先是确定播种地区。我国各地自然条件的差异很大，如果按照各地的水分条件划分，可以分为干旱、半干旱、半湿润、湿润地区。为了获得良好的飞播效果，飞播应主要在中国东南部降水量500毫米以上的湿润、半湿润地区进行。其次是在综合农业区划、林业区划和造林绿化规划的基础上，以县为单位编制出飞播造林(种草)规划。其内容主要包括播区名称、位置、面积、树(草)种、投资概算等。最

后，调查播区的地形地貌、海拔高度、土壤、植被、气温、水分、光照等自然条件，对于飞播造林的适宜性；调查播区附近是否有符合飞播使用机型要求的机场，如果航程过远，可根据需要报请省（自治区、直辖市）林业、航空主管部门批准，修建临时机场。

第二，作业设计。播区选择和调查：要求播区的自然条件适合飞机播种造林，适合飞播所择树种的生长。播区的荒山荒地要集中连片，一个播区至少应有一个架次飞播的面积，宜播面积应占播区面积的70%以上。播区的地形比较一致，便于飞行作业。采取路线调查和标准地调查相结合的方法，调查播区的植被条件、土壤条件、气象因子和社会经济条件。飞机机型与机场选择：根据播区地形地势和机场条件，选择适宜的机型；根据播区布局和种子、油料运输等，就近选择机场。航向、航高和播幅设计：一般航向应尽可能与播区主山梁平行，沙区与沙丘脊垂直并与作业季节的主风方向相一致；航高与播幅根据树（草）种特性、选用机型、播区地形条件确定，一般每条播幅的两侧要各有15%左右的重复，地形复杂和方向多变的地区要重复20%。

(2)作业技术

主要包括树（草）种选择、植被处理和整地等。树（草）种选择：根据造林目的，坚持适地适树的原则，并综合考虑树源供应条件等。

植被处理：一般植被不进行处理；对草类盖度在0.7以上，灌木盖度0.5以上的地块，应进行植被处理设计；水土流失和植被稀少地区应提前封山育林。植被处理可以炼山、人工割灌或先割灌后炼山等方法进行。整地：在干旱少雨地区和干湿季节明显地区，根据社会、经济条件，可采取全面或部分粗放整地。

播种：首先要严把种子质量关，坚持使用国家规定等级内的良种、好种，建立严格的种子检查、检验制度，种子检验由国家认可的种子检验单位进行。飞播用的种子需提前进行药剂拌种处理，以预防鸟兽危害，节约用种，保证飞播质量。在保证种子落地发芽所需的水热条件和幼苗当年生长达到木质化的条件下，以历年气象资料分析为基础，结合当年天气预报，确定最佳播种期。飞行作业：一要航向正确，只能南北，不可东西，因东西向会影响视线，难以保证飞行质量；二要控制航高，以免出现漏播和落种不均匀；三要做好天气预报，保证飞行安全；四要做好机场指挥，保证与播区的良好联系。

成效调查和补植补播：飞播后要对造林成效进行全面调查。由于我国飞播造林受播区立地条件、气候条件、种子质量、播种技术等条件的影响，成效面积只占播种面积的50%左右，为提高飞机播种造林成效，一般在飞播造林后需进行补播补植。补播补植的树种可以和前播树种一致，也可以不一致，以形成混交林。

坚持封山育林：飞播造林的面积大、范围广，而且因为造林时造林地处理粗放，幼苗生长的环境条件差,从播种到成林所需的时间比人工造林长,因而封山育林是巩固飞播造林成效的重要手段。飞播后播区要全封3—5年,再半封2—3年。全封期内严禁开垦、放牧、砍柴、挖药和采摘等人为活动;半封期间可有组织地开放,开展有节制的生产活动。

六、幼林地抚育管理

幼林抚育——造林后到郁闭以前所采取的一切技术措施。这一阶段对幼林的成活至关重要,同时也为今后速生打下基础。主要矛盾是幼树个体和外界环境的矛盾意义——幼林抚育任务在于创造优越的环境条件,满足幼树对于水、肥、光、热各方面的要求,以获得较高的成活率和保存率,使幼林适时郁闭,为速生丰产打下良好的基础。

(一)中耕除草

中耕除草是疏松土壤、清除杂草与林木竞争水分、养分的重要抚育工作。这项工作要在造林后当年就进行,连续几年不间断,一直到幼林郁闭为止。在沙质土壤、杂草较稀疏的林地上,一般可采用人力和畜力或机械拉引犁中耕,即可清除掉杂草。在黏质土壤杂草丛生的林地上可采用畜力和机械拉引犁中耕,以清除杂草,翻松土壤,蓄水保墒。中耕除草的季节最好选择在伏天或杂草花期之前进行作业。为节省大量的人力或避免人工繁重的体力劳动,应尽量采用机械中耕除草。有条件的林地可采用除草剂以消灭或抑制林中的杂草,可以大大提高工效。除草剂的推广和使用也是值得我们重视和研究的课题。

(二)幼树修枝

修枝是幼林抚育成林、成材的重要措施之一。一般情况下,阔叶树在造林两三年后,针叶树在造林七八年后即应进行修枝,个别林地为防止牧畜啃食,修枝可晚些进行,但不能长期不修。修枝季节一般应在初冬(晚秋)和早春树木休眠期进行。此时修枝伤流轻,愈合快;晚冬修枝切口则易受冻害;夏季修枝伤流过多,且易感染病虫害,影响树势的正常生长。修枝一般以一定的冠高比(树冠长度与树高的比例)为标准,幼树一般保留树冠长度相当于树高的2/3或1/2。切忌过度修枝,过度修枝易影响树木光合作用的形成,使树木高、粗生长受抑制,抗性减弱,易感染病虫害。只有合理的修枝才能改善林分透光通风条件,积蓄养分、水分,促进树木干材的生长。

(三)平茬复壮

近些年,在水土流失区、风沙区,灌木造林发展势头快,成林面积多,平茬复壮措施时有跟不上的现象。往往同一地块,当年新造的灌木生长旺盛,而前几年造的灌木枯萎甚至死亡,究其原因就是不注意平茬复壮的管理所致,其实平茬是促进灌木丛生,使它更好发挥护土遮光等作用的一种重要措施。灌木在栽植后每隔 2—3 年平茬一次,如流沙区的沙柳,水土流失区的柠条、柽柳等就能在根茎处长出许多蘖条,形成灌丛。这对于提前实现灌木林地郁闭,防止杂草生长,加强水土保持,防风固沙等作用,都是十分有利的。平茬一般在早春进行较理想,平茬应紧贴地面,不留树桩。在近些年,割灌机、平茬机的使用避免了繁重的人工体力劳动,缩短了作业时间,工效大大提高。无论人工、机械平茬后应及时盖土,防止茬口冻伤和水分损失。

(四)幼林补植

对新造幼林当年成活不能达标的林地,当年夏末秋初应进行实地普查核实。要提前整地,来年早春进行补植造林。补植应按原设计进行施工,克服原设计的不足之处,进行精细作业,当年应加强抚育措施,使之尽快成活达标,使同一地块的林分进入同一林层。只有这样,才能造一块,活一块,成材一块,巩固一块,早日成森林群体。

(五)病虫害防治

林木病虫害是树木健康生长的大敌,危害严重时可使大片树木死亡,给国家和林权所有的集体、个人造成重大损失。如松树幼林松梢螟、松毛虫的危害,树梢小卷叶蛾、杨树人工林的透翅蛾、尺蛾的危害等都具有毁灭性的危害。为此我们应贯彻“防重于治、预防为主、积极消灭”的方针,从抓管理措施和技术措施入手,积极开展生物防治,合理使用化学药剂,因地制宜地进行综合防治。从幼林抓起,每年对中、幼龄林进行 1—2 次病虫害的调查,进行预测预报林木病虫害的发生、发展和蔓延,做到幼林有病必治,有害必除。使林木病虫害在发生初期受到遏制,极大地促进林木健康生长。

(六)幼林保护

造林后加强幼林保护工作,是保证成林的主要措施之一。为了提高中幼林的成活率和保存率,促进中幼林的健壮生长,必须根据不同情况采取不同的保护措施。但重点应放在健全护林组织、封山护林、预防火灾、防治病虫害上。

1. 坚持造、管、护相结合

自国家实施西部大开发战略以来,生态建设已形成了国家、集体、个人一齐上的局面,所以应建一支以国家、集体、个人为网络的专业护林队伍。坚持“谁造谁管,谁造谁护”的护林制度。指派专职护林人,包片负责,长年管护。林业部门应加强其监督检查力度,对护林有功者奖,对毁林者罚。同时,应对广大人民群众做好宣传教育工作,大力宣传党的林业方针、政策,调动一切护林的积极因素,树立全民爱林、护林的意识,形成专业队伍护林与群众护林相结合的齐抓共管之局面。

2. 封山护林

造林后 2—3 年内幼林植株小，尚处在成活生长初期，对外界各种不良环境的抵抗力弱。应防止人畜的各种破坏活动。如放牧、采樵等，若不进行封育护林，往往会造成牲畜践踏幼苗、板结林地土壤之势态，同时不合理的砍柴也易伤害幼树，降低土壤肥力而影响幼林成活和生长。因此，造林后除对幼林进行必要的抚育管理外，应严格禁牧和樵采。把封山护林与育林结合起来，以利林木迅速生长。

3. 预防火灾

大面积人工幼林，特别是针叶树，必须注意预防火灾的发生，除及时做好幼林内的除草工作外，还要在造林地周围和林班线之间，结合林道、林班线留出宽 4—6 米的防火线。在幼林抚育时应结合除草、修枝等进行整修防火线，清除可燃物。大面积营造人工针叶林时，沿防火线两侧最好栽植 3—5 行常绿阔叶树作为防火林缘。防火林缘木的树种应适合当地环境条件，如枝叶繁茂或含水量多，以及燃点低、耐火力强的树种。在人为活动比较频繁的地区发生火灾的可能和概率较大，应深入开展群众性的护林防火宣传教育，建立必要的防火制度，林地交通道口树立防火警示牌，严禁人们在林地内吸烟和使用火器，使专职护林防火和群众护林防火结合起来。

第七章 林业可持续发展与森林可持续经营

第一节 林业可持续发展

一、林业可持续发展的背景

走可持续发展之路,是中国未来发展的自身需要和必然选择。可持续发展作为一种全新的发展观,它不仅是一种理论,其本身也包含着把这种新的发展观念、发展目标和相应的发展战略付诸实践。随着科学技术的迅猛发展和人类生态环境日益恶化,备受世人关注的能源消耗、资源枯竭、人口膨胀、粮食短缺、环境退化和生态失调等六大危机都与林业的开发利用和保护有着直接或间接的关系。林业工作的重点在于保护森林资源,森林资源已成为人类生存与可持续发展不可缺少的资源宝库,许多国家纷纷把目光转向森林,强烈希望扩大森林的面积和提高森林的质量,以便获得“绿色宝库”及其资源,使人们对森林地位作用的认识发生质的变化。森林作为林业的主体,林业的发展离不开森林,林业的作用显而易见。

二、林业可持续发展的含义及目标

(一)林业可持续发展的含义

林业可持续发展是对森林生态系统在确保其生产力和可更新能力,以及森林生态系统的物种和生态多样性不受到损害前提下的林业实践活动,它通过综合开发培育和利用森林,发挥其多种功能,并且保护土壤、空气和水的质量,以及森林动植物的生存环境,既满足当前社会经济发展的需要,又不损害未来满足其需求能力的林业。可持续林业不仅从健康、完整的生态系统、生物多样性、良好的环境及主要林产品持续生产等诸多方面,反映现代森林的多重价值观,而且对区域乃至整个国家、全球的社会经济发展和生存环境的改善,都有着不可替代的作用,而且这种作用几乎渗透到人类生存时空的每一个领域。

(二)林业可持续发展的目标

林业可持续发展的目标,是由一个个具体的区域对林业发展的需求来决定的。一般说来,应当从森林所发挥的作用方面来考虑。而森林的作用受制于特定区域的社会意义和国民经济意义,就其作用来划分,主要体现在社会、经济与生态环境3个方面。

1.林业可持续发展的社会目标

林业可持续发展的社会目标,强调满足人类基本需要和较高层次的社会文化要求,持续不断地提供林产品以满足社会需要,这是林业可持续发展的一个主要目标。作为社会经济大系统的林业产业,担负着为社会发展提供生活资料(燃料、食品等)与生产资料(原材料)的双重任务。随着全球范围内不可再生资源的不断消耗,森林作为主要的可再生资源,其满足人类社会物质需求的作用是不会消失的。人类对森林的社会、文化功能要求的不断提高,是社会经济发展的总趋势。满足人们对森林的多种需要和愿望,是林业的根本任务。在中国,林业可持续发展的特殊意义,还在于为广大山区农民提供就业机会与生存条件,为脱贫致富提供经济来源。

2.林业可持续发展的经济目标

林业可持续发展的经济目标,主要关注于林业生产者的长期利益。这里必须明确的是林业经济可持续性发展的主体是林业生产经营者。当前对经济利益实现方式的考察,主要还是通过为社会提供物质产品的形式,实现自身的利益,其中起主导作用的是林产品产量的持续产出。而林产品的产出,除了取决于林业生产力水平外,同时还受到自然生态环境的制约,更受制于非林业部门的影响。林业经营者经营的森林生态系统所提供的环境产品,具有经济利益的外部特征,必然造成林业利益难以在市场条件下完全实现。面对这种情况,林业可持续发展的经济目标,必须有其他实现途径。最可行的方式,一是实行生态补偿;二是国家扶持。因此,林业持续发展的必要条件之一,是必须保障林业生产者的经济可持续性。

3.林业可持续发展的生态环境目标

林业可持续发展的生态环境目标,关注的是森林生态系统的完整性和稳定性。通过退化生态系统的重建与已有森林生态系统的合理经营,保障森林生态系统在维护全球、国家、区域等不同层次上所发挥的环境服务功能的持续性。其中关键是无退化地使用林地和保护生物多样性,保持森林生态系统的生产力和可再生产能力以及长期健康。林业可持续发展的生态环境目标,不仅是保障林业自身社会经济可持续的基础,更重要的意义还在于持续发挥森林生态系统在维护全球生命保障系统中的重要性与不可替代性。可持续发展思想提出的主要背景是以水土流失、荒漠化、二氧化碳浓度增高、工业污染等为主的全球性环境问题，而森林生态系统的局部消失、退化是其中最关键的因素。因此，林业可持续发展的生态环境目标，从全人类根本利益来看，应当处于最重要地位，这也是森林问题成为全社会关注焦点的本质原因。

综上所述，林业可持续发展目标应当包括社会、经济、生态环境 3 个方面，其中社会与生态环境目标，体现的是全人类的利益，即可持续发展的社会经济，需要林业持续的提供物质产品与生态环境服务功能。而作为人类群体中的林业生产经营者来说，不仅需要自身的实践活动所提供的产品服务，更要求其自身经济利益的持续性，这也是不同利益主体对林业问题构成不同态度的深刻原因。三大目标的统一，是林业可持续发展最理想的境界。但是，由于不同利益主体的存在，实践中 3 个目标常常处于矛盾之中。虽然全社会对林业重要性的认识，随着环境意识的提高在逐步深化，但至今仍没有建立起合理的利益分配机制，其结果使林业处于一种不利的发展环境。在林业内部，除自身不合理的经营活动所造成的困境外，更主要的是林业始终处于一种自我发展的封闭系统中，为了生存不得不砍伐森林。结果，不仅失去了自身发展的条件，也与社会要求相背离。可持续发展的提出，为重新认识林业以及重构林业与社会经济大系统之间合理关系提供了机遇。

三、林业可持续发展存在的问题及对策

(一)发展林业的意识与林业可持续发展战略不相适应

第一，在计划经济时期，我们在造林营林工作中，大多数是急于求成，没有按照林业的自然规律和经济规律办事，出现了森林植株过密，林木分化严重，树种单一，形成大面积纯林，加剧了森林的病虫害，使林木成活率不高，经济效益差。

第二，林业基础设施薄弱，发展后劲不足。国家对林业基础设施建设投入欠账太多，林业基础脆弱，导致森林环境建设与发展后劲不足。如火情瞭望台覆盖率仅为 50%左右，预防森林火灾和防治病虫害的综合能力差。

第三，发展林业的意识同林业的地位作用不相适应。林业作为国民经济的基础产业和社会公益事业，肩负着维护国土生态安全，促进经济可持续发展的重要使命。但由于宣传教育工作不够深入，还没有形成全民的共同意识。

第四，当前林业经济的发展水平同国民经济和社会发展的需要不相适应。随着木材产量调减政策的实施，使木材市场的供求关系发生变化，林区的生产结构调整尚未全部到位，因此，使一些地方林业产业的发展处于低迷状态。

（二）林业可持续发展的对策

1.解放思想，更新观念，大胆改革旧体制和旧机制，使林业管理体制顺畅，机制灵活

长期以来，我国经济发展一直是以粗放的外延发展为特征，即通过高投入、高消耗、高污染实现经济的较高增长。这和人们认识上的片面性与局限性有直接关系。因此，必须提高思想，统一认识，处理好当前利益和长远利益、局部利益和全局利益的关系，走可持续发展的道路，坚持资源开发和资源节约并重的方针，积极开发有利于环境保护和可持续发展的先进技术。

2.加快林业改革步伐，建立既适应社会主义市场经济又反映林业特点的林业经济体制

当前，首先要转变政府职能，加强和改善对林业的领导，逐步建立有利于可持续发展的综合决策体系，按照区域化、社会化原则，合理设置林业生产管理组织，调整生产力布局，建立和完善森林资源产权制度，明确产权关系。逐步推行森林资源有偿使用、转让和资源资产化管理，参照建立现代企业制度的做法，调整林业企事业组织，构建新的产业群体。同时，应加快研究建立可操作的森林资源与环境综合核算体系，使有关统计信息和林产品价格能够较准确地反映经济活动所引起的森林资源和环境变化。

3.制定和完善可持续发展的政策体系和法制体系

第一，通过政策引导和调控、法律规范约束和行业标准规范，促进全社会参与林业建设，消除非可持续发展的各种因素。要综合运用经济、法律和必要的行政手段，强化林业管理。运用税收、金融、价格、投资等经济手段和产业政策，调整利益结构，保证林业投入和防止短期行为。

第二，开征生态税收，提高资源的利用率。由于现行税收体制的缺陷，使得自然资源与能源价格过低（鼓励了低效和浪费），而劳动力成本过高（抑制了就业的扩大）。在这种税收政策引导之下，其结果必须是企业特别注重提高劳动生产率，而不是重视提高能源和原材料的生产率，导致自然资源的过度利用和生态环境的加速退化。同时，劳动力资源的利用不足，出现严重的失业现象。通过征收生态税，将有助于经济发展的优先领域从提高劳动生产率转向提高能源和原材料的利用率。与此同时，削减劳动所得税（社会保障体系的资金来源），这样可以实现税收的转移，从而明显地扩大就业机会。

第三，逐步建立和完善保障林业可持续发展的政策体系、法律体系，建立促进林

业可持续发展的综合决策机制。尤其要以法治林，在全社会营造良好的保护林业发展的法制环境。

4.建立林业可持续发展的保障体系

林业的行业特点和社会性，使得林业的总体效益非常巨大，而直接经济效益在很多地方并不显著。我国亟须建立一套完整的林业可持续发展保障体系，其原因有三个方面：第一，我国人口数量众多，且人口素质相对不高；第二，国民经济的发展离不开林业基础产业的发展，并且森林资源相对短缺，中国人均森林占有量只有世界人均森林占有量的20%；第三，我国山地多，土地瘠薄，各种自然灾害频繁，且环境污染和生态破坏日益加剧。

林业可持续发展的保障体系包括政府调控(政策支持)、科技支持、资金支持、文化支持、公众参与五方面的内容。

5.加强林业可持续发展的理论、方法及应用技术研究

首先，加强林业科技研究。当前，应尽快研究建立人工林集约经营技术体系，林业生态环境监测网络及其配套技术系统，研究开发森林资源综合高效利用技术和森林灾害预测、预报、预防和应急反应能力等技术，使林业可持续发展具有科学的理论基础和技术依据。其次，建立林业可持续发展试验示范区。开展林业可持续发展示范区建设。其目标是探索林业实现可持续发展的途径和措施，研究解决林业可持续发展中的重大理论和技术问题，为林业实现可持续发展提供理论依据和典型示范。

第二节　森林可持续经营

一、森林经营思想的演变

(一)林业发展过程

1.原始林业时期

原始林业时期与落后的社会经济发展水平相对应，人与自然环境的关系直接而密切，森林不仅是人类进化的场所，更是人类所需食物和住所的唯一来源。当时的人口密度低，科学技术不发达，相对于森林的生产供应能力，人对森林的影响是微弱的。

随着农牧业的发展，森林被认为是妨碍人类农耕经济继续发展的障碍，毁林开荒、毁林取薪，成为这一时期的重要特征，从本质上讲“破坏森林的数量”成了人们展示发展业绩的重要内容。

历代统治者大兴土木、频繁的战争导致了森林资源的破坏，当森林减少到一定程度时，原先认为取之不尽的资源出现了供应能力问题，一些国家和地区先后认识到了森林的合理利用和保护的必要性。如中国的园圃制、德国在10世纪所形成的地方性森林资源管理制度，以及不同规模人工林的出现，逐步形成了原始林业。这一时期对森林的利用主要以薪材和原木的利用为主。从经营方式上看，林业活动集中于对原始林的盲目开发利用，而森林的更新基本上依赖于自然的力量。

2. 传统林业时期

传统林业伴随着产业革命的兴起而产生和发展。17世纪末到18世纪初，森林资源成为重要的工业原料，对原木直接或间接的工业利用逐步取代了民用材，成为森林利用的主要方式，特别是取代了以薪材利用为主的森林利用格局。随着木材工业的进一步发展，新型相关产业（如铁路、建筑、造纸业、家具行业等）的不断出现，客观上加快了森林资源的消耗速度。森林采运和原木生产以及后来所开展的大规模人工造林实践是这一时期林业活动的主要内容。

传统森林经营理论的理论框架包括：目的，以单一木材生产为中心，通过对森林资源的管理，向社会均衡地提供木材；理论，以法正林思想为核心，不论是完全调整林还是广义法正林，不论是同龄林还是异龄林都体现为以木材生产为中心这一本质特征；技术，以收获调整和森林资源蓄积量的管理为技术保障体系的核心；管理，以林场或林业局为范围的部门生产组织管理形式，并以林班和小班为基本单元组织森林经营单位。

3. 现代林业时期

尽管在20世纪五六十年代，许多国家和地区在林业实践中已经注意到了森林经营与生态环境、社会经济发展的关系，注意到了维持森林生态系统健康的问题。但是，森林经营思想和理论的真正变革是1992年联合国环境与发展大会以后正在形成的“森林可持续经营”理论。从“永续收获”到“森林可持续经营”，森林经营思想的内涵扩大了，各国政府都承诺森林要可持续地加以经营，然而对这一概念并不存在统一的、精确的解释。

（二）森林经营思想的演变

1. 永续经营——曾主宰世界森林经营200年的经营思想

1669年，法国率先颁布了《森林与水法令》，明确规定森林经营原则是，既要满足木材生产，又不得影响自然更新。这是木材的使用极限和永恒生产首次被列入国家法规。18世纪末，德国提出了“永续生产”的理论，对世界森林经营思想的演变产生了深远的影响。所谓永续生产,就是在良好经营的基础上,使国家森林每年的产量保持恒定,即多年生植物的收获量不能大于生长量。这一理论后来成为欧美国家现代森林经营思想的精髓,也逐渐成为包括我国在内的世界大多数国家的森林经营指导思想。

19 世纪末,曾留学法国的美国首任林务局长、林学家平肖,把这一理论正式引入美国。20 世纪 60 年代,美国对这种森林经营思想又进行了完善,制定了“森林的多种利用和永续生产条例”,以法律的形式规定,美国的森林除生产木材外,还要在游憩、保护野生动物和环境保护等方面进行多种利用,而且要达到永续生产。

20 世纪 70 年代,美国学者提出了森林多功能主导利用的经营思想,在理论上对森林的多种利用做了进一步完善;80 年代,美国又有人提出了“新林业”理论,主张以森林生态学和景观生态学为基础,并吸收森林永续经营理论中的合理部分,以实现森林的经济效益、生态效益和社会效益相互统一的经营目标,形成不但能永续生产木材和其他林产品,而且也能持久发挥保护生物多样性及改善生态环境等多种效益的林业系统;80 年代中期,“近自然林业”的理论在中欧又得到了复苏。欧洲许多国家都不同程度地采纳了这一理论。

2. 可持续经营——当今森林经营的主体思想

可以说,老一代林业工作者为完善森林的永续生产政策花费了数百年时间,但全球的森林不但没有实现越采越多的目标,反而到了日益枯竭的地步。尤其是热带林,竟然仍在以每年超过 1000×10^4 平方百米的速度消亡。如按此速度发展下去,地球上的热带林将在百年之内全部消失。森林资源的破坏不仅造成了重大的经济损失,同时给人类赖以生存的环境带来了严重危害:水旱灾害频繁发生、生物多样性锐减、生态失衡、大气污染、气候变暖等,人类正饱尝着自己酿成的恶果。

所幸的是,20 世纪中期,人类自然保护意识开始觉醒,保护森林亦即保护人类赖以生存的环境逐渐由科学家的呼吁变为国际社会和各国政府的行动。“可持续发展”一词是 1987 年世界环境与发展委员会(又称布伦特兰委员会)在《我们共同的未来》这一报告中提出的。“可持续发展”的核心是“既满足当代人的需求,又不会对满足后人需求能力构成危害的发展”。1990 年,国际热带木材组织(ITTO)率先制定了热带森林可持续经营指南,把可持续发展的概念转化为行动。

1992 年,在巴西里约热内卢召开了联合国环境与发展大会,大会上签署的《关于森林问题的原则声明》,又一次明确地提出了森林的可持续经营。如今,森林可持续经营和林业可持续发展已成为各国森林经营和发展林业的准则。

3. 从森林永续经营发展到森林可持续经营

从词意上来看，永续经营和可持续经营并没有实质性的差异，其分别译自英文单词“sustained management”和“sustainable management”。但其真正含义却有本质的差别。“永续经营”是针对几百年来人类对森林的破坏和木材生产发生危机的情况而提出的一种森林经营思想，其目的是确保森林可以源源不断地生产木材。而“可持续经营”是以保障满足当代人和后代人对社会、经济、生态、文化和精神等方面的需求为目的的。这些需求包括森林产品和服务（如木材及其产品、水、食物、饲料、药品、燃料、庇阴、就业、游憩、野生动物生境、景观多样性和自然保护区）和其他森林产品。它强调的是森林多种功能的持久利用。从理论上讲，它是永续经营的升华。

自20世纪50年代以来，人类对森林的利用已经逐渐由单一的木材及其产品转变为多种利用。特别是在许多西方国家，森林已成为全民的共同财富，林业成为社会的公益行业。爱护树木、保护森林成为全民的自觉意识和共同责任。近几年来，林业在我国的地位也发生了根本变化。过去那种轻视林业、歧视林业工作者的现象也得到初步扭转。随着生活水平的提高，人民群众热爱自然、喜爱森林的意识和需求开始复苏。我国的六大林业工程就是造福于中华民族的公益型事业，受到了全社会的欢迎。

从森林的永续利用到森林的可持续经营经过了质的飞跃，是理论的升华。它是林学家和政治家共同智慧的结晶。在其间200年的发展过程中经历了无数的重大事件，但促其发展的主要动因在于森林无休止的破坏不仅仅导致木材及其产品的短缺，从而造成重大的经济损失，而且更重要的是，由于生物物种的不断丧失而导致生态失衡、自然灾害频发和气候变暖，严重地危害人类的生存环境。最终，森林问题被摆上了政治家的议事日程。在1992年联合国环境与发展大会上，经各国首脑签署的《21世纪议程》和《关于森林问题的原则声明》等文件应运而生，从而正式确立了森林可持续经营思想的主导地位。

森林经营思想的发展与演变也体现在历届世界林业大会的主题上。世界林业大会是国际林业的重要活动，也是各国林业工作者重要的交流场所。第一届大会于1926年在罗马举行，其后由于世界大战而中断。联合国粮农组织成立后，规定世界林业大会每六年召开一次。前5届大会的主题基本上是根据林业学科本身的发展确立的，其后的主题则把林业置于整个国民经济和人民生活之中。1966年在西班牙召开的第六届世界林业大会的主题是“林业在变化中的世界经济中的作用”，但会议的核心内容是讨论木材的作用和木材生产问题。1972年在阿根廷召开的第七届世界林业大会的主题为“林业与社会经济的发展”，首次把野生生物保护列入大会内容。1978年在雅加达举行的第八届世界林业大会的主题为“森林为人民”，强调林业的发展必须与山区开发和消除农民贫困相结合。正是在这次大会以后，社区林业（社会林业）得到了蓬勃发展。1985年在墨西哥召开的第九届世界林业大会，主题定为“森林资源如何为社会的综合发展服务”，强调了森林的多种利用和综合服务功能。1991年在法国召开的第十届世界森林大会的主题是“森林：未来的遗产”，大会的首要议题是森林的生态效益。林学家们谈论最多的话题是控制温室效应、保持水土和涵养水源、生物多样性保护及乡村发展等，把森林的作用提到影响人类生存和地球前途的高度。这次大会为1992年的联合国环境与发展大会确立森林和林业问题的重要地位提供了舆论和理论基础。1997年在土耳其召开的第十一届世界森林大会的主题是“森林可持续：迈向21世纪”。森林可持续经营和林业可持续发展成为本届大会的重要内容。本次大会通过的《安塔利亚宣言》指出，“各种类型的森林不仅为世界人民提供重要的社会、经济及环境产品与服务，而且为保障食物供给、净化水和空气及保护土壤作出了重大贡献，实现可持续发展的关键就在于森林的可持续经营”。作为联合国环境与发展大会的后续行动，本次大会系统地总结了联合国环境与发展大会以来有关森林问题的国际行动的进展，指出目前世界上有100多个国家参与了制定和实施森林可持续经营标准与指标的行动。

二、森林可持续经营的内涵

（一）森林可持续经营的目的及意义

1. 森林可持续经营的目的

新的历史条件下，为了顺应世界林业的发展趋势，根据中国社会经济发展、生态环境建设和自然资源保护对森林经营的现实需求，结合我国森林资源分布、结构以及森林经营现状，要切实推进中国森林可持续经营的发展进程，提高森林生态系统环境服务功能和森林产品生产能力。从森林与人类生存和发展相互依赖关系的角度来看，森林可持续经营的总体目标，是通过森林生态系统的科学管理和合理经营、维持森林生态系统的健康和活力、维护生物多样性及其生态过程来实现的，以此来满足社会经济发展过程中对森林产品及其环境服务功能的需求，保障和促进社会、经济、资源、环境的持续协调发展。

2. 森林可持续经营的意义

一是从宏观层面明确中国森林可持续经营的基本要求和重点领域，指出中国实现森林可持续经营的途径。二是为林业管理和科技部门探索森林经营管理的体制和机制，为调整和制定森林经营政策，完善森林经营规程，建立健全森林经营保障体系、支撑体系等提供理论指导和行为规范。

人类文明发展史证明，森林是人类文明的摇篮，森林繁茂，则文明兴旺。实现森林的可持续经营管理，关系到人类的生存和发展。因此，森林可持续经营具有十分重要的意义。

(二)森林可持续经营的含义与特征

1. 森林可持续经营的含义

随着森林问题的突显，全球对森林问题的关注达到了空前的高度。国际上不少机构和学者纷纷指出森林可持续经营的重要性，提出要逐步开展森林的可持续经营，实现人与森林的和谐共存。国内外对森林可持续经营给出了多种解释。

联合国粮农组织对森林可持续经营的定义是：一种包括行政、经济、法律、社会、技术以及科技等手段的行为，涉及天然林和人工林。它是有计划的各种人为干预措施，目的是保护和维持森林生态系统的各种功能。与此同时，通过发展具有社会、环境和经济价值的物种，来满足人类日益增长的物质和环境需要（联合国粮农组织，1997）。从技术上讲，森林可持续经营是各种森林经营方案的编制和实施，从而调控森林目的产品的收获和永续利用，并且维持和提高森林的各种环境功能。

森林多种效益中包含非木材生产、净化水质、调节洪峰、污染物的吸收分解、养分的循环、土壤生成与保持、控制植物病虫害、提供动物生息地和避难场所、缓和自然干扰、调节局部与全球气候等。森林服务包括提供就业和舒适环境、保健、教育、游憩和文化等方面。

2. 森林可持续经营的特征

森林可持续经营，要求以一定的方式和强度管理、利用森林和林地，有效维持其生物多样性、生产力、更新能力和活力，确保现在和将来都能在经营单位、区域、国家和全球水平上发挥森林的生态、经济和社会综合效益，同时对其他的生态系统不造成危害。森林可持续经营的重点特征如下。

第一，林业必须服从和服务于国家经济社会可持续发展目标，不断满足经济社会发展和人民生活水平提高对森林物质产品和生态服务功能的需要。

第二，不仅强调森林的木材生产功能，更要注重森林生态系统整体功能的维持和提高。

第三，努力协调均衡相关利益群体，特别是林区居民的利益，促进参与式森林经营。

第四，完善森林经营支撑体系，加强机构、财政支持、法律法规、科研培训等体系建设，建立灵活的应急反应机制，以应对异常干旱年、严重森林火灾和林业有害生物等意外事件。

第五，强化对森林经营各环节的有效监管，切实维护森林生产力，确保森林效益持续发挥。

（三）森林可持续经营的原则

森林可持续经营就是在维护森林生态系统的健康、活力、生产力、多样性和可持续性的前提下，结合人类的需要和环境的价值，通过生态途径达到科学经营森林的目的。森林可持续经营必须遵循以下几条基本原则。

第一，保持土地健康（通过恢复和维持土壤、空气、水、生物多样性和生态过程的完整），实现可持续的生态系统。

第二，在土地可持续能力的范围内，满足人们依赖森林生态系统得到食物、燃料、住所、生活和思想经历的需求。

第三，对社区、区域、国家乃至全球的社会和经济的健康持续发展作出贡献。

第四，寻求人类和森林资源之间和谐的途径，通过协调地区之间，世代之间和不同利益团体之间的利益关系，使森林的经营不仅满足当代人对森林产品和服务的需求，而且为后代人满足他们的需求提供保障。

（四）森林可持续经营的指标与标准

标准是指用于评价森林可持续经营的条件或过程的类目。标准是由一系列定期监测以评价变化的相关指标所表示的特征。指标指的是标准的某一方面的度量（测量），可以测量或描述的定量或定性变量，并可定期地观测变化的趋势。

衡量是否达到森林可持续经营水平必须制定相应的审核标准，为了便于审核，各条标准下又制定相应的指标对标准进行描述。制订标准和指标不仅是衡量森林可持续经营本身所需要的，国际上普遍认为，标准还具有作为重要政策和信息的工具作用。标准与指标要具有反映事物本身特征的真实性，如反映森林特征和森林外部条件的真实性；要有明确的含义和可度量性，即标准与指标的明确性和可应用性；要有方便性，即尽可能采用已有的、为公众所熟悉的度量技术等；要成一个体系，即各项指标构成一个标准，几个标准构成一个整体衡量的体系；要有一定的灵活性，因为任一标准和指标，都有一定的时效性和变化趋势，即任何标准和指标都是在一定条件下、一定目标下采用的。这就要求我们在必要时要将其作为趋势来估量（历史的、现实的),不要根据一时的静态值来衡量。因此,指标变化的动态监测是国家水平评价森林可持续经营目标的基础。选用什么标准和指标也不是一成不变的,不同国家或同一国家在不同时期采用的标准和指标可能不同。

采用什么样的标准和指标是衡量一个国家和区域森林可持续经营水平的重要标志,也是研究和制定森林可持续经营战略和林业可持续发展战略的重要内容。1992年联合国环境与发展大会后,全球范围内开展了森林资源可持续经营标准和指标体系的研究与协调行动。就研究和实践现状来看,研究与协调行动是在3个层次上进行的。

第一层,国际组织立足于全球或大的地区所开展的指标协调行动。迄今为止,已有8个大的组织或团体开展这方面的研究和行动。它们分别是国际热带木材组织进程、赫尔辛基进程、蒙特利尔进程、塔拉波托倡议、非洲干旱区进程、近东进程、中美洲进程、非洲木材组织进程。

第二层,各个国家本着既从自己国家的实际出发,又与国际接轨的原则,分别制定各自国家森林可持续经营的标准与指标体系。目前已有新西兰、俄罗斯、加拿大、美国、印度尼西亚等国家先后制定了国家级的标准与指标体系框架。就内容来看,基本上与国际进程中所提出的核心内容类似,同时也反映出了由于各国国情、林情不同所带来的差异。

第三层,在各国家内部,根据地域差异和规律,进行区域级森林可持续经营标准的研究和实践。此层次标准和指标体系的研究是森林资源可持续经营由理论走向实践的重要步骤和内容。

三、森林可持续经营的实现

(一)森林可持续经营的目标

森林可持续经营的目标,可以按照森林的主导功能和作用分为社会目标、经济目标、生态环境目标和可持续的森林目标4个方面。

1.社会目标

长期以来,森林持续不断地提供多种林产品,满足人类在生存发展过程中对森林生态系统中与衣食住行密切相关的多种林产品的需求是森林可持续经营的一个主要目标。森林可持续经营的社会目标,还包括为社会提供就业机会、增加收入、满足人的精神需求目标(如森林文化与森林美学、陶冶情操、教育、学术研究、宗教信仰、旅游观光等)。对于大多数发展中国家而言,森林可持续经营还具有发展经济、消除贫困的目标。

2. 经济目标

森林可持续经营的经济目标可从4个方面来考虑。

第一,获得多种林产品,带动林产工业发展,为国家或区域的社会、经济发展做出贡献。在一些发展中国家和地区以及森林资源丰富的国家,经营森林的主要目的就是要为其他产业的发展提供原始积累,因此,林业是国家重要的经济部门。

第二,使森林经营者和森林资源管理部门获得持续的经济收益。没有坚实可靠的经济基础做保障,不从根本上改善经济条件,森林可持续经营是难以想象的。在森林生态系统环境允许的范围内,追求经济目标的最大化和应得收益,是改善林业经济条件的关键,忽视经济目标,森林可持续经营就会失去动力,而超越生态环境界限,一味追求自身的经济目标,则会丧失森林可持续经营的基础。

第三,促进和保障与森林生态系统密切相关的水利、旅游、渔业、运输、畜牧业等一大批产业的发展,提高相关产业经济效益的目标。

第四,提高国家、区域(流域)等不同空间尺度防灾减灾的实际效果。

3. 环境目标

森林可持续经营的环境目标取决于人类对森林环境功能、森林价值的认识程度。目前广泛认同的目标主要包括:水土保持、涵养水源、二氧化碳储存、改善气候、生物多样性保护、流域治理、荒漠化防治等。这些目标的实现可为人类社会的生存和发展提供适宜的和可利用的生态环境,为满足人的精神、文化、宗教、教育、娱乐等多方面需求,提供良好的生态景观及其环境服务。

4. 生态目标

健康的森林生态系统是森林可持续经营的社会、经济、环境目标得以实现的基础和前提。可持续经营的生态目标体现了人类经营森林的意愿和目的。也就是说,人类经营森林的目的最终反映在森林的分布、数量、质量等许多方面。因此,可持续经营的生态目标,同时也是森林经营思想的具体体现,反映了人类经营森林的生物、经济和社会的综合价值。值得注意的是,可持续经营的生态目标,不仅受特定区域社会经济发展水平的制约,同时也受制于特定区域的自然生态环境条件。在实践中,对可持续经营的生态目标的具体界定,应根据经营森林的社会、经济、自然环境等综合背景来考虑,以满足社会经济发展过程中对森林的多种产品及其环境服务功能的需求。

(二)森林可持续经营机制

1.影响森林可持续经营的环境

森林可持续经营的任务,就是要协调需求与限制之间的矛盾,寻求在区域自然、社会、经济条件支持下,符合区域及其更大空间尺度上生存和发展所需要的森林经营模式和途径。

第一,森林可持续经营的生物自然环境。生物自然环境是指森林经营过程中所依托的自然界(可资利用的多种自然资源和自然条件)。从生态学的观点看,生物与自然环境需要维持合理的生态关系,才能为森林生态系统的生长和发育以及森林生态系统完整性的维持提供适宜的环境。区域生物自然环境决定了现实与潜在的森林生态系统的基本结构、森林群落类型、生态过程特征、森林生态系统生产力、生物多样性丰富程度,影响并决定了特定区域森林生态系统的功能及其承载力,从根本上制约了森林生态系统促进和保障区域可持续发展的潜在作用。深入、系统地研究和掌握特定区域的生物自然环境,结合区域可持续发展对森林生态系统产品及其环境服务功能的需要,确定的森林可持续经营目标体系才能既符合生物自然环境特征,又最大限度地满足社会经济发展的需要。

第二,森林可持续经营的社会政治环境社会政治环境是指影响森林可持续经营的社会政治要素,对森林的价值认定和政府、公众对发展林业的态度,政府对开展森林可持续经营工作的政策、法律法规的目标取向。

第三,森林可持续经营的经济技术环境经济技术环境是指森林可持续经营过程中所依赖的经济条件与技术体系所构成的综合环境。

第四,森林可持续经营的市场环境森林可持续经营的市场环境是指完善的林地产权制度与充分发育、运行规范的林业要素市场。

2.森林可持续经营的调控机制

第一,政府宏观调控政府有效的宏观调控是实现森林可持续经营目标的社会经济基础。森林可持续经营具有外部性特征,且受到自然生态环境条件的制约,政府不能仅局限于解决林业内部的微观管理,更要搞好整个国家的林业宏观调控,构建森林可持续经营宏观调控体系。通过有效的行政管理手段,建立和完善森林可持续经营的宏观条件,为林业发展提供坚实的基础。

市场经济条件下,政府宏观调控的具体任务是:制定林业发展战略和政策;制定森林可持续经营宏观调控目标;担负全国林业科教体系建设工作;制定全国森林可持续经营的法律、法规;培育和调控森林经营市场,制定市场规则,维护市场秩序;保护森林经营者利益;保护森林资源和生态环境。

当前需要调控、解决的是:林业投入不足与国家财政资金短缺之间的矛盾;剩余劳动力的大量存在与第二、第三产业吸纳能力不足之间的矛盾;林产品需求压力与资源保护之间的矛盾。

第二,综合决策与公众参与。

一是综合决策。综合决策既是一个探索的过程,又是一个参与的过程。探索指在制订综合决策之前,决策者会同专家对决策的目标和实际状况进行研究和评估,提出目标和运作手段,并随着政策的实施进行监督和修正;参与是指被实施政策的地区和产业的各利益群体和个人都将参与政策的讨论和政策的制定,以及政策的实施。森林可持续经营的综合决策就是要在对各种利益群体目标的协调中达到可持续发展的总目标。综合决策的政策框架必须与政府目前正在执行的其他政策有一个合理的、明确的关系,同时还要处理好与其他合作伙伴的关系。

二是公众参与制度。社区实施的森林经营政策和林业生态工程项目须由当地人参与和表决。

三是政策与制度。政策植根于社会环境之中。制定政策必须对这个政策在社会政治经济环境中如何发挥作用有充分的估计和全面的了解。成功的政策应与它所处的环境建立动态的平衡。政策制定受制于国家宏观社会经济发展战略,政府的林业发展政策、森林经营政策源于一定时期政府确定的宏观发展战略和政府对特定时期具体情况的判断。政府的社会经济发展战略对森林可持续经营政策进行了角色定位,它影响着制定制度的基础、运行机制和社会利益结构,为森林可持续经营政策的选择划定了空间。森林可持续经营政策体系的制订,须满足三个原则:完整性原则、协调性原则、互补性原则。制度是以政策(特别是长期政策)为支撑的生产关系、产权制度、经营形式、组织类型以及收入分配原则等所共同构成的综合体。完善的森林可持续经营制度是长期、稳定地进行森林可持续经营的一个基本前提,同时又是衡量发展程度的一个重要标志,有利于森林可持续经营的社会化服务体系建设。林业社会化服务体系指专门从事为森林经营提供服务的行业、部门和单位按社会化生产分工协作的要求所组成的服务系统。

3. 森林可持续经营的动力机制和激励与制约机制

森林可持续经营的动力机制指推动森林可持续经营所必需的动力的产生机理,

以及维持和改善这种作用机理的各种物质基础、经济关系、法律制度和组织措施等构成的综合系统。

构建森林可持续经营的激励与约束机制，就是要形成一种能够有效地将森林经营者个人的理性行为与社会的理性行为统一起来的机制，使森林经营者对利益的追求在一定的约束条件下作出有利于增进社会福利的选择，从而提高社会整体效益。

4. 调控保障手段的综合运用

森林可持续经营调控保障手段多种多样，按照性质的不同，可分为经济手段、技术手段、政策手段、行政手段和法律手段；按照作用的不同，可分为直接手段和间接手段；按照内容的不同，可分为财税政策、金融政策、投资政策、环境保护政策和资源政策等手段。

（三）森林可持续经营的途径

1. 森林区域化经营

地域分异规模的客观存在决定了区域森林可持续经营的自然环境基础，决定了潜在的森林生态系统的承载力和森林生态系统的结构、组成和功能。

森林可持续经营过程，要不断满足特定区域、特定时期社会经济发展对森林产品及其环境服务功能的多种需求。

森林可持续经营目标是由社会经济发展需求和自然资源环境基础共同决定的。森林可持续经营的实践，有赖于区域复合系统中相关部门的协调统一，有赖于政府行为、市场行为、公众行为的协调统一，这一切只有在区域可持续发展框架内才能找到答案。

2. 森林分类经营

森林分类经营是实现社会、经济、资源、环境持续协调发展的手段和具体途径。

由于社会经济发展水平的差异，特定区域产业结构的制约，不同区域和利益主体在社会经济发展过程中，对森林的主导需求是有差异的。此外，由于森林所处地理区位特征、林地生产力、森林结构、质量等森林生态系统本身差异性的客观存在，决定了森林经营者必须根据现实或潜在的森林资源所在地区的生态环境保护和社会、经济发展的需要，将现实或潜在的森林生态系统，按不同的经营目标进行分类和空间定位，并采取相应的技术、经济、行政和法律手段进行经营管理。森林分类经营涉及的内容包括如下三个方面。

第一，森林的分类明确分类对象、分类原则、分类指标体系、分类基本单元和划分方法等问题。

第二,经营主体的分类国有林,私有林经营主体的确立、经营主体权利与义务的规范、界定。

第三,理论与实践问题构建森林分类经营技术体系、管理机制、经济政策、林政管理法规、组织形式、管理制度、生态补偿、产权问题、政府宏观调控以及相应的保障体系等一系列涉及社会、政治、经济、文化、技术等领域,这是森林分类经营研究、实践的重点和核心。

森林分类经营的根本任务是要在类型划分的基础上,依据所确定的经营森林主导目标,采取相应的组织形式、经营形式、技术措施体系,建立相应的森林经营管理模式。其中各种类型经营主体的培育、组织形式的建立,经济上可行,社会上可接受,生态上合理的森林经营模式体系的构建,是分类经营由理论走向实践的关键。而可持续的森林分类经营技术体系的确定要在对现有技术进行合理组装的同时,进行相应的技术创新。

森林分类经营是包含社会、经济诸多因素的系统工程,它的最终落实还要配套有科学、合理的符合市场经济基本原则和可持续发展思想的法律法规、经济政策、管理机制、分配机制、投入机制,以及政府行为、公众行为、市场行为的规范化作保障。

3. 森林生态系统经营

森林生态系统经营即运用生态经济学原理,充分利用当地自然条件和自然资源,在促进林产品发展的同时,为人类发展创造最佳的生态环境。其本质特征是自然和人工森林生态系统的生态平衡,是森林经营生态化的体现。其行动步骤为:第一,改进传统的调查理论、方法和技术;第二,制定森林生态系统经营战略;第三,实施和监测森林生态系统经营战略;第四,确定森林生态系统经营的空间系统途径。

森林生态系统经营是合理利用和保护森林资源,实现森林可持续发展的有效途径,然而森林生态系统的复杂性和管理难度远远超出我们的想象。由于人们对生态系统的功能及其变化规律认识不足,在森林生态系统经营实践上往往只注重短期利益和经济效益,而不是长期的可持续性收益。森林生态系统受到破坏所引起的环境问题具有滞后效应,人类只有进行科学的经营管理,才能避免由于失误带来的不可挽回的后果。

森林生态系统经营的目标,是森林经营管理思想的体现,反映了生物、经济和社会的综合价值。在实践中,对森林生态系统经营的可持续目标的界定,应根据森林经营的生态、经济和社会背景综合考虑。

4. 森林资源产业化经营

随着经济的发展，人们对森林资源的物质产品和环境服务的需求日益增大，依靠森林资源的自然再生产远不能解决森林资源短缺的问题，必须发展森林资源的社会再生产，增加投入来扩大森林资源再生产，提高森林资源的生产力、稳定性和持久性，扩展环境容量，以满足社会经济发展中对森林资源产品及其环境的需求。

作为一种社会分工，森林经营者需要在市场经济规律与自然规律双重制约下从事森林资源培育、保护和经营等工作，也就是森林资源产业化经营。

森林资源产业化经营分为森林产品资源产业化经营和森林环境资源产业化经营两个方面，其内容包括：第一，生态环境保护和治理专业化；第二，加大对森林资源产业的投入；第三，产业化经营；第四，建立合理的森林资源产业结构。

以市场为导向，以经济为纽带，以生态环境建设为主导，依托林副产品加工、销售以及森林生态旅游业等的发展，围绕区域性支柱产业，实行专业化生产、一体化经营、社会化服务、企业化管理，逐步形成森林培育、经营、保护和利用一体化的生产经营体系和利益共同体。

（四）森林可持续经营的模式

1. 森林可持续经营的宏观模式

（1）分类经营

①林业分类经营的法律依据。林业分类经营是在社会主义市场经济条件下，根据社会对生态和经济的需求，按照森林多种功能主导利用的方向不同，将森林五大林种相应划分为生态公益林和商品林两大类，分别按各自的特点和规律运营的一种新型的林业经营管理体制和发展模式。

《中华人民共和国森林法》第八条规定："国家设立森林生态效益补偿基金，用于提供生态效益的防护林和特种用途林的森林资源、林木的营造、抚育、保护和管理。"第十五条规定："用材林、经济林、薪炭林的森林、林木和林地使用权可以依法转让，也可以依法作价入股或者作为合资、合作造林的出资、合作条件，但不得将林地改为非林地。"

②林业分类经营的客观依据。在市场经济条件下，林业生产可分为两大类产品和服务，一类是有价格的各种林产品，它们是可以用于交换的商品，这些产品可以为经营者独占，并且可以以出售、转让、租赁等方式获取利润，可以通过市场进行资源配置。另一类是无价格的各种服务，这些服务是社会公共产品，经营者无法获得利润，也不可能通过市场去进行资源配置。

在市场经济体制下，首先要区分政府和企业的职能，然后确定不同的经营体制、投资渠道和资金来源。为社会大众提供公共产品和服务的应该是政府职能，由政府来配置其资源，资金投入应由财政负担。为社会提供各种林产品，使林产品能进入市场的林业企业，由市场来配置其资源，按市场经济规律企业自主经营、自负盈亏。

在这种情况下有两种选择：一是整个林业作为事业管理，实行收支两条线，即林业的全部收入交国家，林业的所有支出由国家预算提供。二是对林业实行分类经营，把提供公共产品的林业公益部分按事业区分出来，主要由国家来管理，同时采取社区、受益者和经营者共同经营并承担一部分费用的办法来经营。能进入市场的部分则进入市场。

③林业分类经营与森林分类经营。林业分类经营的内涵比森林分类经营要广，森林分类及森林分类经营是林业分类经营的基础。分类是手段，不是目的。具体可分为三大部分：林业经营对象——森林的分类及其森林分类经营；经营主体的分类；管理体制、运行机制、经营模式、经济政策的分类。

林业经营的对象——森林分类及森林分类经营。森林分类是森林分类经营的基础，森林分类经营又是林业分类经营的基础。森林分类经营是以森林功能为主的类型划分，以林种经营目标为依据的组织经营模式，便于目标管理。《中华人民共和国森林法》第四条规定：森林划分为防护林、用材林、经济林、薪炭林和特种用途林。按照有关规定，森林分类工作由省级以上林业主管部门负责组织实施。国家重点的防护林和特种用途林的确定，由国务院林业主管部门提出意见，报国务院批准公布。森林分类是森林分类经营的前提，属政府行为，特别是生态公益林的确定由政府根据社会发展需要进行配置。森林分类经营是指根据森林所处的自然环境和社会经济条件，以及森林的结构特点，根据功能划分为几种不同类型，按照各自的经营目的，采用相应的经营模式。

经营主体的分类。经营生态公益林的是政府提供经费的事业单位，经营商品林的是各种企业单位和个人。有一部分既有生态公益林，也有商品林的可以作为企业对待，但国家和社区要给予一定的补偿。对林农经营的生态公益林，国家和社区也要根据其损失给予补偿。

④分类经营的基本思路。将防护林和特种用途林划分为生态公益林，将用材林、经济林、薪炭林划分为商品林，分别采用不同的经营机制、经营模式和经营手段。

把商品林的经营推向市场，在生态约束下，按经济规律来经营；而生态公益林的经营采取政府为主，社会参与和受益者补偿的经营机制，由各级政府和社区负责经营管理,按自然规律来经营。

⑤分类经营的理论基础。

森林经营原则:包括永续性原则、经济性原则和公益性原则。

森林经营目标。在经营原则指导下,根据所在地区社会经济发展的需求来确定。当目标之间有冲突时,需要确定优先次序。

传统的森林经营目标以林木及其副产品的生产为主,具体包括:充分提供食物和生活材料、货币收益最大、森林纯收益最大和林地纯收益最大。

⑥分类经营的经营目标要求。森林生态系统的健康、完整;水土保持等生态效益最大;森林游憩等社会效益最大;林产品等经济效益最大。

森林经营目标可依时间、空间分为三种情形:同一时间,不同小空间的不同森林经营目标的镶嵌(静态分类经营);同一空间,不同时间有不同的森林经营目标(动态分类经营);同一空间,同时有多种森林经营目标。

(2)回归自然林业

①回归自然林业的提出。18 世纪末的农业指导思想认为:农业是以获取货币收益为目的的产业,合理的农业应是获取最大纯收益的农业。受其影响,森林经营目标从森林永续利用转向追求最大经济利益,开始大规模采伐天然林和营造人工林。针对“大砍大造”的做法及其后果,不少林学家提出了异议。

19 世纪末,林学界开始重视在森林经营中起主导作用的自然规律,提出森林经营要符合自然规律,其中的代表人物是慕尼黑大学校长盖耶尔教授。他提出要尽可能地利用森林生产力,尽可能地保护和维持森林,并尽可能地多收获的回归自然思想,反对营造人工同龄纯林,主张利用天然更新经营混交林。

盖耶尔的思想可以用一句话来表示,即“森林经营应回归自然,应尊重自然规律,应利用自然的全部生产力”。当时的造林与森林经营方法被形式化了,盖耶尔主张:造林学应建立在自然科学基础上,对经验的正确理解和细心观察的基础上,废除传统针叶树纯林造林,尽可能地适地适树,努力营造混交有山毛榉等阔叶树的混交林,充分利用和诱导天然更新,在考虑林分结构的同时提高林木生长量,防止各种天然危害。

②恒续林思想。恒续林思想认为:森林是生物与土壤、气候的集合,森林经营必须以恒续作为指导原则。恒续林思想的代表人物是缪拉。缪拉认为林学家的作用就是林木相互间生存竞争的裁判,单一森林作业法的做法不够合理,必须采用择伐作业。恒续林思想的基本内容大致可分为以下七个方面。

一是林业与农业。缪拉认为把林业与农业等同起来,把农业上的一些做法照搬到林业上来是林业经营失败的根源,农业与林业有本质的差异。林业的基础森林可以天然下种更新,没有一定的收获期和死亡期,能够生生不息地继续存在下去。

二是森林有机体与恒续林经营。人们一般认为森林是树木的集合,缪拉认为这种错误的认识是对森林缺乏洞察所至。他说:“没有树木当然谈不上森林。但森林不是仅由树木组成的。树木和土地是特殊的,不可分的结合。”他还指出森林不仅仅包含树木和土地,除地被植物外,森林中还包含鸟类及动物等。缪拉指出,构成森林的各成分都具有一定的地位和意义。我们目前仅对其中的一小部分有所认识,对其复杂的关系还不理解。在自然界原来有众多树种组成的地方,人为栽植赤松、云杉的单一树种,有时因为害虫会破坏我们的经营。

三是恒续林经营与作业法。缪拉指出,恒续林经营不是一种特定的经营方法名称,为达到恒续林经营目的,可以通过多种多样的方法来维持健全的森林有机体的构成与状态。有些人认为把恒续林经营理解为择伐作业是一种误解。择伐作业是传统作业法中恒续确保森林有机体的一种作业法。

四是恒续林经营与木材生产。林业的目的是永续生产尽可能多的木材。因此,恒续林经营必须比皆伐作业生产更多的木材。缪拉认为,皆伐作业只采伐优良林木,从而妨碍了其他林木生长的同时又中断了木材恒续生产,是最不经济的方法,恒续林经营实践证明了其木材产量是同类皆伐作业林分的3倍。

五是恒续林思想的要求。恒续林经营不存在固定不变的作业法,随各林分组成及状态而千差万别,但存在经营基本要求:不采用皆伐;在全林每年进行单株挂号采伐;维持或营造异龄混交林;以天然更新为主,不排除人工更新;不使用外来树种的种子和苗木。

六是恒续林经营与森林经理。传统森林经理规定在一定的森林类型实施一定的作业方法,森林经营只不过是严格遵循其规定的过程。缪拉认为:森林经理是森林经营的记录。通过定期证明森林的财产、收支现状,经常确定经营与收获对森林的影响,来保证永续。因此,森林经理应是森林经营及其发展的结果。

七是恒续林经营与森林美学。缪拉认为:对于有坚定信仰的、行动始终如一的,对自然界崇高作品及其无限美持敬畏态度的林学家来说,其行为的点滴都无意识地与森林美学是一致的,只有恒续林经营能满足森林美学的要求。恒续林是完全独特的,能与森林美学要求一致的森林经营方法,恒续林能创造有价值的、美的作品。

缪拉还向恒续林经营者呼吁:“恒续林思想适用于全部森林。无论在何地都不采用皆伐。每年在全林中手提斧子去维持健康的森林有机体,这样能每年增加森林收入,而要求你们有高度的精神和肉体勤劳。至今为止你们是樵夫。现在开始你们要对每一株收获与抚育的林木进行挂号。所以,你们的工作已经从手工劳动走向艺术,真正的森林艺术高度。你们的行为将是置于森林美学指导下的自由创造劳动。经营方案对你们来说已不再是作业命令。哪怕伐去一株林木也要判断是否对森林的健康、生产力和森林美学有利。众多树种的混交,多龄级林木的集合,丰满树形的形成,生长良好幼树的抚育等都将通过你们的手来实现,你们的工作就是艺术,是无价的艺术。随着你们的认识的增加,你们对森林美学法则的理解也将越加深入,经济效益也将越大。最美的森林也是收获最大的森林。对于成功的森林经营者来说,它能协调森林美学与经济的要求。"

(3)森林生态系统经营

森林生态系统经营的提出20世纪70年代,美国林学家提出了生态系统经营;80年代,又提出了森林生态系统经营的思想。森林生态系统经营把人类对林产品和服务的需求,与生态系统健康的长期保护综合为一体,是森林经营历史上的一次重大转变。

森林生态系统经营的概念在可接受的社会、生物和经济上的风险范围内,维持或加强生态系统的健康和生命力,同时生产基本的商品及其相关方面的价值,以满足人类需要和期望的一种资源经营制度。

森林生态系统经营的内涵包括:重视人文社会科学在森林经营中的作用;以生态学原理为指导,以生态系统保护和恢复为重点;超越传统的时空尺度和专业分工,实行综合资源经营;以社会需要为基础,根据政策、法规等制定经营目标;适应性经营。

2.森林可持续经营的微观模式

(1)平分法。我国《齐民要术》中有有关杨树经营的记载:"岁种三十亩,三年九十亩;一年卖三十亩。周而复始,永世无穷。"在14～16世纪的德、法等欧洲国家出现了森林经营的简单区划轮伐法。它将全林面积用轮伐期年数等分区划,每年采伐相等的森林面积。这种方法主要适用于阔叶薪炭林,采伐后利用天然更新,几十年后又可收获利用。

18世纪末,各国林学家相继提出材积平分法、面积平分法和折中平分法。前两种方法是将轮伐期分为若干施业期(分期),然后将全林材积或面积平分于各分期,每个分期的收获相等。折中平分法要求实现材积永续收获的同时,实现面积的法正状态。

(2)法正林。法正林的名称及其理论产生于18世纪,从此法正林作为传统森林经营管理的理想目标,发展成为法正林思想,一直是森林经营管理的理论基础。能持久地每年提供一定数量木材的森林称为法正林。通常指经营类型或作业级的森林。

法正林的条件包括:法正龄级分配;法正林分排列;法正生长量;法正蓄积量。当森林满足以上四个基本条件时叫作法正状态,即法正林。

(3)检查法。检查法顾名思义,通过定期重复调查来检查森林结构、蓄积和生长量的变化情况。检查法是一种集约经营的方法,它的基本思想和方法论至今仍有指导意义。

检查法森林经营原则是:尽可能多的持续生产;用尽可能少的资料进行生产;尽可能生产最好的材种。

参考文献

[1]王建军，王安静，卜祥梅.现代林业生态建设与病虫害治理[M].哈尔滨：东北林业大学出版社，2024.

[2]姚珺.森林资源型城市韧性提升机制研究[M].北京：中国财政经济出版社，2024.

[3]吴丰昌.守护地球家园保护绿色森林[M].长春：吉林科学技术出版社，2024.

[4]邵清良.森林资源保护与管理[M].哈尔滨：东北林业大学出版社，2024.

[5]朱强.林业树木栽培与养护技术研究[M].长春：吉林科学技术出版社，2023.

[6]靳利军.基于绿色发展的森林资源资产负债表设计机理与实现路径研究[M].北京：经济科学出版社，2023.

[7]伍业钢，李百炼.生态关系中国绿色发展的生态智慧与生态技术[M].南京：江苏凤凰科学技术出版社，2023.

[8]王逸之，温岚，芦亚娟.林业栽培技术与虫害防治[M].北京：中国商业出版社，2022.

[9]王法，穆静，封学德.园林景观设计与林业栽培[M].长春：吉林科学技术出版社，2022.

[10]王汉奇.校园森林文化研究[M].昆明：云南大学出版社，2022

[11]李香菊，杨洋，刘卫强.园林景观设计与林业生态化建设[M].长春：吉林科学技术出版社，2022.

[12]王兵.内蒙古森工集团生态产品绿色核算与森林碳中和评估[M].北京：中国林业出版社，2022.

[13]沈云，詹定举，黄伯高，等.南方高价值用材树种栽培与木材利用[M].南宁：广西科学技术出版社，2022.

[14]张才琴，蒲能，朱志超.现代森林资源法治化管理新论[M].北京：九州出版社，2022.

[15]周艳飞，杨福孙.热带作物栽培概论[M].北京：中国林业出版社，2021.

[16]周小杏，吴继军.现代林业生态建设与治理模式创新[M].哈尔滨：黑龙江教育出版社，2021.

[17]赵亚萍，杨成生，王俊杰. 铅笔柏引种栽培研究[M]. 兰州：兰州大学出版社，2021.

[18]姜南，巫忠泽. 世界野生动植物犯罪报告·非法贸易濒危物种2020[M]. 北京：中国人民公安大学出版社，2021.

[19]王钰. 云南省重要森林风景资源[M]. 昆明：云南科学技术出版社，2021.

[20]王齐瑞. 河南常绿树木资源及栽培利用[M]. 郑州：黄河水利出版社，2021.

[21]石福臣，邱振鲁，唐丽丽. 八仙山国家级自然保护区森林生态系统研究[M]. 天津：南开大学出版社有限公司，2021.

[22]陆向荣. 我国森林公园生态旅游开发与发展[M]. 北京：北京工业大学出版社，2021.

[23]朱飞著. 森林生态旅游研究[M]. 北京：北京工业大学出版社，2021.

[24]周子贵，张骏. 竹林覆盖型和高效生态栽培型技术[M]. 杭州：浙江科学技术出版社，2020.

[25]张陆红. 吉林省森林旅游资源开发与保护的研究[M]. 长春：吉林人民出版社，2020.

[26]孙继霖，李香林. 森林生态系统保护与森林可持续经营研究[M]. 北京：中国林业出版社，2020.

[27]黄伟军. 台州现代林业发展理论探索与实践[M]. 杭州：浙江大学出版社，2020.

[28]王绍先，许嘉巍，孟庆繁. 吉林长白山国家级自然保护区森林生态系统评价[M]. 北京：中国林业出版社，2020.

[29]殷晓松. 森林植被生态修复研究[M]. 长春：吉林人民出版社，2020.

[30]吴鸿. 主要经济林树种生态高效栽培技术[M]. 杭州：浙江科学技术出版社，2020.